Stephanie Bleeck-Schmidt

Geochemisch-mineralogische Hochwassersignale in Auensedimenten und deren Relevanz für die Rekonstruktion von Hochwasserereignissen

Karlsruher Mineralogische und Geochemische Hefte

Schriftenreihe des Instituts für Mineralogie und Geochemie,

Universität Karlsruhe (TH)

Band 35

Geochemisch-mineralogische Hochwassersignale in Auensedimenten und deren Relevanz für die Rekonstruktion von Hochwasserereignissen

von
Stephanie Bleeck-Schmidt

universitätsverlag karlsruhe

Dissertation, Universität Karlsruhe (TH),
Fakultät für Bauingenieur-, Geo- und Umweltwissenschaften, 2008
Referenten: PD Dr. S. Norra, Prof. Dr. D. Burger

Anschrift der Schriftleitung:
Karlsruher Mineralogische und Geochemische Hefte
Institut für Mineralogie und Geochemie
Universität Karlsruhe (TH)
D – 76128 Karlsruhe

Impressum

Universitätsverlag Karlsruhe
c/o Universitätsbibliothek
Straße am Forum 2
D-76131 Karlsruhe
www.uvka.de

Universitätsverlag Karlsruhe 2008
Print on Demand

ISSN: 1618-2677
ISBN: 978-3-86644-301-3

Geochemisch-mineralogische Hochwassersignale in Auensedimenten und deren Relevanz für die Rekonstruktion von Hochwasserereignissen

Zur Erlangung des akademischen Grades eines

DOKTORS DER NATURWISSENSCHAFTEN

von der Fakultät für

Bauingenieur-, Geo- und Umweltwissenschaften
der Universität Fridericiana zu Karlsruhe (TH)

genehmigte

DISSERTATION

von

Dipl.-Geogr. Stephanie Bleeck-Schmidt

aus Berlin

Tag der mündlichen Prüfung: 16. Juli 2008
Hauptreferent: PD Dr. S. Norra
Korreferent: Prof. Dr. D. Burger

Karlsruhe 2008

Aber die Natur versteht gar keinen Spaß,
sie ist immer wahr,
immer ernst,
immer strenge,
sie hat immer recht,
und die Fehler und Irrtümer sind immer die des Menschen.

Johann Wolfgang von Goethe
(1749 - 1832)

Kurzfassung

Die vorliegende Arbeit untersucht die Möglichkeit der Rekonstruktion prähistorischer Hochwasserereignisse am Oberrhein und an der Oberen Donau anhand von Änderungen in der geochemisch-mineralogischen sowie der granulometrischen Zusammensetzung von Auensedimenten. Die Kenntnis über Häufigkeit und Intensität vergangener Hochwasserereignisse ermöglicht dann eine objektive Aussage über den Charakter heutiger Hochwasserereignisse. Das konkrete Ziel der Arbeit ist es, einen Zusammenhang zwischen der geochemisch-mineralogischen sowie der granulometrischen Zusammensetzung der im Auenbereich abgelagerten Sedimente und der Höhe des herrschenden Abflusses nachzuweisen.

Die zeitliche Analyse der an Schwebstoffen von Rhein und Donau erhobenen chemischen Daten belegt, dass die bei einer Überschwemmung transportierte Fracht durch einen größeren Anteil der Carbonatfraktion gekennzeichnet ist im Vergleich zu Schwebstoffteilchen, die während Normalwasserstand transportiert werden. Die zusätzlich für die Proben des Rheins bestimmten granulometrischen Daten weisen zudem auf einen positiven Zusammenhang zwischen dem Abfluss und dem Korngrößenbereich $20-100\,\mu$m hin.

Aufgrund der multivariat-statistischen Auswertung der chemischen, mineralogischen und granulometrischen Daten der Auensedimente ist ebenfalls eine positive Korrelation zwischen der Carbonatfraktion und einem bestimmten Korngrößenbereich erkennbar. Im Fall des Rheins ist dies, wie bei den Schwebstoffen, der Bereich $20-100\,\mu$m und im Fall der Donau der Bereich $<20\,\mu$m. Es bleibt noch abzuklären ob das Vorherrschen des Korngrößenbereichs $20-100\,\mu$m bzw. $<20\,\mu$m während Hochwasserereignissen nur eine lokale Erscheinung an den beprobten Standorten ist oder ob dieser Zusammenhang auch für größere Teilstücke des Rheins bzw. der Donau gilt.

Die Höhen der Anteile der Carbonatfraktion und des Bereichs kleiner Korngrößen sind sehr wahrscheinlich abhängig von der Dauer und der Intensität eines Hochwassers. Diese Annahme wird durch die Korrelation hoher Ca-Gehalte sowie großer Anteile der Korngrößenfraktion $20-100\,\mu$m in den Auensedimenten mit bekannten historischen Extremereignissen am Oberrhein bestätigt. Die Alter einzelner Sedimentlagen wurden mittels Lumineszenzdatierungen bestimmt, um diese Sedimente bekannten historischen Hochwasserereignissen zuordnen zu können. Mit Hilfe des Ca-Gehalts und des Anteils des Bereichs kleiner Korngrößen können also Informationen über die Häufigkeit extremer Ereignisse über historische Aufzeichnungen hinaus erhalten werden.

Diese Ergebnisse von Rhein und Donau veranschaulichen, dass sich aus einer systematischen und detaillierten Untersuchung der Korngrößenverteilung und der geochemisch-mineralogischen Zusammensetzung von Auensedimenten Einblicke in das Auftreten vergangener Hochwasserereignisse ergeben. Gleichwohl sind noch weitere Untersuchungen notwendig bevor dieser Ansatz als effektives Werkzeug zur Paläohochwasserrekonstruktion benutzt werden kann. Für die ausführliche

Charakterisierung des Hochwassersignals ist beispielsweise die Lithologie des jeweiligen Herkunftsgebiets zu berücksichtigen.

Die vorliegende Arbeit wurde im Rahmen des Graduiertenkollegs „Naturkatastrophen“ der Deutschen Forschungsgemeinschaft finanziert. Innerhalb dieses Kollegs werden unterschiedliche Naturkatastrophen hinsichtlich verschiedenster Gesichtspunkte untersucht. Damit soll ein interdisziplinärer Beitrag zum Thema Naturkatastrophen in Bezug auf deren Verständnis, Vorsorge und Bewältigung geleistet werden.

Schlagwörter: Hochwasserrekonstruktion, Geochemie, Granulometrie, Rhein, Donau

Abstract

The thesis at hand examines the possibility of reconstructing prehistorical flood events on the Upper River Rhine and the Upper River Danube by means of changes in the geochemical-mineralogical as well as granulometrical composition of floodplain sediments. The knowledge of frequency and intensity of past flood events allows an objective statement on the character of contemporary flood events. The specific intention of this work is to detect the relation between the geochemical-mineralogical as well as granulometrical composition of the floodplain sediments and the prevalent discharge level.

The chronological analysis of the data collected with the help of suspended particles from the River Rhine and the River Danube documents that the suspended load transported during a flood is characterised by a larger amount of the carbonatic fraction compared to such particles transported during normal water levels. Furthermore, the granulometrical data collected with the help of samples from the River Rhine indicate a positive relation between the discharge and the grain size fraction $20-100\,\mu m$.

As a result of multivariate-statistical analysis of chemical, mineralogical and granulometrical data obtained on floodplain sediments a positive correlation between the carbonatic fraction and a defined grain size section is likewise discernable. For the River Rhine this is, similar to the suspended particles, the section $20-100\,\mu m$ and for the River Danube the section $<20\,\mu m$. It still has to be verified whether the dominance of the section $20-100\,\mu m$ and the section $<20\,\mu m$ respectively during flood events is a local phenomenon at the sampling sites or if this relation can be also applied to larger sections of the River Rhine and the River Danube respectively.

The magnitudes of the amounts of the carbonatic fraction and the section of small grain sizes depend most likely on the duration and the intensity of a flood event. This assumption is supported by the correlation of high contents of Ca as well as high amounts of the grain size section $20-100\,\mu m$ within the floodplain sediments with historically known extreme events on the Upper River Rhine. The ages of single sediment layers have been determined by means of luminescence dating in order to relate these sediments to historically known flood events. Thus, on the basis of the Ca content and the amount of the section of small grain sizes information can be obtained about the frequency and magnitude of extreme flood events far beyond historical records.

These results from the River Rhine and the River Danube demonstrate that a systematic and detailed study of the grain size distribution and geochemical-mineralogical features of flood plain sediments may yield valuable insights in the occurrence of past flood events. Nevertheless, further investigations are needed before this approach can be used as an actual tool for paleo-flood reconstructions. For instance, the lithology of the provenance area has to be carefully considered for the explicit characterisation of the flood signal.

The thesis at hand has been financed in the context of the Research Training Group „Natural Disasters" by the Deutsche Forschungsgemeinschaft. Within this group different natural disasters are investigated regarding varying aspects. Therewith an interdisciplinary contribution to the matter of natural disasters shall be made with respect to their understanding, precaution and coping.

Key words: Reconstruction of floods, Geochemistry, Granulometry, River Rhine, River Danube

Danksagungen

Ich danke Frau Prof. Dr. D. Stüben für die Überlassung des spannenden Themas, die Übernahme des Hauptreferats und die Unterstützung meiner Arbeit am IMG. Dr. Zsolt Berner danke ich für die vielen fachlichen Diskussionen und hilfreichen Anregungen sowie das kritische Durchlesen des Manuskripts. PD Dr. Stefan Norra gilt mein Dank für die spontane Hilfe kurz vor dem Ende der Arbeit sowie Herrn Prof. Dr. D. Burger für seine unkomplizierte Bereitschaft zur Übernahme des Korreferats.

Bei allen Mitarbeitern des Instituts für Mineralogie und Geochemie der Universität Karlsruhe bedanke ich mich für ihre Unterstützung und Hilfestellung. Insbesondere bedanke ich mich ganz herzlich bei Peter Schaupp für seinen einmaligen Einsatz bei sämtlichen Probenahmen und das Gefühl, dass es kein Problem gibt, das man nicht irgendwie lösen kann. Seine Ortskenntnis und sein praktisches Geschick haben die Geländearbeit enorm erleichtert. Dr. Utz Kramar gilt mein Dank für die umfassende Einführung in die ED-RFA und Beate Oetzel für ihre geduldige Unterstützung bei den Messungen am Röntgendiffraktometer und deren Auswertung. An dieser Stelle sei auch den wissenschaftlichen Hilfskräften Inga, Jessica und Dirk gedankt, ohne deren Hilfe ich diese Menge an Proben nicht hätte bearbeiten können.

Ich danke Herrn Prof. Dr. E. Dister vom WWF-Auen-Institut für die wertvollen Hinweise zur Geländearbeit, Herrn M. Lehmann sowie Frau U. Zipf von der LUBW für die vielen Schwebstoffproben und die dazugehörigen Daten vom Rhein. Außerdem sei all den netten Mitarbeitern in verschiedenen Ämtern in Bayern und Baden-Württemberg gedankt, die mich geduldig und ausführlich mit Daten und Informationen versorgt haben.

Der Deutschen Forschungsgemeinschaft danke ich für die großzügige Finanzierung der Arbeit und der damit verbundenen Analysen. Den Koordinatoren des DFG-Graduiertenkollegs „Naturkatastrophen" Dr. Dörthe Malzahn, Dr. Tina Plapp, Dr. Marc Müller, Dr. Guido Staub und Dr. Stefan Senitz sowie allen Stipendiaten danke ich ganz herzlich für die nette Zusammenarbeit und den fachlichen Austausch. Ein ganz besonderer Dank geht dabei an Dipl.-Ing. Rainer Zesch und an Frau G. Hansen.

Dr. Markus Fuchs und Dipl.-Inf. Manfred Fischer vom Lehrstuhl für Geomorphologie der Universität Bayreuth danke ich ganz herzlich für ihre Unterstützung bei den Lumineszenzmessungen, die angenehme Arbeitsatmosphäre (trotz Dunkelheit) und die geduldige Beantwortung all meiner Fragen.

Den Mitarbeitern des Instituts für Lebensmittelverfahrenstecknik der Universität Karlsruhe danke ich für Ihre Gastfreundschaft. Ein besonderer Dank geht dabei an Lydia Schütz, Annette Berndt, Dipl.-Ing. Frederik Wolf und Dipl.-Ing. Freddy Aguilar für ihre Hilfe bei den Messungen am Lasergranulometer.

Dipl.-Bibl. Ruth Petters-Raskob danke ich für die schnelle und unkomplizierte Beschaffung jeglicher Art an Literatur zum Thema Hochwasser. Für die Bereitstellung der Proben seiner Diplomarbeit danke ich Dipl.-Ing. Andrea Segatta und für die nette Kooperation danke ich Dipl.-Ing. Gudrun Hillebrand. Dr. Wolf-Anno Bischoff konnte mir mit manch hilfreicher Anmerkung und kritischer Frage weiterhelfen – vielen Dank dafür.

Ein ganz persönlicher Dank geht zum einen an meine ersten Bürokollegen Mirjam, Bärbel, Inna und Florian für die nette Atmosphäre. Und zum anderen danke ich ganz besonders den Mädels, die zuletzt mit mir ein Büro geteilt haben: Eli, Nina und Felicitas – Danke für Eure grandiose Unterstützung und den immer heiteren Büroalltag mit Euch. Danke, Eli, für mehrfaches kritisches Durchlesen der Arbeit und für die tatkräftige Unterstützung beim Kerneziehen. Danke, Nina, für die ausführliche Beantwortung aller geologischen Fragen und für den Kaffee.

Ich danke meinem Mann Christian. Ihm ist diese Arbeit gewidmet.

Inhaltsverzeichnis

Kapitel 1

Motivation

Es gibt keine „Wetteranomalien“ – extreme Ereignisse sind einzig und allein Ausdruck der Zufälligkeit des Wetters, welches von Natur aus sehr variabel ist [Bro96b]. Aufgrund dieser Tatsache liegt das Auftreten auffälliger meteorologischer Verhältnisse durchaus im Bereich des Möglichen [Jou96]. Extreme Hochwasserereignisse sind daher sehr wahrscheinlich keine ausgeprägte Besonderheit der Gegenwart [SW98], sondern haben zu allen Zeiten [Kle96, GAB+05] in allen Teilen der Erde [Woh00, RB02, GS03, Par03] statt gefunden.

Klimaänderungen gibt es, seitdem die Erde existiert, zum Teil in sehr drastischem Ausmaß [Sch05]. Neben herausragenden Einzelereignissen traten immer wieder hochwasserreichere, aber auch hochwasserärmere Phasen auf [SGJ+01, GJDS02, Sta03]. Diese Phasen können Jahrzehnte bis zu einem Jahrhundert umfassen [Not06]. Jedoch spricht vieles dafür, dass das Klima unserer Erde nach dem letzten Glazial, der Würm-Eiszeit, in einen relativ stabilen Zustand [Blü02] mit klimatisch warmen Bedingungen [Jou96] übergegangen ist.

Seit einiger Zeit beschäftigt sowohl die Wissenschaft [Ber00a, KEEB96] als auch die Öffentlichkeit [KMH02] die Frage, ob die zunehmende Häufung von extremen Hochwasserereignissen in den vergangenen Jahren durch den Menschen verschuldet ist [PIWvdP06]. Dabei geht es vor allem darum abzuklären, ob der Mensch alleine dafür verantwortlich ist und wie groß sein Einfluss auf unser heutiges Klima tatsächlich ist [Bro96b, GBB99] oder ob wir uns stattdessen derzeit lediglich in einer klimatischen Periode mit verstärkt vorkommenden Hochwasserereignissen befinden.

Denn zum einen zeigt die globale Klimageschichte, dass große Hochwasserereignisse in bestimmten Zeitabschnitten der Erdgeschichte gehäuft vorkamen [BBLS00], wie es auch im Moment der Fall ist [Bro96a]. Dies ist eventuell beeinflusst durch Langzeittrends in der atmosphärischen Zirkulation oder in den ozeanischen Oberflächentemperaturen [Bak00]. Zum anderen zeigt die Klimageschichte Mitteleuropas [Gla01, GBS03], dass im letzten Jahrtausend durchaus Hochwasserereignisse aufgetreten sind, die in ihrem Ausmaß vergleichbar sind z. B. mit der Flut an der Elbe im Jahr 2002 [Sch92, MBTG03, OB03].

Überflutungen aufgrund von Hochwasser sind weder ein neues Phänomen [SW98], noch grundsätzlich negativ zu beurteilen. Sie haben das Aussehen unserer Flusslandschaften zu allen Zeiten geprägt und sind notwendige Voraussetzungen für eine intakte Entwicklung von Flora und Fauna. Vor dem Bau des Assuan-Staudamms beispielsweise hinterließ das jährliche Nilhochwasser in Ägypten fruchtbaren Schlamm, der eine Nutzung des Überschwemmungsgebiets als Anbaufläche erst möglich machte. Als Bestandteil des natürlichen Wasserkreislaufs sind Hochwasser nicht zu vermeiden [SZ06].

Die andauernde Diskussion über die möglichen Ursachen der extremen Hochwasser in den vergangenen Jahren ist oft von einer gewissen Subjektivität geprägt. Es wird der falsche Eindruck vermittelt, dass es keine Hochwasser mit katastrophalem Ausmaß wie in den letzten Jahren an Rhein, Oder und Elbe mehr gäbe, wenn nur der Mensch seinen Einfluss auf die Natur wieder zurücknehmen würde [KMH02]. In diesem Zusammenhang wird meist einseitig auf die anthropogen verursachte Klimaveränderung – dabei besonders auf den CO_2-Anstieg und die damit verbundene Erwärmung der Erdatmosphäre –, die Flächenversiegelung oder den Gewässerausbau verwiesen. Allerdings ist es offensichtlich, dass diese menschlichen Aktivitäten Hochwasser und vor allem deren Folgen verschärfen. Denn es besteht ein positiver Zusammenhang zwischen dem CO_2-Gehalt und der herrschenden Temperatur, d. h. die anthropogen bedingte Erhöhung des CO_2-Gehalts bewirkt auch eine Beeinflussung des Klimas, was unter anderem zu extremen Situationen wie z. B. Hochwasserereignissen führt [Jou96].

Entgegen zahlreicher Medieninformationen ist unter Fachleuten der Hydrologie und Wasserwirtschaft [KMH02] jedoch unumstritten, dass nur durch die Eingriffe des Menschen, wie z. B. Flächenversiegelung und Gewässerausbau ein extremes Hochwasser erst zu einer Katastrophe wird. Die primären Ursachen für ein solches Ereignis sind in den meisten Fällen extreme Niederschläge, verknüpft mit ungünstigen Bodenfeuchte- und Witterungsverhältnissen im Gewässereinzugsgebiet. Derartige Konstellationen sind nicht zu vermeiden und es wird sie, ob mit oder ohne Mensch, immer geben, so wie es sie in der Vergangenheit sowohl unter warmen als auch unter kälteren Klimabedingungen schon immer gegeben hat. Nur die Häufigkeiten ihres Auftretens wechselten über einen langen Zeitraum gesehen stark [Gla90].

Eine Einordnung der rezent beobachteten klimatischen Entwicklungen in einen umfassenden Kontext natürlicher Kilmavariabilität erfordert die Betrachtung längerer, über die letzten beiden – zunehmend durch anthropogene Einflussnahme geprägten – Jahrhunderte hinausgehende Zeitreihen. Nur so lässt sich beurteilen, ob sich die genannten, über die letzten 100 bis 200 Jahre zu beobachtenden Entwicklungen in das Bild langzeitlicher natürlicher Klimadynamik einfügen oder aber davon abweichende Strukturen aufweisen, die als Auswirkungen menschlicher Eingriffe in das Klimageschehen interpretiert werden müssen [GBS03]. Um also eine objektive Aussage über den Charakter heutiger Hochwasserereignisse machen zu können, ist es notwendig Häufigkeit und Ausmaß vergangener Hochwasserereignisse über einen längeren Zeitraum zu kennen.

Der britische Geologe Sir George Malcolm Brown stellte Mitte des 20. Jahrhunderts treffend fest: „At a time when it is acknowledged that global environments may be changing as a result of the impact of human activity, it is important that we are able to learn from the past.“

Kapitel 2

Fragestellung

Um eine Aussage über die Auffälligkeit heutiger Hochwasserereignisse und den tatsächlichen Einfluss des Menschen auf diese machen zu können, ist ein detaillierteres Wissen über Häufigkeit und Ausmaß vergangener Hochwasserereignisse notwendig [Pet89]. Dazu ist es wiederum unerlässlich, den Charakter eines rezenten Hochwasserereignisses gegenüber dem Normalwasserstand des Fließgewässers zu kennen, um daraus Signale ableiten zu können. Diese erlauben dann eine Identifikation von Paläohochwasserereignissen.

Das Studium des Klimas der Vergangenheit, die Paläoklimatologie, zeichnet die großen Züge der Klimaentwicklung nach [Gla90] und ist somit die einzige Möglichkeit, um natürliche Klimaschwankungen in einem größeren Zeitraum von mehreren hundert oder sogar Millionen Jahren rekonstruieren zu können [Bra99]. Allerdings sind die indirekten Rekonstruktionen der Paläoklimatologie mit deutlich größeren Unsicherheiten behaftet als die direkten Klimamessdaten des modernen Industriezeitalters.

Vor dem Hintergrund einer in zunehmendem Maße auch in der Öffentlichkeit geführten Diskussion über anthropogen bedingte Klimaschwankungen und Klimaänderungen, erhalten Klimarekonstruktionen eine immer größere Bedeutung [Pfi01]. Sie liefern die notwendigen Vergleichsdaten, um beispielsweise Szenarien über zukünftige anthropogene Klimaänderungen qualitativ beurteilen und die komplexen Interaktionen zwischen natürlicher und anthropogen beeinflusster Umwelt bewerten und begreifen zu können [Gla90].

2.1 Ziel der Arbeit

Das Ziel der vorliegenden Arbeit ist es zu überprüfen inwieweit unbekannte Hochwasserereignisse außerhalb historischer Aufzeichnungen anhand einer Änderung der geochemisch-mineralogischen Zusammensetzung und der Korngrößenverteilung von Auensedimenten der Flüsse Rhein und Donau identifiziert werden können.

Die Datierung ist ein notwendiges Mittel, um die Sedimenthorizonte zeitlich einordnen zu können. Mit Hilfe von Lumineszenzmessungen sollen die identifizierten Ereignisse datiert und somit auch zeitlich rekonstruiert werden. Denn es gibt bisher keine zuverlässige Methode mit deren Hilfe die Rekonstruktion von Hochwasserereignissen über einen längeren vorgeschichtlichen Zeitraum möglich ist.

2.2 Stand der Forschung

Verschiedene sozial- und naturwissenschaftliche Ansätze wurden bisher verfolgt, um vergangene Hochwasserereignisse zu rekonstruieren. Eine generelle Übersicht über die diversen Möglichkeiten zur Identifikation und Rekonstruktion bieten beispielsweise Costa et al. [CB81], Zawada [Zaw97], Baker [Bak06] und Nott [Not06]. Allgemeine Untersuchungen zu Paläofluten wurden unter anderem von Baker [Bak89, Bak03] und Saint-Laurent [SL04] durchgeführt.

Eine der gängigsten Methoden, um Kenntnis von vergangenen Hochwasserereignissen zu erlangen, ist die Nutzung historischer Daten [OcC03]. Hierbei handelt es sich z. B. um Kirchenbücher oder schriftliche Aufzeichnungen gewissenhafter Zeitzeugen. Schmidt [Sch00a], Deutsch et al. [DP01] und Glaser et al. [GS04, GAB+05] setzen diese Daten ein, um Hochwasserereignisse in unterschiedlichen Gegenden Deutschlands, z. B. am Rhein [Ger85], zu rekonstruieren. Nachteile dabei sind allerdings, dass zum einen die dokumentierte Zeitspanne maximal 1 200 Jahre umfasst und zum anderen dieser Zeitraum für manche Gebiete auch nur recht lückenhaft erfasst ist.

Zur Rekonstruktion von vergangenen Hochwasserereignissen, die in der Zeit vor den historischen Aufzeichnungen statt fanden, wurden bisher Sedimentablagerungen [PRW02] erfolgreich eingesetzt. Diese Ablagerungen stammen z. B. aus Stauwasserbereichen [BKPP83, EB85, Bak88, KB88, Bak87, Zaw00, KGS02], was unter anderem ehemalige Flussarme [Wil88, BK92] sein können, vom Grund eines Sees [Cur95] oder auch aus Höhlen [Spr02]. Allerdings konzentrieren sich diese Untersuchungen auf nordamerikanische Flüsse.

Waythomas et al. [WJ94] verwenden geomorphologische Daten, um anhand der Oberflächenformen Informationen über vergangene Hochwasserereignisse zu erlangen. Starkel [Sta03] hingegen bedient sich zu diesem Zweck hydrologischer Daten und Pickup et al. [PMB02] sowie Dankers et al. [DCF+07] nutzen die aus den hydrologischen Daten abgeleiteten Modelle. Forte et al. [FPS05] setzen für ihre Rekonstruktionen GIS-Anwendungen ein und verschneiden dabei mehrere Informationsebenen.

Weitere naturwissenschaftliche Ansätze benutzen biologische und auch chemische Indikatoren, um auf vergangene Fluten schließen zu können. Hofmann [Hof99] und Yanosky et al. [YJ02] verwenden hierzu als einen biologischen Ansatz die Dendrochronologie, d. h. sie betrachten die Jahresringe von Bäumen, die bei einem Hochwasserereignis entwurzelt wurden. Ein weiterer biologischer Parameter ist die Zusammensetzung von pflanzlichen Pollen im Sediment, welche von Guiot et al. [GHP93] untersucht wurde.

Chemische Kenngrößen setzen Ricken et al. [RSF+03] ein, indem sie die Sauerstoffisotopie von abgelagerten Muschelschalen analysieren, um vergangene Hochwasserereignisse identifizieren zu können. Dabei wird von einer saisonal schwankenden Sauerstoffisotopen-Zusammensetzung des Rheinwassers ausgegangen, die von meteorologischen und hydrologischen Prozessen abhängt. Die aufgrund der Menge und der Quelle des Abflusses charakteristische Signatur einzelner Hochwasserereignisse im Sommer und im Herbst wird durch das Wachstum in die Schalen eingebaut und ist sowohl in rezenten als auch in historischen Muschelschalen wieder zu finden. Da im Winter kein Wachstum statt findet, werden die im Winter auftretenden Hochwasserereignisse auch nicht aufgezeichnet. Die Methode ist somit jahreszeitlich begrenzt.

Die Rekonstruktion vergangener Hochwasserereignisse versuchen Smith et al. [SB89] auf indirektem Weg durch die Untersuchung verschiedener Bodenparameter, wie z. B. Kohlenstoffgehalt oder pH-Wert, zu erreichen. Je kleiner die Werte dieser Parameter sind, desto älter sind die untersuchten Proben. Am besten gelingt die Datierung unter Zuhilfenahme mehrerer Kenngrößen. Allerdings besteht ein entscheidendes Problem darin, dass nur extreme Ereignisse zuverlässig rekonstruiert werden können. Kleinere Ereignisse können aufgrund der engen Abfolge häufig nicht voneinander getrennt werden.

Schließlich kombinieren neben anderen Zawada [Zaw97], Jarrett et al. [JEJ02] und Benito et al. [BLB+04] diese verschiedenen Ansätze, um zu einem verlässlichen und aussagekräftigen Ergebnis zu gelangen.

Die oben genannten Methoden wurden weltweit auf verschiedene Flusssysteme [Bak00, OGC02] angewandt wie z. B. im Südwesten der USA auf die Arthurs Rock Schlucht [WJ94] oder den Lower Verde River [HPK02], in Zentralaustralien auf den Ross River [PPP93], in Südafrika auf den Unteren Oranje [Zaw00], in Indien auf verschiedene Flüsse der indischen Halbinsel wie Narmada und Krishna [KEEB96], in Israel auf den Lower Nahal Zin Alluvial Aquifer [GSSE02], in Griechenland auf das Voidomatis Becken [LMW91], in Spanien auf das Montardit Becken [RB02] und auf die Flüsse Llobregat [TBR+05], Tagus [BSnSM+03], Segre und Ter [BLB+04], in Frankreich auf die Flüsse Isère und Drac [BCL+03], in Italien auf die Flüsse der Salento Halbinsel [FPS05] und schließlich in Deutschland auf die Flüsse Rhein und Donau [Sch00a, GJDS02] sowie Weichsel, Oder, Elbe und Weser [DP01].

2.3 Ansatz

Wie in den meisten der zuvor genannten Arbeiten wurde auch in der vorliegenden Studie auf die Untersuchung von Sedimentablagerungen zurückgegriffen.

Dabei wurden die Sedimentproben jedoch nicht im Bereich von alten Flussarmen [Wil88, BK92] oder in Höhlen [Spr02] gewonnen, sondern in der Aue des jeweils untersuchten Flusses. In diesem Bereich kommt es bei einem Hochwasser aufgrund der Verlangsamung der Fließgeschwindigkeit zur Sedimentation der mitgeführten Schwebstoffe.

Der im Rahmen der vorliegenden Arbeit verfolgte Ansatz bedient sich für die Identifikation vergangener Hochwasserereignisse geochemischer Kenngrößen, wie z. B. der chemischen Zusammensetzung von Auensedimenten. Durchgeführt wurden die Untersuchungen auf der deutschen Seite des Oberrheins und an der Oberen Donau. In Deutschland wurden Paläohochwasserereignisse bisher meist mit Hilfe historischer Daten rekonstruiert [Sch00a, DP01, GS04, GAB+05], was eine Betrachtung der Ereignisse, die vor den historischen Aufzeichnungen statt gefunden haben, ausschließt.

Die vorliegende Arbeit beschäftigt sich zum einen damit zu klären wie das Signal der bei einem extremen Hochwasserereignis transportierten Partikel hinsichtlich der chemischen und granulometrischen Zusammensetzung charakterisiert ist. Zum anderen ist von Interesse, ob das Signal bei der Ablagerung in der Aue erhalten bleibt und also in den Sedimenten wiedergefunden werden kann. Nur ein verschwindend geringer Teil der Auensedimente des Rheins und der Donau wird durch den Wind eingetragen [Sta77, Ben95, HK06]. Da die Sedimente im Auenbereich also hauptsächlich von Hochwasserereignissen stammen stellen sich einige Fragen:

- Wie sieht das chemische und granulometrische Signal der bei einem Hochwasser transportierten Schwebstoffe aus?
- Kann dieses Signal in den Auensedimenten wiedergefunden werden?
- Lässt eine Änderung des Sedimentchemismus auf ein anderes, extremes Ereignis, schließen?
- Kann zwischen einzelnen „normalen“ Ereignissen unterschieden werden?
- Stammt eine homogene Ablagerung eventuell von mehreren, zeitlich dicht aufeinander folgenden Ereignissen?
- Sind die Signale – egal ob bei einem normalen oder bei einem extremen Ereignis – je nach Entstehungsgebiet des Hochwassers unterschiedlich?

Der Nachweis des Zusammenhangs zwischen der Wasserführung der Flüsse Rhein und Donau und der geochemisch-mineralogischen und granulometrischen Zusammensetzung der in den Auen abgelagerten Hochwassersedimenten steht in der vorliegenden Arbeit im Vordergrund.

Kapitel 3

Grundlagen

3.1 Hochwasserereignis

Ein *Hochwasser* ist jedes zeitlich begrenzte Anschwellen eines Wasserkörpers [Wil97], bei dem Abfluss und Pegelstand einen bestimmten Schwellenwert über dem normalen Wert erreichen oder überschreiten [BL90]. Längs eines Fließgewässers pflanzt sich dieses Anschwellen kontinuierlich fort. Das Verhältnis von minimalem zu maximalem Abflusswert ist bei einem Hochwasser größer oder gleich 1 : 100 [LKH05].

Hochwasser können enstehen durch intensiven oder anhaltenden Niederschlag, eine schnell erfolgende Schneeschmelze, Regen über einer Schneedecke [Not06] oder durch das Zusammentreffen der oben genannten Ereignisse mit ungünstigen, den oberirdischen Abfluss fördernden Bedingungen [Man02], wie z. B. gefrorener Boden. Ferner können hohe Geschiebeanteile, die zur Auflandung des Gerinnes führen, einer Überschwemmung förderlich sein [Dis04]. Auch Verklausungen, die Wasser rückstauen, können Überschwemmungen nach sich ziehen. Bei lang andauerndem Hochwasserabfluss besteht weiter die Gefahr der Überschwemmung durch einen Dammbruch. Besonders problematische Hochwasser- und Überschwemmungssituationen liefern die Überlagerung und das Zusammentreffen verschiedener Hochwasserereignisse oder Hochwasserursachen [PMH01]. Das Ausmaß der Überschwemmung richtet sich nach der Größe des bordvollen Abflusses und der Ausdehnung der Talauen, die für den Abfluss aktiv zur Verfügung stehen [Man02].

Ein Hochwasser wird beeinflusst durch folgende Randbedingungen: die Geländeform, den Vegetationsbestand und die Speichereigenschaften des Einzugsgebiets, die mobilisierbare Geschiebemenge, technische Eingriffe an den Gewässern, z. B. Damm oder Rückhaltebecken, und den Niederschlag als die prozessveranlassende Größe [Pat01].

Eine Unterscheidung wird gemacht zwischen regelmäßig auftretenden Hochwasserereignissen wie den Gezeiten oder einem Frühjahrshochwasser, und unregelmäßigen oder einmaligen Ereignissen wie einem Tsunami, Sturmfluten oder einer Jahrhundertflut, wie z. B. an der Elbe im Sommer 2002. Hochwasserarten können differenziert werden in Sturzfluten, Überflutungen, Sturmfluten und Flussüberschwemmungen [Pat01].

Sturzfluten sind das Ergebnis von Starkregenereignissen, die in kleinen und steilen Einzugsgebieten zur plötzlichen Ausbildung von Hochwasserwellen führen. Diese können auf dem Weg bergab ganze Bäume und Felsbrocken mit sich reißen. *Überflutungen* werden ebenfalls ausgelöst durch lokale Starkregen. Sie ereignen sich jedoch in kleinen, flachen Einzugsgebieten. Als *Sturmfluten* werden orkanartige Winde bezeichnet, die Wasser von Meeren und Seen an die Ufer treiben, woraufhin der Wasserspiegel steigt und das Wasser das Land überflutet. 50 % der Hochwasserschäden in Südwestdeutschland während der letzten Jahre wurden von Sturzfluten verursacht [Bro96b]. Die vierte Hochwasserart ist die *Flussüberschwemmung*. Sie entsteht, wenn lang anhaltende Niederschläge auf große Einzugsgebiete fallen. Liegen dann noch verschärfende Randbedingungen vor, wie gefrorene, wassergesättigte oder schneebedeckte Böden, kann das Wasser nicht versickern und fließt an der Oberfläche ab. In der vorliegenden Arbeit wird ausschließlich auf Flussüberschwemmungen eingegangen.

Extremes Hochwasserereignis

Extremereignisse sind seltene Wetter- und Naturereignisse, die stark vom statistischen Mittelwert abweichen. Grundsätzlich sind Hochwasser Bestandteil des natürlichen Geschehens. Sie sind ein unvermeidbarer Teil des Wasserkreislaufs [Man02] und prinzipiell nicht negativ zu bewerten. Allerdings können sie gewaltige Schäden verursachen [PMH01]. Als Naturkatastrophen werden extreme Ereignisse bezeichnet, durch die zum einen menschliche Werte betroffen sind und zum anderen die Vorsorgemaßnahmen und das Bewältigungsvermögen des Schadens die Kräfte der betroffenen Bevölkerung übersteigen [Mer06]. Naturkatastrophen werden nicht immer durch Extremereignisse verursacht.

Paläohochwasserereignis

Der griechische Wortstamm *paläo* bedeutet der wörtlichen Übersetzung nach im deutschen *alt*. Dabei wird allerdings keine genaue Angabe über das *wie alt* gemacht. In den Geowissenschaften ist diese Vorsilbe derart definiert, dass sie die prähistorische Zeit anzeigt, also die Zeit vor den schriftlichen Aufzeichnungen des Menschen. Ein *Paläohochwasserereignis* ist also ein Hochwasser, das vor dem Beginn der klimageschichtlichen Chroniken auftrat.

Der in der vorliegenden Arbeit interessierende Zeitraum umfasst das Holozän, also die jüngste geologische Epoche der Erdgeschichte. Sie begann vor etwa 11 700 Jahren mit der Erwärmung des Klimas am Ende des Pleistozäns und dauert bis heute an. Beide Epochen, Pleistozän und Holozän, gehören zum Quartär, dem jüngsten Abschnitt des Neogen.

3.2 Theoretische Grundlagen

Bei einem Hochwasser gehen diverse Änderungen in einem Wasserkörper, wie z. B. einem Fluss, einher. So nehmen im Falle eines Flusshochwassers die Wassermenge und die Fließgeschwindigkeit zu, wodurch mehr und größere Schwebstoffpartikel aus den Einzugsgebieten transportiert werden können. Der Geschiebetrieb ist nun größer, was zu Sandschliff und Substratbewegung führt. Die transportierten Schwebstoffe werden aufgrund der in der Aue verringerten Fließgeschwindigkeit dort abgelagert [Dor85]. Dadurch ergeben sich im Laufe der Zeit Lagen an Sedimenten im Auenbereich mit unterschiedlicher Mächtigkeit und Korngrößenverteilung.

Je größer das Hochwasser, umso höher ist die Sedimentkonzentration im Wasser und auch die Korngröße nimmt weiter zu [Cur95]. Allerdings ist dabei zum einen zu beachten, dass die maximal mögliche Korngröße von der Lithologie des Herkunftsgebietes des Hochwassers und von der herrschenden Fließgeschwindigkeit [Hju35] abhängt. Zum anderen werden die Anteile der einzelnen Korngrößenfraktionen in Prozent angegeben. Das führt dazu, dass Fraktionen, die bei einem Hochwasser anteilsmäßig nur gering zunehmen im Vergleich zu anderen Fraktionen, unterschätzt werden. Konkret bedeutet das, dass wenn bei einem Hochwasser die feineren Fraktionen stärker als die gröberen Kornfraktionen zunehmen, es so aussieht als bliebe der Anteil der gröberen Fraktionen unverändert oder als würde dieser sogar abnehmen, weil sich die Anteile aller vorhandenen Fraktionen auf 100 % beziehen.

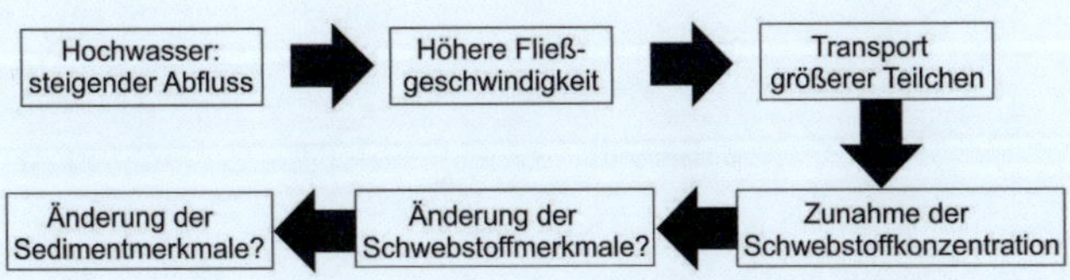

Abbildung 3.1: Theoretische Grundlagen – Argumentationskette.

Jedes Hochwasser hinterlässt also mit den abgelagerten Sedimenten ein Signal, welches aufgrund seiner geochemischen Zusammensetzung dem Liefergebiet zugeordnet werden kann [GJ74, Hel99]. Diese vorhandenen Zusammenhänge sollten mit Hilfe gezielter Analysen eine Identifikation des jeweiligen Hochwasserereignisses möglich machen. Nachfolgend wird diese aufeinander aufbauende Argumentationskette (Abb. 3.1) näher erläutert.

Steigender Abfluss bedingt höhere Fließgeschwindigkeit

Die Fließgeschwindigkeit im Gewässerbett hängt hauptsächlich vom Abfluss ab. Ein erhöhter Abfluss führt zu höheren Fließgeschwindigkeiten im Gerinne [Kni98, PS03], wodurch zwangsläufig auch die Kräfte auf die Sohle und das Ufer aufgrund von Schubspannungen erhöht werden. Die vorhandenen Feststoffe und die unterschiedlichen Schubspannungen beeinflussen ebenfalls die Substratverteilungen im Gewässerbett und in der Aue [JPH05]. So ist die Form des Flussbettes ebenfalls eine Folge ständig wechselnder fluviatiler Erosions- und Sedimentationsprozesse [Sym84].

Höhere Fließgeschwindigkeit bedingt Transport größerer Teilchen

Die Erosionskraft eines Gewässers ist mit zunehmendem Abfluss und der dadurch zunehmenden Fließgeschwindigkeit gesteigert [Mus69], was zur Auswaschung und Unterspülung der unverfestigten Sedimente am Flussufer führen kann [PS03] und in der Folge zu verstärktem Geschiebetransport [Sch95]. Denn eine Strömung kann umso mehr suspendiertes Material und Bodenfracht und umso größere Partikel mit sich führen, je größer das Volumen ist, das pro Zeiteinheit über einen Strömungsquerschnitt fließt [BMSS94].

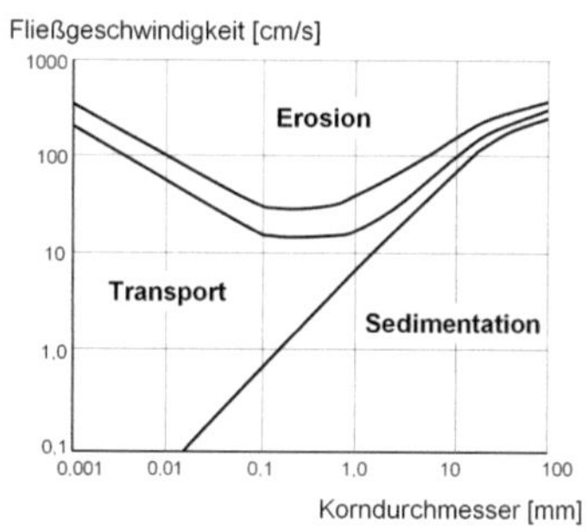

Abbildung 3.2: Hjulström-Diagramm [Hju35] – Größe der transportierten Partikel in Abhängigkeit von der Fließgeschwindigkeit.

Der Schwebstofftransport ist räumlich und zeitlich recht variabel [Sym84, Sch96]. Mit zunehmender Fließgeschwindigkeit ist der Transport größerer Teilchen möglich [Hju35, Sta77, WM89]. Anhand des Hjulström-Diagramms (Abb. 3.2) und der Tabelle 3.1 wird dieser Zusammenhang dargestellt.

Bei dem Hjulström-Diagramm ist zu beachten, dass beide Achsen logarithmisch sind, so dass eine große Spannweite von Korngrößen und Geschwindigkeiten erfasst wird. Das obere Feld des Diagramms enthält die Geschwindigkeiten, bei denen Partikel der jeweiligen Korngrößen erodiert werden [Hju35]. Es ist nach unten begrenzt durch ein schmales Band, das die kritische Geschwindigkeit markiert, bei der die Erosion der betreffenden Korngröße einsetzt. Statt einer Linie wird ein Band angezeigt, weil die Erodierbarkeit von Partikeln bestimmter Größe auch von ihrer Lagerung abhängt. So können z. B. einzeln auf sandigem Untergrund liegende Gerölle leichter von der Strömung erfasst werden als solche, die dicht gepackt in einer Schotterbank liegen [Ahn03]. Zwischen der unteren Kurve und der „Erosionskurve" liegt der Geschwindigkeitsbereich, innerhalb dessen die Partikel der verschiedenen Korngrößen nicht mehr erodiert aber noch transportiert werden [Ahn03].

Zur Erosion von Feinsand und Schluff sind geringere Fließgeschwindigkeiten erforderlich als für die noch feinkörnigeren Tonpartikel, weil Feinsand und Schluff keine kohäsiven Eigenschaften besitzen, Tone aber durch elektrostatische Kräfte zusammengehalten werden, die noch zusätzlich überwunden werden müssen. Die Fraktion des Mittelsands ist am leichtesten erodierbar [Kni98, Ahn03]. Die untere Kurve im Diagramm bezeichnet die Fließgeschwindigkeit, bei der ein bereits in Bewegung befindliches Partikel der jeweiligen Korngröße nicht weitertransportiert werden kann und daher abgelagert wird [Hju35]. Ton und Feinschluff sinken auch bei geringen Fließgeschwindigkeiten nicht zu Boden, was das Fehlen von Schwebstoffablagerungen im Flussbett verständlich macht [Sch73a, Sch03].

Das Abflussgeschehen bestimmt somit das Wechselspiel zwischen Erosion, Umlagerung und Ablagerung von Geschiebe, Sand, Schwebstoffen, Totholz und anderem Treibgut [Ahn03]. Im Wesentlichen hängt das Abflussgeschehen vom Abfluss selber, sowie vom Gefälle, vom Sohlenaufbau und vom Feststoffangebot ab. Erosions- und Sedimentationsvorgänge wechseln in einem natürlichen Fließgewässer ständig ab und charakterisieren den Geschiebehaushalt einer Gewässerstrecke. Dabei herrscht im Oberlauf die Erosion, im Mittellauf die Umlagerung und im Unterlauf die Ablagerung bzw. Sedimentation vor [JPH05].

In der Natur gibt es kaum geschiebefreie Fließgewässer. Die Korngröße des transportierten Sediments hängt zunächst einmal von den mineralogischen und physikalischen Eigenschaften der Geschiebequellen ab, wie Struktur, Verwitterungsverhalten und -resistenz des Felsgesteins [Hac57]. Des Weiteren sind die Neigung der angrenzenden Hänge und die Ausgangsgröße der aufgenommenen Gerölle [Hac57] von Bedeutung. Die lokal vorherrschenden Korngrößen werden aber auch von der Transportkapazität der Strömung bestimmt [JPH05]. So können bei einer überregionalen Betrachtungsweise vom Oberlauf bis hin zur Mündung eines Flusses entsprechend dem abnehmenden Gefälle blockige, steinige, sandige und letztlich schluffige Fraktionen angetroffen werden [Bog74, GT85]. Beim Sortieren der Feststoffmaterialien spielt der Abfluss die entscheidende Rolle [JPH05]. Schwankende Abflüsse und damit wechselnde Fließgeschwindigkeiten sorgen für ein relativ heterogenes Material, während gleichmäßige Abflüsse einen hohen Sortierungsgrad, und damit homogenes Material bedingen [Sta77]. Ablagerungs- und Erosionsbelege sind dadurch meist sehr vielschichtig [Sch77].

Der positive Zusammenhang zwischen Fließgeschwindigkeit und Größe der transportierten Partikel wurde auch für die im Rahmen der vorliegenden Ar-

Bezeichnung	Korngröße [mm]	Fließgeschwindigkeit [cm/s]
Steine	> 63	200
Kies		
Grobkies	20 – 63	150
Mittelkies	6,3 – 20	75
Feinkies	2,0 – 6,3	50
Sand		
Grobsand	0,63 – 2,0	25
Mittelsand	0,2 – 0,63	17
Feinsand	0,063 – 0,2	10

Tabelle 3.1: Kritische Fließgeschwindigkeiten für den beginnenden Transport von Teilchen bestimmter Korngrößen [Sch73a, Sch03, SZ06].

beit untersuchten Flüsse dokumentiert: im Fall des Rheins durch Asselman et al. [AM98], im Fall der Donau durch Elsner [Els05].

Transport größerer Teilchen bedingt Zunahme der Schwebstoffkonzentration

Aufgrund der Tatsache, dass mit zunehmendem Abfluss und steigender Fließgeschwindigkeit der Transport größerer Teilchen möglich wird, ist ein steigender Schwebstoffgehalt [Hju35, LWM64, Bri03] zu beobachten (Abb. 3.3). Der Umkehrschluss dieses Zusammenhangs gilt gleichermaßen: je langsamer die Fließgeschwindigkeit, desto stärker ist der Sedimentationsvorgang [WvK04] und die Schwebstoffkonzentration nimmt folglich ab.

Die Schwebfracht besteht aus Feststoffpartikeln, die klein und leicht genug sind, um von ihrem Auftrieb in der Schwebe gehalten und so vom Wasser mitgeführt zu werden [LWM64]. Bei den Teilchen handelt es sich hauptsächlich um Feinsand, Schluff- und Tonpartikel [Bri03]. Bei starker Strömung können auch größere Sandkörner von der Sohle des Flussbetts abgehoben werden, bei sehr starker, sehr turbulenter Strömung, z. B. bei Hochwasser, werden sogar Gerölle über kurze Distanzen schwebend bewegt (Abb. 3.2 und Tab. 3.1).

Die Schwebstoffe stammen aus Verwitterungsvorgängen, Denudation und Deflation [JPH05], Ausfällen und Ausflocken von gelösten mineralischen Stoffen [Sym84], Erosion im Flussbett, an Uferböschungen [Ahn03] und auf Vorländern besonders bei hohen Abflüssen, von Pflanzenteilen und deren Zersetzungsprodukten, von tierischen Kleinlebewesen und Algen [Sym84] und auch von Geschiebeabrieb [All65, DVW86]. Quellen der Schwebstoffe sind einerseits die Flächen des Einzugsgebietes und andererseits verschiedene Zwischenspeicher, wie z. B. Akkumulationsbereiche am Hangfuß (Kolluvium) oder Material aus dem Gerinnebett selbst, das während des Hochwassers remobilisiert bzw. erodiert wird [Kni98]. Durch Spüldenudation werden die Schwebstoffe bei Starkregen in den Fluss transportiert [Ahn03].

Wie viel an Schwebstoffen bei einem Hochwasserereignis in den Fluss gelangt, hängt nicht nur von der Intensität und Dauer des Oberflächenabflusses ab, sondern auch von der Verfügbarkeit feinkörnigen Lockermaterials an der Landoberfläche und vom Grad der Vegetationsbedeckung [LWM64]. Eine dichte Decke niedriger Pflanzen bietet wirksamen Schutz gegen die Abspülung, indem sie Teile des Niederschlags durch Interzeption in Bodennähe abfängt, die Fließgeschwindigkeit des Abflusses verlangsamt und außerdem mit ihrem Wurzelgeflecht und ihren Stängeln den Transport von Bodenpartikeln behindert [LWM64]. Weitständige Pflanzen dagegen bewirken häufig eine Konzentration des Oberflächenabflusses auf engere Bahnen, mit Entwicklung von Rillen und Runsen und entsprechend verstärkter Lieferung von Schwebfracht in den Fluss.

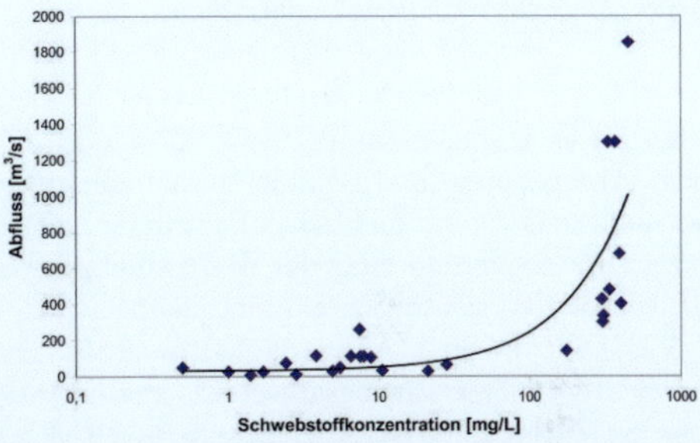

Abbildung 3.3: Schwebstoffkonzentration in Abhängigkeit vom Abfluss, Beispiel Obere Donau (eigene Daten).

Die einzelnen Partikel der Schwebstofffracht werden ohne Sohlenkontakt in der Strömung mitgeführt. Bei verminderter Fließgeschwindigkeit und Turbulenz können die Partikel aufgrund der Schwerkraft zu Boden sinken und entweder als Geschiebe transportiert werden oder sie sedimentieren, z. B. in Auenbereichen [WvK04]. Bei kohäsiven Partikeln kann sich aufgrund von Einflüssen aus biologischer Verfestigung, Temperatur, Salzgehalt des Wassers, Art der Tonminerale oder Kationenaustauschkapazität ein Flockungsvorgang einstellen [Hel99, SLJG05]. Mehrere Einzelteilchen verbinden sich, so dass ein Konglomerat entsteht, das ein völlig anderes Strömungs- und Transportverhalten als die Einzelteilchen zeigt [SLJG05]. Die Schwebstoffkonzentration ist an der Sohle am größten und an der Wasseroberfläche am geringsten. Dieser Parameter ist gerade anders herum ausgebildet als das Fließgeschwindigkeitsprofil [JPH05].

Im Verlauf der Abflussganglinie trägt der Oberflächenabfluss vor allem zum Steigen des Hochwassers und damit zur Hochwasserspitze bei. Das Maximum der Schwebstoffkonzentration liegt daher in zeitlicher Nähe des Abflussmaximums, häufig sogar noch etwas früher [Ahn03]. Die Zwischenspeicherung von Niederschlägen im Untergrund führt sogar zu einer Entkoppelung von Niederschlagsereignissen und Hochwasserabflüssen, in deren Folge es zu retardierten Hochflut-

	Maxau (Rhein)	Vilshofen (Donau)
mittlerer Abfluss [m^3/s]	1 320	631
mittleres Hochwasser [m^3/s]	2 890	1 790
Schwebstoffgehalt [g/cm^3]		
mittel	27	22
maximal	335	600
mittlere Jahresfracht [1 000 t]	1 439	5 565
mittlerer Abtrag [t/km^2]	29	12
oberirdisches Einzugsgebiet bis zum Pegel [km^2]	50 196	47 677

Tabelle 3.2: Ausgewählte hydraulische und sedimentographische Daten der Pegel Maxau (Rhein) und Vilshofen (Donau) [Man02].

ereignissen kommen kann [PR00]. Dies kann dann weiter zu einer Verzögerung von Abflussspitze und Sedimentmaximum führen [Hei56]. Allerdings reagieren die einzelnen wasserchemischen Parameter nach unterschiedlichen Verhaltensmustern auf eine Veränderung der Abflussmenge, was zu einer hohen Variabilität der Schwebstoffkonzentrationen führt [Sch84].

Die auftretenden Abflussverhältnisse sind umso ausgeglichener je größer das jeweils betroffene Einzugsgebiet ist, weil sich der Abfluss auf eine größere Fläche verteilen kann [Hel99]. Hydraulische Größen haben also auf die Eigenschaften der Schwebstoffführung keinen entscheidenden Einfluss. Wichtiger sind die Feststoffmassen, die das Einzugsgebiet und das Gewässernetz oberhalb des Messquerschnitts liefern können [Bog74].

Die Tatsache, dass mit erhöhtem Abfluss die Schwebstoffkonzentration zunimmt (Tab. 3.2) gilt auch für die in der vorliegenden Arbeit untersuchten Flüsse Rhein und Donau [Hin71, Man02].

Zunahme der Schwebstoffkonzentration bedingt Änderung der Schwebstoffmerkmale

Wenn sich der Abfluss ändert, treten Veränderungen in der chemischen Zusammensetzung der Schwebstoffe auf [CPC96]. Die Lithologie des Einzugsgebiets und auch die unterschiedlich ablaufenden Verwitterungsprozesse geben die Konzentration der Hauptbestandteile und Spurenstoffe in den Schwebstoffen sowie deren Korngrößenverteilung vor [Hel99]. Auch die chemische Zusammensetzung des Flusswassers in Bezug auf gelöste Ionen, wie z. B. Ca^{2+} oder HCO_3^-, reflektiert den mineralogischen Charakter des Einzugsgebietes, wodurch Quellen des Oberflächenabflusses identifiziert werden können [GJ74]. Sowohl während eines Hochwassers [Pet84] als auch entlang des Flusslaufs [Ker94] treten Schwankungen in der chemischen Beschaffenheit der verfrachteten Teilchen auf. Das Einzugsgebiet eines Hochwasserereignisses und aufgrund der veränderten Lithologie auch die chemische und granulometrische Zusammensetzung der transportierten Schwebstoffe ändert sich je nachdem, wo ein Hochwasser entsteht.

Änderung der Schwebstoffmerkmale bedingt Änderung der Sedimentmerkmale

Jedes Hochwasserereignis hinterlässt eine mehr oder weniger mächtige Schicht von Schlamm, Sanden und feinen Kiesen in der Aue [Sch73b]. Die Sedimentakkumulation steigt mit der Größe des Hochwassers [AM98]. Sedimentart und -menge sind, wie bereits erwähnt, abhängig von der Geologie und der Vegetation des Einzugsgebiets, der Niederschlagsmenge und von den herrschenden klimatischen Bedingungen, welche für die vorangegangene Verwitterung von Bedeutung sind [Bri03].

Beim Transport und entsprechend bei der Sedimentation im Fluss findet eine von der Strömungsgeschwindigkeit abhängige Korngrößensortierung der Teilchen statt (Abb. 3.2) [Hju35, Kni98]. Das oft geringere Gefälle im Unterlauf bedingt dort feiner körnige Sedimente. Gleiches gilt für die flussferneren Bereiche der Aue [Seg07], da die Fließgeschwindigkeit des Wassers nach seinem Uferübertritt und Eindringen in die Aue stark gebremst wird. Dies hat oft auch die Bildung eines Uferwalls zur Folge [Bri03].

Stromferne, aber vom Hochwasser noch erreichte Auengebiete, sind die eigentlichen Zonen der Auenlehmbildung. Hier lagern sich Feinsand-, Schluff- und Tonpartikel ab [Seg07], die den fruchtbaren Auenlehm bilden. Die Auenlehme überlagern mit deutlich sichtbarer Grenze die im Spätpleistozän unter periglazialen Bedingungen abgelagerten Schotter [Ahn03].

Durch die anthropogenen Korrekturen der Flüsse und die damit einhergehende Verkürzung des Flusslaufs, Einengung des Bettes und Änderung des Gefälles kommt es zu einem grundlegenden Wechsel in der Geschiebebewegung und folglich in den Schwebstofffrachten [Sch73b]. Durch die Erhöhung der Fließgeschwindigkeit nehmen die Erosion und der anschließende Abtransport des Sediments stark zu. Rezente Hochwasserereignisse sind demnach durch mächtigere Sedimentablagerungen charakterisiert als historische Ereignisse.

Die Zusammensetzung des alluvialen Sediments variiert stark zwischen Einzugsgebieten und innerhalb dieser, aufgrund der vorhandenen lithologischen Beschaffenheit, der Verwitterungsvorgänge und der Transportprozesse, die Material verfrachten und entlang des Flusses wieder ablagern [Dor85]. Teilchen kleiner 2 μm sind meist sekundäre Silikatminerale (Tonminerale). Partikel in Sandgröße und gröbere Teilchen werden von Quarz [Hel99], Feldspäten und Carbonaten dominiert [MOM07], d. h. sie sind in den Auenablagerungen zu finden. Diese Partikel sind am interessantesten, weil sie aufschlussreiche geochemische Komponenten beinhalten. Sie fungieren gewissermaßen als sedimentäres Archiv [Coh03].

Die Verteilung der Elemente im Sediment ist eng verknüpft mit den klimatischen Prozessen, die im jeweiligen Einzugsgebiet ablaufen. So stammen einwertige Metalle (z. B. Na^+, K^+, Cl^-) aus der direkten Verwitterung Na- und K-haltiger Silikatminerale, wie z. B. Feldspäten [Gol54, RHW79, KB95]. Sie akkumulieren unter extrem trockenen Bedingungen bei sehr geringem Oberflächen- und Grundwasserfluss. Na, K und Ti können auch als Nebenprodukte bei der Verwitterung kristallinen Gesteins und klastischer Sedimente auftreten [Coh03]. Werden die klimatischen Bedingungen wärmer und feuchter nimmt die Verwitterung von terrigenem Si und Al zu und der Anteil Na- und K-reicher, unverwitterter Minerale ab [Bro96c, Alb03].

Zweiwertige Kationen (Mg^{2+}, Ca^{2+}, Sr^{2+}) werden durch Verwitterung oder durch atmosphärische Deposition eingetragen und akkumulieren unter semiariden bis semihumiden Bedingungen [Coh03]. Diese Komponenten stammen ebenfalls aus verwitterten Gesteinen, besonders aus Kalkstein, Dolomit oder mafischen Vulkaniten. Bei verstärkter Erosion nehmen die Gehalte an Ca, Mg und Sr deutlich zu [DVW96, DVW98].

Bei sehr feuchten, z. B. tropischen Bedingungen sind alle löslichen Kationen aus dem Boden ausgewaschen. Übrig bleiben unlösliche Nebenprodukte wie Fe-Hydroxide und Kaolonit. Mn und Fe kommen demnach in nicht alterierten Mineralkörnern vor und bilden entweder Oxide oder bei sauren Böden, z. B. durch Koniferenbestand, Kolloide [Coh03].

Das im Sediment der Aue enthaltene chemische und granulometrische Signal ist über einen längeren Zeitruam stabil, da keine Diagenese statt finden kann. Die Überdeckung der im Auenbereich abgelagerten Sedimente reicht nicht aus, um den Druck so weit zu erhöhen, dass die Sedimente verdichtet und entwässert werden [MM04].

Allerdings stellen Sedimente nicht die exakte Aufzeichnung dessen dar, was sich in einem Gewässer vor langer Zeit ereignet hat. Vielmehr sind sie Indikatoren vergangener Bedingungen [SB05]. Weitere Probleme und Schwierigkeiten können sich durch Bioturbation ergeben [Coh03]. Die so erfolgende Durchmischung ist nicht homogen, es kommt zu Umlagerungen und Resuspensionen.

Außer durch Hochwasserereignisse können durch Wind Lösse und Flugsande [Ben95, HK06] in die Auenbereiche eingetragen werden und dort Ablagerungen bilden. Diese weisen allerdings im Falle der untersuchten Flüsse Rhein und Donau eine wesentlich geringere Mächtigkeit als die Hochwasserablagerungen auf und sind auch durch die chemische Zusammensetzung von diesen zu unterscheiden [Sta77].

Die sich nun stellenden und in dieser Arbeit (Kapitel 7) beantworteten Fragen sind: Bleibt das geochemische Signal der Hochwasserschwebstoffe bei der Ablagerung im Auensediment erhalten? Und ändern sich die chemische und die granulometrische Zusammensetzung der Sedimente je nach Ausmaß und Intensität des

Hochwasserereignisses? Sind diese Zusammenhänge an den untersuchten Flüssen Rhein und Donau zu erkennen?

3.3 Hochwassersignale in Sedimenten

Abhängig vom jeweiligen Herkunftsgebiet eines Hochwasserereignisses und von der dort vorhandenen Lithologie weisen die in der Hochwasserwelle transportierten und anschließend in der Aue abgelagerten Partikel ein bestimmtes Signal auf, das aus chemischen, mineralogischen und physikalischen Merkmalen besteht.

Geochemische Merkmale

Geochemische Merkmale eines Sediments beziehen sich auf den stofflichen Aufbau und die Elementverteilung [MM04]. Die relative und die absolute Häufigkeit sowie die Zusammensetzung an Haupt- und Spurenelementen sind hierbei von Interesse und auch deren Verteilung und Wanderung in Raum und Zeit [Les98].

Mineralogische Merkmale

Mineralogische Merkmale eines Sediments betreffen die Mineralzusammensetzung, also die relative und absolute Häufigkeit der Minerale, die das Sediment aufbauen [MM04].

Physikalische Merkmale

Ein physikalisches Merkmal eines Sediments ist beispielsweise seine relative Korngrößenverteilung. Sie ist eine der wesentlichsten Eigenschaften eines Sediments [Bog74], da sie einerseits einen Hinweis auf das Ausgangssediment gibt und andererseits auf den Prozess, der dieses Sediment transportiert hat [Sta77]. Dadurch spiegelt seine Beschaffenheit die Bedingungen, unter denen es abgelagert wurde, wider [Sta77].

3.4 Auen

Als *Auen* (Abb. 3.4) werden jene Talzonen bezeichnet, die innerhalb des Einflussbereichs von Hochwassern liegen [Gep85]. Ein Fließgewässer beschränkt sich nicht auf sein Flussbett. Bei starken Niederschlägen tritt es über die Ufer und dringt in seine Aue ein, die an der Uferlinie beginnt. Die Ausdehnung der Aue nimmt flussabwärts zu. Infolge des langsamen Fließens in der Aue werden auch die mitgeführten Schwebstoffe abgelagert (Kapitel 3.2). Sie bilden den Auenlehm [TKH96], einen sehr fruchtbaren Boden von hoher biotischer Aktivität.

Abbildung 3.4: Auenbereich des Rheins bei Elchesheim-Illingen mit Altarm.

Die Dynamik eines Flusses bestimmt, wie oft, wie lange und wie intensiv einzelne Bereiche der Aue überschwemmt werden. So stehen tiefer gelegene Areale oft mehrere Monate lang und einige Meter tief unter Wasser, während höher gelegene Bereiche nur für wenige Tage oder Wochen im Jahr überschwemmt werden. Mit der hydrologischen Dynamik gehen ausgedehnte Umlagerungsprozesse einher: schnell strömendes Wasser erodiert Bodenmaterial, während an strömungsberuhigten Stellen Sedimente wieder abgelagert werden [Coh03]. Dadurch entsteht in den Auen ein Mosaik unterschiedlichster Standorte [GS92]. Bei größeren Hochwassern kann sich sogar das Hauptgerinne eines Flusses verlagern, während der alte Flusslauf als Altarm noch einige Zeit bestehen bleibt [SB05].

Hochwasser tritt gewöhnlich dann auf, wenn die Zufuhr von Oberflächen- und Grundwasser mehr Wasser liefern, als im Gerinnebett aufgenommen werden kann [Ger88]. Noch höhere Abflüsse (Extremhochwasser), die rezent in Abständen von drei oder fünf Jahrzehnten eintreten, überschwemmen Gelände, das beträchtlich über dem Niveau der Talaue liegt [GS92]. Aufgrund von Abholzungen und Bodenversiegelung kommt es zu einer Verschärfung von extremen Hochwasserereignissen [Sch03], da Auen entscheidend bei der Begrenzung der Abtragung und dem Schutz vor Hochwasserereignissen mitwirken.

Die Bodenregion der Flusslandschaften lässt sich nach ihrer Entstehung in die holozänen Talauen aus der heutigen Warmzeit und die weichselzeitlichen Niederterrassen aus der letzten Eiszeit gliedern. Aus den jungen Anschwemmungen der holozänen Talauen, die unter natürlichen Bedingungen regelmäßig überflutet werden, bilden sich *Auenböden*. Sie werden auch als Schwemmlandböden oder alluviale Böden bezeichnet [Wie00].

Auensedimente

In Flusstälern, Flussdeltas und an den Küsten lagern sich vor allem bei Hochwasserereignissen geologisch junge, feinkörnige, humushaltige Lockersedimente ab [GS92], deren Korngrößenspektrum je nach den Strömungsverhältnissen zwischen Kies und Ton variieren kann. Die Sedimente der Flusstäler werden als *Auensedimente* bezeichnet [SS89].

Der Charakter der Auensedimente wird aber auch entscheidend durch die vorhandenen Gesteins- und Bodeneigenschaften im Einzugsgebiet eines Flusses bestimmt [SS89] (Kapitel 3.2). So dominieren im Bereich norddeutscher Sandlandschaften sandige Auen, während in Lösslandschaften sowie Löss bedeckten Mittelgebirgen Auenlehme abgelagert werden.

Dieses Substrat entsteht durch den langen Transportweg im Wasser, wodurch sich die Korngrößenverteilung und die Eigenschaften des erodierten Materials verändern [GS92]. Er besteht hauptsächlich aus Schluff und Ton und nur zu einem geringen Prozentsatz aus Sand [SS89] und bildet semiterrestrische Böden, die unter dem Einfluss von Grundwasser entstanden sind, wie z. B. Gleye oder Auenböden.

Die Ablagerung der Auensedimente wurde in Mitteleuropa in Einzelfällen bereits für das Atlantikum nachgewiesen und erreichte zu Beginn des Subatlantikums vor etwa 3 000 Jahren erstmals ein größeres Ausmaß, als weite Teile der Lössgebiete in Ackerkultur genommen wurden und die Bodenerosion verstärkt einsetzte. Eine besonders starke Ablagerung fand seit der Zeitwende bis zur Zeit der frühmittelalterlichen Rodungsperiode um ungefähr 1 000 n. Chr. statt. Schließlich wurden etwa vom 15. Jahrhundert an bis zur Zeit der Flusskorrekturen um 1850 erneut in starkem Maße Auenlehme abgelagert [SS89].

Kapitel 4

Untersuchungsgebiet

Mit dem Meteoriteneinschlag des Ries-Ereignisses im Mittleren Miozän vor 14,8 – 14,6 Mio Jahren wurden die Weichen für die Wege der Flüsse Rhein und Donau gestellt [Rut87, MBTG04]. Die endgültige Trennung vollzog sich allerdings erst im Mittleren Pleistozän vor ungefähr 500 000 Jahren [SR91]. Das heutige Landschaftsbild von Rhein und Donau ist Folge des geologischen Baus, der jüngeren Abtragungsgeschichte und tektonischer Vorgänge. Dabei hat besonders die bis heute andauernde Absenkung des Oberrheingrabens seit dem Mittleren Eozän (45 Mio Jahre) Bedeutung sowohl für das Einzugsgsbiet des Rheins als auch für das Einzugsgebiet der Donau.

Das europäische Mittel- und Hochgebirge ist Quellgebiet für viele Ströme, unter anderem für die Flüsse Rhein und Donau [BL90]. Die größten Höhen der gewässerarmen Schwäbischen Alb von mehr als 1 000 m über dem Meeresspiegel bilden die Wasserscheide zwischen dem Rhein- und dem Donaugebiet. Die tiefer liegenden Rheinzuflüsse sind erosionsstärker als die nach Südosten gerichtete Entwässerung im Donaugebiet. Die rückschreitende Erosion der Rheinzuflüsse hat bereits viele Anfänge von zur Donau gerichteten Tälern abgeschnitten [Ahn03]. Auf diese Weise hat das Donaugebiet schon große Flächen an den Rhein abgeben müssen [UNE93]. Gegenüber den Zuflüssen des Rheins sind die Donauzuflüsse benachteiligt, weil ihre Flussgefälle wesentlich geringer sind [Ehl94] und ihre Erosionskraft dadurch kleiner.

Die im Rahmen der vorliegenden Arbeit untersuchten Proben (Kapitel 5.2) wurden zum einen im Bereich des Oberrheins, nämlich an der Staustufe Iffezheim (Schwebstoffproben) und im Auengebiet der Ortschaft Elchesheim-Illingen (Bohrkerne), südwestlich von Karlsruhe, genommen (Kapitel 4.1.2). Zum anderen stammen weitere Proben von der Oberen Donau, genauer gesagt von sieben Standorten entlang der Laufstrecke von Berg bei Ulm bis Neuburg an der Donau (Schwebstoffproben) und aus dem Auengebiet der Ortschaft Pfatter (Bohrkerne), östlich von Regensburg (Kapitel 4.2.2).

4.1 Rhein

4.1.1 Allgemein

Das Einzugsgebiet des Rheins umfasst rund 200 000 km^2. Damit ist das Rheingebiet das neuntgrößte Flussgebiet Europas. Sein Einzugsgebiet reicht von den Alpen bis zur Nordsee. Es hat Anteil am Hochgebirge, Mittelgebirge und Tiefland [KBF+93]. Auf seinem Weg in die Nordsee durchfließt er das nördliche Alpenvorland, den Oberrheingraben, die Mittelgebirgsschwelle und das Niederrheinische Tiefland [IKS].

Der Rhein (Abb. 4.1) gehört mit seinem beträchtlichen Abfluss von 2 200 m^3/s an der deutsch-niederländischen Grenze zu den wasserreichsten Flüssen des Kontinents [Hof87] und stellt damit den größten Zufluss in die Nordsee dar. Vom Zusammenfluss von Vorder- und Hinterrhein zum Alpenrhein bei Tamins (Kanton Graubünden) in den Schweizer Alpen bis zur Mündung in die Nordsee beträgt die Lauflänge des Rheins rund 1 320 km [Rei86], wovon 695 km auf den deutschen Rhein entfallen.

Der Rhein wird in vier Laufabschnitte unterteilt: den Hochrhein (einschließlich Vorder- und Hinterrhein) von Tamins bis Basel, den Oberrhein von Basel bis Bingen, den Mittelrhein von Bingen bis Bonn und den Niederrhein von Bonn bis zur Mündung in die Nordsee.

Geologie

Erste Hinweise auf den Rhein finden sich in Ablagerungen aus dem Oberen Miozän (11,2 – 5,2 Mio Jahre [Sta01]), die ein Alter von etwa 10 Mio Jahren aufweisen [Rot00]. Er entspringt nördlich des Kaiserstuhls [EEBW07]. Seine Quellen liegen im Nordschwarzwald und in den nördlichen Vogesen [Han93]. Die Gerölle bestehen aus Quarz, Kieselschiefer, Hornstein und Buntsandstein. Das dortige Hauptsediment setzt sich aus hellen, gut sortierten und oft schräg geschichteten Mittelsanden zusammen. Der Urrhein ist ein ausschweifend mäandrierendes Flusssystem, das im Süden 8 und im Norden 4 km breit ist [Rut87].

Für den Raum Karlsruhe sind aus der Arvernensiszeit (2 Mio Jahre, Wende Pliozän/Pleistozän) erste Zeugnisse des Urrheins bekannt, die zugleich auch die Südlichsten darstellen: die Braunkohlelager von Soufflenheim und Bischwiller nördlich von Straßburg. Weißgraue Schluffe und Sande liegen in 100 Metern Tiefe als Schwemmlandsedimente des arvernensiszeitlichen Urrheins [Rut87]. Ab dieser Zeit durchfließt der Urrhein den Oberrheingraben. Entsprechend sind am Aufbau des oberflächennahen Untergrundes vor allem pleistozäne Terrassenschotter des Rheins und seiner Nebenflüsse beteiligt [MB83]. Sie werden von jüngeren Deckschichten überlagert. Dies sind außerhalb der Niederterrassenflächen auf älteren, höher gelegenen Terrassen sowie in der Vorbergzone und in Hügelländern Lösse, im nördlichen Oberrheingraben auch spätglaziale und holozäne Flugsande sowie holozäne Auensedimente [HK06].

Im Altpleistozän (1,77 – 0,78 Mio Jahre) ist es schwierig den Aarerhein als Vorläufer des Alpenrheins im Rheinischen Schiefergebirgen zu entdecken, da keine zuverlässigen paläontologischen Dokumente bekannt sind [Han93]. Der Alpenrhein, der bislang nach Norden zur Feldbergdonau (Kapitel 4.2.2) führte, wird im Mittelpleistozän (0,78 – 0,13 Mio Jahre) aufgrund der tektonischen Absenkung des südlichen Oberrheingrabens [EEBW07] über den damals noch nicht vorhandenen Bodensee nach Westen zum Aarerhein überführt [Rut87]. Die Vereinigung des Alpenrheins mit dem Aarerhein wird als die Geburt des Rheins bezeichnet [Han93]. Mit dem Zusammenschluss dieser beiden Flüsse beginnt sich im Jungpleistozän (130 000 – 11 600 Jahre) die neue Erosionsbasis Oberrhein auszuwirken: Der Rhein wird zum Nebenfluss des Ärmelkanal-Urstroms [Rut87].

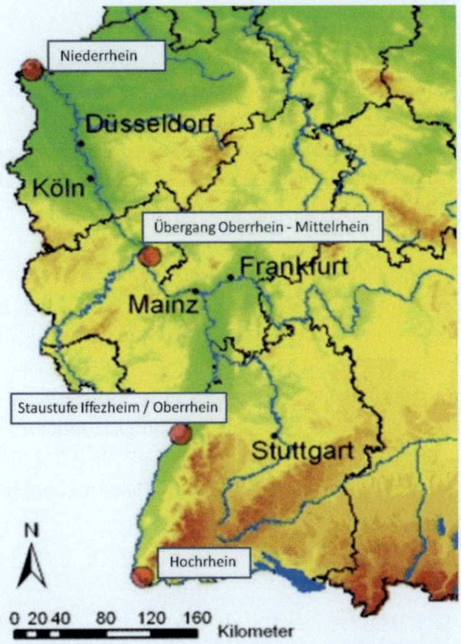

Abbildung 4.1: Übersicht über den heutigen Verlauf des Rheins von der Quelle bis zur Mündung. Quelle: wikipedia 2007.

Im Holozän (seit ca. 11 700 Jahren) nimmt die Geschiebefracht des Rheins ab. Die neu entstandenen Alpenrandseen, wie z. B. Genfer See, Bodensee und Thuner See, wirken als Sedimentfallen. Ebenso reduziert die sich entwickelnde Vegetationsdecke die Erosion. Damit nimmt der Materialeintrag aus dem Oberlauf ab, während der flussabwärtige Austrag ungebremst weitergeht. Die Folge ist eine Tieferlegung des Rheinbetts. So entsteht die holozäne, am Kaiserstuhl etwa 3 bis 5 m, im Süden bei Neuenburg bis zu 12 m tiefer gelegene Rheinaue, die durch das steilwandige Hochgestade (Niederterrassenrand) abgegrenzt wird [Ber00b].

Der Rhein durchläuft, nach den Jurakalken des Rheinfalls, bis zum Kaiserstuhl eine Molasselandschaft. Südlich des Kaiserstuhls durchquert er eine heute fast völlig erodierte Barriere aus Malmkalk. Einen zweiten, auch heute noch erkennbaren Durchbruch durch eine Muschelkalkrippe bildet der Kleine Laufen oberhalb der Aaremündung [Rut87]. Die holozäne Rheinaue mit ihren Altarmen hat bis zur Mündung in die Nordsee die pleistozänen Sedimentablagerungen erodiert, nur unterbrochen durch die unterdevonischen Schichten des Rheinischen Schiefergebirges im Bereich von Bingen bis Bonn [HK06].

Geomorphologie

Das Relief des Tieflandstreifens, der sich aus Höhen um 250 m bei Basel auf 100 – 80 m bei Mainz abdacht, wird von der Lage im Oberrheingraben geprägt [Don00]. Morphologisch ist der Rheingraben zumeist rheinparallel gegliedert. Auf die 2 bis 4 km breite Flussaue (Rheinniederung) folgt die bis zu 20 km breite und mit einem bis zu 12 m aufragenden Hochgestade gegen die Aue abgesetzte Niederterrasse. An den Gebirgsrändern sind teilweise mehrere Kilometer breite Randniederungen ausgebildet (Kinzig-Murg-Rinne, Bergstraßen-Neckar-Rinne) [GS92].

Der Rhein verlagerte im Laufe der Jahrhunderte sehr oft seinen Lauf innerhalb der heutigen Niederung [SR00], verästelte und verzweigte sich im Bereich einer etwa 500 bis 2 000 m breiten Hauptrinne. Altwässer wurden abgeschnürt und verlandeten. Rheininseln entstanden, bewaldeten sich und verschwanden wieder [Ber00b]. Der Erosionskraft des Rheins steht ein Geschiebedefizit gegenüber, bedingt insbesondere durch den als Geschiebefalle wirkenden Bodensee und das widerstandsfähige Flussbett des Hochrheins.

Hydrologie

Der Rhein ist ein Strom im Übergangsbereich von Zentral- und Westeuropa. Von der Quelle des Vorderrheins bis zur Mündung des Lek hat er eine Gesamtlänge von 1 320 km. Die mittlere Abflussmenge kurz vor dem Delta beträgt 2 330 m^3/s. Die höchste dort gemessene Abflussmenge beträgt 12 000 m^3/s (Hochwasser Winter 1925/1926), die niedrigste 600 m^3/s (Sommer 1947). Wasserstandsmessungen am Rhein werden in Emmerich an der deutsch-niederländischen Grenze seit 1770 und in Köln seit 1782 durchgeführt [BL90]. Aus diesen umfangreichen Messungen ergibt sich, dass in der Regel der maximale Abfluss im Februar und der minimale Abfluss im Oktober auftritt [Pet89].

Das Abflussverhalten beschreibt das aus jahrelangen Messreihen abgeleitete, durchschnittliche Monatsmittel. Gerade bei Hochwasserereignissen zeigt sich, dass Häufungen im Spätwinter sowie während der hohen sommerlichen Wasserführung auftreten. Im Februar und März ist die folgende Faktorenkombination Grund für extreme Hochwasserereignisse: zahlreiche und ergiebige Niederschläge im Einzugsgebiet sowie allgemeine Erwärmung (Tauwetter) mit Ansteigen der Schneefallgrenze in den Alpen. Im Sommerhalbjahr ist die Überlagerung der durchschnittlich hohen Wasserführung des Rheins mit ausgiebigen Niederschlägen im weiteren Einzugsgebiet die Ursache für Extremhochwasser [GS92].

Extreme Hochwasserereignisse am Rhein fanden beispielsweise in den Jahren 1342 (Sommer), 1926 (Anfang Januar), 1993/1994 (Dezember/Januar), 1995

(Ende Januar), 1997 (Februar/März), 1999 (Mai), 2001 (März) und im Jahr 2003 (Januar) statt [SW98, DR, Wet].

Mitte des 19. Jahrhunderts wurden Korrekturmaßnahmen am nördlichen Oberrhein bis Karlsruhe durch Johann Gottfried Tulla [Rut87] sowie nördlich von Karlsruhe durch die bayerische Regierung durchgeführt. In der Zeit von 1816 bis 1874 wurden mehrere Durchstiche ausgeführt, Dämme und Staustufen gebaut und das Flussbett eingeengt. Zum anderen erfolgte im Jahr 1840 die Korrektur am Übergang vom Hochrhein zum Oberrhein im Bereich von Basel bis zur Lautermündung. Seit Beginn des 20. Jahrhunderts wurde der konsequente Ausbau weiter fortgesetzt [Bee90].

Infolge zahlreicher Durchstiche ergab sich eine Verkürzung der Lauflänge. Im Bereich von Basel bis zur Lautermündung wurde der Rhein um 32 km verkürzt, der Abschnitt von der Lautermündung bis zur hessischen Grenze um 50 km [Hon85b]. Durch die anthropogenen Rheinkorrekturen ist der Flusslauf und die rezente fluviale Dynamik des Rheins erheblich verändert worden [Reg99].

4.1.2 Oberrhein

Von Basel bis Bingen verläuft der Oberrhein vorwiegend in nördlicher Richtung und durchfließt auf 300 km Länge [Sch73a] das Oberrheinische Tiefland. Seine Fließstrecke beträgt aufgrund der noch vorhandenen Mäanderschlingen rund 380 km. Das Tal des Oberrheins hat eine mittlere Breite von 40 km [Tru84]. Bei Basel liegt es auf 250 m und bei Mainz auf 90 m über NN. Das mittlere Geländegefälle beträgt 0,53 m/km [LfU05]. Im Westen ist das Tal durch Vogesen, Haardt und Pfälzerwald, im Osten durch Schwarzwald und Odenwald begrenzt. Der Oberrheingraben ist als geologischer Grabenbruch entstanden [GG91] und stellt sich heute als tertiäre Becken- und Grabenlandschaft dar [Don00]. Das Einzugsgebiet des Rheins umfasst bis zum nördlichen Ende des Oberrheingrabens 165 000 km^2 [Hel99].

Geologie

Der Oberrheingraben ist die größte Grabenstruktur Mitteleuropas und damit Teil einer großen geotektonischen Grabenzone, die vom Oslograben in Norwegen bis zur Rhônemündung reicht (Mittelmeer-Mjösen-Zone) [Ahn03]. Ihre Entwicklung im Paläogen vor ca. 50 – 45 Mio Jahren infolge großräumiger geologischer Bewegungen begann mit einer flachen Aufwölbung des oberen Erdmantels in 24 – 30 km Tiefe [Zep04] und einer daraus resultierenden Ausdünnung der Erdkruste. Das Hebungszentrum dieser Dehnungsstruktur lag im Gebiet des Kaiserstuhls westlich von Freiburg.

In der Folge zerbrach die Grabenstruktur in schollenartige Bruchstücke, welche sich in verschiedenen Phasen absenkten, während seitlich das kristalline Urgestein, der Schwarzwald und die Vogesen herausgehoben und einem verstärkten

Abtrag ausgesetzt wurden. Dabei erfolgten Gesamtbewegungen der Schollen von 3 000 bis 5 000 m [Don00]. Der absinkende Graben wurde durch erodierten Abtragungsschutt des kristallinen Grundgebirges und durch marine Sedimente, als Folge von wiederholt auftretenden Trans- und Regressionen, schrittweise wiederverfüllt [Pfl82].

In Phasen mit stärkeren tektonischen Bewegungen trat verbreitet Vulkanismus auf. Durch Spalten und Klüfte im Erdinneren drang flüssige Magma bis an die Oberfläche. So entstand beispielsweise der Vulkan des Kaiserstuhls im Miozän vor ungefähr 20 Mio Jahren [GS92]. Die tektonischen Bewegungen gehen auch in der Gegenwart weiter: Zwischen 0,1 und 1 mm senkt sich das Oberrheinische Tiefland jährlich ab [Ben95], im Ausnahmefall sogar 1,8 mm pro Jahr [Rot06]. Erdbeben, die Spannungen in der Erdkruste ausgleichen, sind hier nicht selten [Pfl82].

Durch jüngere Meeresablagerungen und Flussschotter ist der Oberrheingraben bis zu einer Mächtigkeit von 300 m [Rot06] bis stellenweise über 3 000 m aufgefüllt worden [Fau03]. Alluviale Schichten aus Schotter der letzten Vereisung (Würmvereisung, 115 000 – 10 000 Jahre) bilden in weiten Teilen die Taloberfläche [MB83]. Zum Gebirge hin werden die Schotter der Talzone von den geringmächtigen Sedimenten der Randsenke (Kinzig-Murg-Rinne), einem stellenweise noch heute aktiven Abflussbereich, abgelöst. Kleinere Talauen mit meist lehmigen Sedimenten, z. B. Alb, Pfinz, Leimbach, oder sandig-lehmigen Sedimenten, z. B. Elz, Kinzig, durchqueren den Niederterrassenbereich auf ihrem Weg zum Rhein [LfU05].

Die Vorbergzone des Schwarzwalds wird aus mesozoischen und paläogenen Sedimenten aufgebaut [LfU05] und ist häufig von einem Lössmantel überzogen [Zep04]. Die Oberrheinebene oberhalb des Trog- und Grabenrandbereichs wird von paläogenen und auch neogenen Kiesen, Sanden und Tonen gebildet [Ahn03]. Sie überlagern das mächtige Paläogen des Grabens [GG91]. Im südlichen Grabenteil liegen unter dem Paläogen jurassische Schichten, im mittleren Teil triassische und jurassische Schichten und im nördlichen Teil Schichten des Rotliegenden [HK06].

Die alluvialen Schotter in der Rheinaue setzen sich aus 37 % Kalk, 45 % quarz- und silikathaltigem Schottermaterial, 7 % Sandstein und 11 % kristallinem Gestein zusammen [SR00]. Damit transportiert der nacheiszeitliche Rhein deutlich weniger Schottermaterial der nördlichen Kalkalpen und des Jura als der würmeiszeitliche, dessen Ablagerungen noch zu 48 % aus Kalkstein bestanden hatten.

Geomorphologie

Die Oberrheinebene liegt mitten im europäischen Festland und fällt auf einer topographischen Übersichtskarte sogleich als von Nord nach Süd verlaufende, gleichmäßig ausgebildete Struktur auf [GS92]. Das Talbodengefälle ist relativ flach ausgebildet [Mus69].

Mit dem Beginn der Klimaschwankungen des Eiszeitalters vor rund 1,5 Mio

Jahren begann die Ausbildung der heutigen Oberflächenformen in der Talzone. In dieser Zeit wurden im Oberrheingebiet bis zu 380 m mächtige Kiesschichten aus den Nordalpen, den Vogesen und dem Schwarzwald abgelagert [Reg99]. Diese Aufschotterungen erfolgten im Wesentlichen während der vier Eiszeiten im Vorfeld der Gletscher [GS92]. Im Bereich des Oberrheingrabens besteht heute ein Gleichgewicht zwischen Schuttzufuhr und -abfuhr und das abgelagerte Material ist hier feiner als im Hochrheingebiet [Mus69].

In den wärmeren Zwischeneiszeiten und der Nacheiszeit grub sich der Rhein jeweils wieder in die jungen Schotterablagerungen ein. Diese Denudations- und teilweise in die Tiefe gehende Erosionstätigkeit hielt relativ ungestört bis Anfang des 19. Jahrhunderts an. Heute ist die seitliche Erosionstätigkeit des Rheinstromes infolge von Verbauungen im Rahmen der Rheinbegradigung unmöglich geworden. Danach setzte die Tiefenerosion in der Flusssohle ein und damit zusammenhängend Folgeprobleme im Landschaftshaushalt, wie beispielsweise Grundwasserabsenkungen [GS92].

Vor der Durchführung grundlegender Flussbaumaßnahmen war der Rhein ein Wildstrom, dessen Ausbildung stark vom Gefälle bestimmt war. Im südlichen Teil zwischen Basel und der Murgmündung ist das mittlere Gefälle mit 0,87 m/km mehr als dreimal so groß wie nördlich davon bis Mainz mit 0,25 m/km [LfU05]. Während der Rhein im Süden eine Furkationszone, d. h. ein System sich gabelartig verzweigender, miteinander durch kurze Querverbindungen verflochtener Rinnen, entwickelte, schloss sich nördlich eine Mäanderzone mit weit ausschwingenden Flusskrümmungen und ausladenden Bögen an [VBBMH07].

Wie in Kapitel 4.1.1 bereits erwähnt, fand in der Zeit von 1817 bis 1876 zunächst durch die Begradigung unter der Leitung des Ingenieurs Johann Gottfried Tulla und später durch den weiteren Rheinausbau (Staustufen, Dämme) eine Veränderung der geomorphologischen Voraussetzungen statt. Dadurch bleibt der Fluss heute auf ein festgelegtes Bett beschränkt [Reg99]. Dämme begrenzen seitdem die Überflutungen auf einen schmalen Streifen am Gewässer [VBBMH07]. Die örtliche Erosionsbasis des Oberrheins und seiner alpinen wie südwestdeutschen Zuflüsse liegt im Bodensee (395 m über NN) [Don00].

Böden / Sedimente

Im Oberrheingebiet besteht der Untergrund im Wesentlichen aus Schottern, Kiesen und Sanden. Nur an wenigen Stellen treten harte Malmkalke auf [GS92]. Überlagert werden sie von holozänen Auensedimenten [Ben95]. Im Umkreis von Karlsruhe und Schwetzingen wurde am Ende der letzten Eiszeit sandiges Material zu Dünen aufgeweht. Schotter und Flugsand bilden die relativ unfruchtbaren Flächen der Hardtplatten, die heute meist von ausgedehnten Kiefern- und Eichenforsten eingenommen werden [Reg99].

Die Standorte der Probenahmen für diese Arbeit befinden sich in Auenbodengebieten, d. h. hier kommen Auenböden, Niedermoore und in höheren Lagen

Braunerde, Parabraunerde und Pararendzina vor [KRS94]. Innerhalb einer Aue können die Bodeneigenschaften stark variieren. Das liegt zum einen daran, dass durch die Verlagerung des Flusses und die damit einhergehende Abfolge der unterschiedlichen gebildeten Lagen ein heterogenes Profil entsteht [Ker92]. Zum anderen werden grobe Partikel in Flussnähe und feineres Material, wie tonige bis sandige Flusssedimente [KRS94], im flussferneren Auenbereich abgelagert [Seg07]. Die Sedimente, die bei Hochwasser in die Auen einströmen und dort absinken, weisen heute fast ausschließlich kleine Korngrößen ($20 - 100\,\mu$m) auf. Kiese und Grobsande fehlen nahezu ganz [Sch73b].

Der Ab- und Austrag von Feststoffen der Ton-, Schluff- und Sandfraktion wird als *Massenabtrag* bezeichnet und beträgt am Rhein bei Bonn 0,033 mm/a [Hel99]. Im gesamten Oberrheingebiet bilden die mehrfach transportierten und umgelagerten Schotter ein ideales Substrat für fluviale Abtragungs- und Umlagerungsprozesse und somit für die Ausbildung einer unterschiedlichen Gerinnegeometrie [GS92]. Durch regelmäßig auftretende Hochwasserereignisse wechseln die Wasserstände stark. In der Folge werden Gerölle umgelagert und durch die Auflandung und den Abtrag entstehen immer neue Rohbödenflächen und Steilufer [VBBMH07]. Die ständige Materialzufuhr aufgrund regelmäßiger Überflutungen im Bereich vor dem Damm führt zur Bildung einer Gley-Paternia [VBBMH07].

Hydrologie

Das Abflussverhalten des Rheins im Oberrheingebiet ist stark von den geographischen und klimatischen Bedingungen im alpinen Einzugsgebiet bestimmt. Die randlichen Mittelgebirge Vogesen und Schwarzwald beeinflussen das Abflussgeschehen in diesem Flussabschnitt nur in relativ bescheidenem Ausmaß. Die Seitenzuflüsse aus den Vogesen (Ill, Moder, Sauer) und dem Schwarzwald (Wiese, Dreisam, Murg, Kinzig) haben bei Hochwasser allerdings zusammengenommen einen nachweisbaren Einfluss auf die Wasserführung des Rheins [GS92].

Das Abflussregime des Rheins zwischen Basel und Karlsruhe-Maxau ist im Jahresgang durch eine hohe mittlere Wasserführung in den Monaten Mai bis August gekennzeichnet. Dieses sommerliche Maximum ist Ausdruck der Schneeschmelze in den Alpen und damit Ausdruck des dort herrschenden nivalen Regimes [Ahn03]. Die Alpenrandseen üben einen dämpfenden Einfluss auf die saisonalen und tageszeitlichen Abflussschwankungen aus und wirken somit als natürliche Ausgleichsbecken.

Im Winterhalbjahr führt der Rhein relativ wenig Wasser. Die Niederschläge im Alpenraum fallen als Schnee und werden so bis zum Ansteigen der Temperaturen zurückgehalten [GS92]. Unterhalb von Basel beginnt der Einfluss des pluvialen Mittelgebirgsregimes spürbar zu werden [GS92]. Die Wasserführung des Rheins ist in diesem Bereich, aufgrund hydrologischer Gegebenheiten und auch infolge anthropogener Eingriffe, sehr ausgeglichen [DE01].

Der Rhein bei Karlsruhe-Maxau weist bei einem oberhalb liegenden Einzugsgebiet von 50 196 km^2 [HVZ] eine mittlere Jahresfracht von 1 524 000 t (1965 – 1976) auf [Hel99]. Der durchschnittliche Abfluss im Zeitraum von 1980 – 2003 beträgt hier 1 260 m^3/s [HVZ].

Eine der Folgen des Oberrheinausbaus ist, dass 60 % der vorher vorhandenen Überflutungsfläche durch die Korrekturen verloren gegangen sind, wodurch sich die Hochwassergefahr verschärft hat [Dis91]. Weitere negative Folgen der Eingriffe sind zum einen die bis zu 10 m reichende Tiefenerosion der letzten beiden Jahrhunderte [GT85, EEBW07] und zum anderen das großräumige Absinken des Grundwasserspiegels, welches bei Neuenburg bereits 1880 – 1890 eine Tiefe von 2 m unter Flur erreichte. Allerdings ermöglichen die Korrekturmaßnahmen auch eine Kultivierung von über 70 km^2 früheren Wasser- und Sumpflandes [Ber00b]. Auch wird der bis dahin unklare Grenzverlauf zu Frankreich fixiert [EEBW07]. Heute soll durch weitere Eingriffe eine gewisse Hochwassersicherheit wiederhergestellt werden, die vor dem Ausbau des Oberrheins und damit vor Eintritt der in den letzten 150 Jahren zunehmenden [TKH96] Hochwasserereignisse vorhanden war [Sch74a, Sch74b].

Seit den Rheinkorrekturen kommen am Pegel Maxau Hochwasserereignisse ca. 12 Stunden früher an und sind um 5 % größer [Eng97]. Schäden entstehen bei Hochwasser in diesem Bereich hauptsächlich auf landwirtschaftlichen Flächen [IKS01]. Die Abflusswerte der verschiedenen Hochwasserjährlichkeiten am Pegel Maxau sind Tabelle 4.1 zu entnehmen. Unter Jährlichkeit wird dabei der zeitliche Abstand (Wiederkehrszeit) verstanden, in dem ein Ereignis im Mittel entweder einmal erreicht oder überschritten wird. HQ_{10} ist also z. B. ein Hochwasserabfluss, der im Mittel alle 10 Jahre erreicht oder überschritten wird.

	Abfluss [m^3/s]
HQ_2	3 100
HQ_{10}	4 100
HQ_{20}	4 450
HQ_{50}	4 900
HQ_{100}	5 300
HQ_{200}	6 000

Tabelle 4.1: Abflusswerte für verschiedene Hochwasserjährlichkeiten des Rheins am Pegel Maxau, Rhein-km 362, der Jahre 1980 – 2003 [HVZ, UH01].

Historische Hochwasserereignisse

Als größtes bisher beobachtetes Ereignis im Oberrhein- und Mittelrheingebiet erscheint das extreme Winterhochwasser 1882/83 [GS92, BSGS07]. Es ist das wohl am besten beobachtete und beschriebene historische Hochwasser, das als extremes Hochwasserereignis bezeichnet werden kann [Ger85]. Infolge außerordentlicher Regenfälle auf den noch gefrorenen Boden in Verbindung mit Schneeschmelze stellte sich Ende November 1882 ein Hochwasser ein, von dem insbesondere das Oberrhein- und Mittelrheingebiet betroffen waren [GS92]. Die bereits bedeutende Rheinwelle wurde noch durch die Gewässer des Schwarzwaldes und der Vogesen verstärkt [GS92].

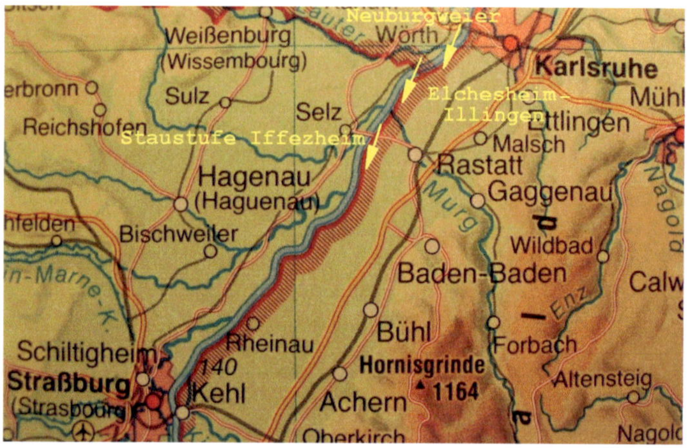

Abbildung 4.2: Übersicht über die Entnahmestellen der Schwebstoffproben 1999 (Staustufe Iffezheim) und der sedimentierten Schwebstoffproben 2006 (Elchesheim-Illingen und Neuburgweier) entlang des Rheins. Die gelben Signaturen kennzeichnen die Standorte der Probenahme. Quelle: Physische Karte 1 : 1 500 000 Bundesrepublik Deutschland – Südlicher Teil, Diercke Weltatlas, 1988.

Weitere große Hochwasser ereigneten sich im Oberrheingebiet im Frühjahr 1845, im Dezember 1919, im Dezember 1944, im Januar 1970, im Mai 1978, im Februar 1980, im Mai 1983, im März 1988, im Februar 1990, im Dezember 1991, im Mai 1994, im Februar und im Mai 1999 und zuletzt im August 2007 [BSGS07, HVZ]. Sie brachten am Pegel Maxau jeweils Scheitelabflüsse von mehr als 4 000 m^3/s. Diese Aufzählung stellt allerdings nur eine unvollkommene Auswahl da. Eine vollständige Darstellung historisch bekannter Hochwasserereignisse zeigt Abbildung 7.8 auf Seite 111. Im Holozän treten Hochwasser am Rhein vor allem im Frühsommer während der Schneeschmelze in den Alpen auf [Sch00a]. Diese haben in den letzten 150 Jahren [TKH96] durch den mit der Korrektion einhergehenden Wegfall von großen Auen- bzw. Rückhalteflächen [EEBW07] zugenommen.

4.1.3 Standorte der Probenahmen

Der Standort am Oberrhein für die Entnahme der Kerne und die Gewinnung rezent sedimentierter Hochwasserschwebstoffe liegt im Auenbereich der Ortschaft Elchesheim-Illingen, 20 km südwestlich von Karlsruhe (Abb. 4.2). Dieser ist ca. 330 km von der Erosionsbasis des Oberrheins, dem Bodensee, entfernt.

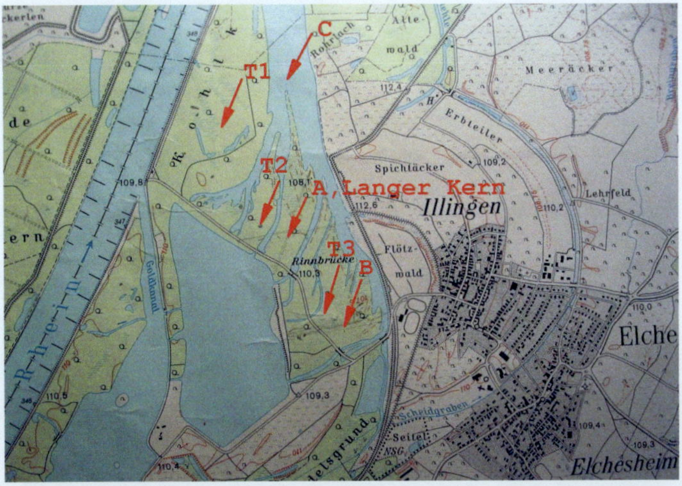

Abbildung 4.3: Lokalitäten der Entnahmestellen der Sedimentkerne 2005 (A, B, C), 2006 (Langer Kern) und 2007 (T 1, T 2, T 3) im Auenbereich des Rheins bei Elchesheim-Illingen. Die roten Signaturen kennzeichnen die Standorte der Probenahme. Quelle: Topographische Karte 1 : 25 000 Baden-Württemberg, © Landesvermessungsamt Baden-Württemberg (www.lv-bw.de), vom 19.08.08, Az.: 2851.3-A/518.

Die Schwebstoffproben wurden durch die LUBW (Landesanstalt für Umwelt, Messungen und Naturschutz Baden-Württemberg) an der Staustufe Iffezheim, 10 km südwestlich von Rastatt, gewonnen (Abb. 4.2). Außerdem wurden von Andrea Segatta weitere rezent sedimentierte Hochwasserschwebstoffe für Untersuchungen zur Verfügung gestellt, die im Rahmen seiner Diplomarbeit in der Rheinaue bei Neuburgweier, 13 km südwestlich von Karlsruhe, entnommen wurden (Abb. 4.2).

Der Oberrhein wurde als Untersuchungsgebiet aufgrund des bereits durch die LUBW beprobten Hochwasserereignisses im Februar 1999 sowie aufgrund sehr ausführlich vorhandenen Datenmaterials zu Geologie [Tru84, Rut87, Han93, HK06], Geomorphologie [Ber00b, Don00], Böden und Sedimente [GS92, Ker92],

Hydrologie [Pet84, KBF+93, Ahn03] und historischen Hochwasserereignissen ausgewählt [HVZ, Sch00a, BSGS07] (Kapitel 4.1.1 und 4.1.2).

Die Probenahmestandorte der Bohrkerne (A, B, C, Langer Kern) sowie die Standorte des Transekts (T 1, T 2, T 3) durch die Aue bei der Ortschaft Elchesheim-Illingen (Abb. 4.3) gehören zum nördlichen Oberrhein, der von Iffezheim bis Bingen reicht (Rhein-km 334 bis 529), und sind deichgeschützt [IKS01]. Im Bereich vom Rhein bis zum Deich wird die rezente Aue bei Elchesheim-Illingen regelmäßig überflutet.

4.2 Donau

4.2.1 Allgemein

Abbildung 4.4: Übersicht über den heutigen Verlauf der Donau von der Quelle bis zur Mündung. Quelle: wikipedia 2007.

Die Donau (Abb. 4.4) entsteht im Schwarzwald aus der Vereinigung der beiden Bergbäche Brigach und Breg bei Donaueschingen [Bac90b]. Nach 2 888 km erreicht sie in Rumänien und der Ukraine das Donaudelta und ist damit nach der Wolga der zweitlängste Strom in Europa [UNE93]. 685 km ihrer Laufstrecke legt sie in Deutschland zurück [Bac90b], wo sie bei Regensburg den nördlichsten Punkt ihrer Laufstrecke [Rut87] erreicht. Die Donau ist der einzige große europäische Fluss, der von Westen nach Osten fließt. An dem 801 463 km^2 großen Einzugsgebiet der Donau haben achtzehn Staaten Anteil [BMU04].

In der Donau vereinigen sich Gewässer aus mehreren Hochgebirgen und deren Vorländern, aus Mittelgebirgen, Hochebenen, Beckenlandschaften und aus Tiefebenen. Der Strom hat deshalb stark wechselnden Charakter, der vom Gebirgsfluss bis zum Flachlandstrom reicht [UNE93]. Bis kurz hinter Wien hat der Strom eher Gebirgsflusscharakter, erst danach wandelt er sich allmählich zu einem Tieflandfluss. In Abhängigkeit von den wechselnden Gefälleverhältnissen kann der Lauf der Donau in drei Hauptabschnitte unterteilt werden: die Obere Donau von der Quelle bis zur Porta Hungarica, dem Durchbruch am Ostrand des Wiener Beckens, die Mittlere Donau, die von der Porta Hungarica bis zum Eisernen Tor, einem weiteren Gebirgsdurchbruch reicht und die Untere Donau vom Eisernen Tor bis zum Mündungsdelta der Donau ins Schwarze Meer [BEW04].

Im folgenden Abschnitt wird nur auf den Laufabschnitt der Oberen Donau in Deutschland eingegangen, da sich in diesem Bereich die Standorte der Probenahmen (Kapitel 4.2.3) befinden.

4.2.2 Obere Donau

Das Gebiet der Oberen Donau erstreckt sich von der Vereinigung der beiden Quellflüsse Brigach und Breg bei Donaueschingen im Schwarzwald bis zur Pforte von Devin (Porta Hungarica) östlich von Wien [UNE93]. Bei der aus den Sudeten kommenden March, dem ersten großen Zufluss von Norden her, und beim Felsen von Theben, durchbricht die Donau mit der Porta Hungarica das erste Mal die Karpaten.

Das Obere Donaugebiet umfasst im Norden die Gebiete der Schwäbischen und Fränkischen Alb, Teile des Schwarzwaldes, des Oberpfälzer Waldes, des Bayerischen Waldes und Böhmerwaldes bis zum österreichischen Mühl- und Waldviertel sowie das Böhmisch-Mährische Hügelland. Südlich der Donau folgt das Schwäbisch-Bayerisch-Österreichische Alpenvorland mit großen Teilen der Alpen bis zur Wasserscheide in den kristallinen Zentralalpen [UNE93].

Der Flussabschnitt der Oberen Donau hat eine Länge von rund 850 km und entwässert ein Einzugsgebiet von etwa 180 000 km^2 [BMU04]. Der deutsche Anteil des Einzugsgebiet der Oberen Donau beträgt 56 184 km^2 [BMU04], wovon ungefähr 46 000 km^2 auf den Freistaat Bayern [Sch06] und rund 10 000 km^2 auf Baden-Württemberg [BMU04] entfallen. Das durchschnittliche Gefälle der Donau in Bayern beträgt 0,49 m/km [LKH05], der durchschnittlicher Abfluss an der Porta Hungarica 2 044 m^3/s [UNE93].

Geologie

Ein Stromnetz, das als Donausystem bezeichnet werden kann, besteht bereits seit mehr als 5 Mio Jahren [UNE93]. Die heutige Donau ist nur ein beschnittener Rest des ursprünglich viel größeren Flusssystems. Im Pliozän (5,33 – 1,77 Mio Jahre) begann sie bereits in den Schweizer Alpen, musste dann aber durch Hebung des Schwarzwalds und durch die Erosion des Rheins (Kapitel 4.1.1) nach und nach Teile ihres Einzugsgebiets abtreten [LfU05].

Für das Ende des Pliozän sind geologische Nachweise der Aaredonau bekannt, deren Quelle im Aaremassiv des Berner Oberlandes in den westlichen Alpen liegt. Den ersten Abschnitt bildet die Rhône. Eine erste Dokumentation stellen die Quarzitgerölle am Villiger Geisberg im Kanton Aargau dar, letzte verlässliche Zeugnisse der Aaredonau sind 50 km vor Donauwörth auf der Schwäbischen Alb zu finden [Rut87].

Während der Arvernensiszeit (2 Mio Jahre, Wende Pliozän/Pleistozän) verliert die Aaredonau durch einsetzende Einschneidemechanismen und Tiefenerosion [Don00] ihre mächtigen Zubringer, die Flüsse Aare und Rhône. Ein vom Feldberg kommender, bisher kleiner Nebenfluss ist nun der Quellfluss der Feldbergdonau [Rut87].

Das Altpleistozän (1,77 – 0,78 Mio Jahre) ist die zeugnisärmste Epoche der Donaugeschichte. Weder Schotter, noch Terrassen oder Fossilien sind zwischen der Quelle der Donau im Schwarzwald und Wien erhalten [Rut87]. Offenbar sind die Hinterlassenschaften von den nachfolgenden glazifluvialen Wassermassen entfernt oder umgelagert worden [Don00]. Die Donau ist nun die Sammelrinne aller gegen das Molassebecken gerichteter Abflüsse aus dem Westen, Süden und Norden [Ben95]. Im Mittelpleistozän (0,78 – 0,13 Mio Jahre) wird die Altmühldonau abgeschnitten [Rut87]. Die Donau ist auf die Linie zwischen dem Molassebecken im Süden und der Schwäbisch-Fränkischen Alb im Nordwesten bzw. dem Kristallin des Bayerischen Waldes im Nordosten festgelegt [Ben95]. Im Jungpleistozän (130 000 – 11 600 Jahre) kommt es zu Niederterrassenaufschüttungen, die von Gletschereiswasser initiiert werden. Ebenfalls zu dieser Zeit lenkt die Wutach die Feldbergdonau ab [EEBW07], weswegen seitdem die Wasser aus der weiteren Feldbergregion nach Süden in den Hochrhein fließen [Rut87].

Seit der Wende Jungpleistozän/Holozän ist die weitere Flussentwicklung der Donau weniger vom Klimarhythmus abhängig, sondern vielmehr Ausdruck autozyklischer Erosions- und Akkumulationsrhythmen [Han93]. Im Holozän (seit ca. 11 700 Jahren) verliert die junge Donau bei Immendingen viel Wasser in den klüftigen Malmkalken (Donauversickerungen) [Rut87]. Bis heute fließen Teile des Donauwassers durch den porösen Kalkstein der Schwäbischen Alb in den tiefer liegenden Rhein. Da diese große Menge unterirdischen Wassers sich zeitgleich mehr und mehr in den umgebenden Kalkstein einschneidet, wird angenommen, dass die Obere Donau eines Tages völlig zugunsten des Rheins verschwinden wird [Riv].

Von ihrem Quellgebiet im Schwarzwald, einem alten kristallinen Grundgebirge [UNE93, Don00], bis zur deutsch-österreichischen Landesgrenze unterhalb von Passau durchfließt die Donau ein Mosaik unterschiedlicher geologischer Formationen [Bac90b]. Schwarzwaldgranite, teilweise stark gegliederte wellige tertiäre Rumpfflächen und darüber sich erhebende Härtlinge, meist aus kristallinem Gestein [Rot06], kennzeichnen die varistischen Gebirge im oberen Einzugsgebiet der Donau [MB83]. Insgesamt überwiegen im Schwarzwald Paragneise, deren Mineralbestand mit Sillimanit, Cordierit und Disthen auf eine Metamorphose unter hohen Drucken verweist [Rot06]. Die Hochflächen der Gäue sind aus Muschel- und Lettenkalken aufgebaut [PR00]. Auch der Einfluss der Alpen macht sich in der Geologie der Oberen Donau bemerkbar: im Fall der Kalkalpen durch Kalkstein, Sandstein, Grauwacken und Tone, im Fall der Zentralalpen durch kristallinen Schiefer und Granit [UNE93].

Im Landkreis Sigmaringen wechselt die Donau vom engen Durchbruch durch die jurassischen Malmkalke der Schwäbischen Alb in das breite Tal der tertiären und quartären Ablagerungen [LKH05], die nur durch die Impaktbrekzien des Nördlinger Rieses [Rot06] unterbrochen werden. Bei Regensburg stehen Gesteine aus der Oberkreide, dem Paläozoikum und dem Proterozoikum an [HK06]. Entlang der Donau werden fluviale Sedimente des Holozän großräumig abgelagert, die hier die tertiäre Molasse [HK06] überdecken. Die mehrere tausend Meter mächtigen Auffüllungen im Alpenvorland bestehen aus fluvialen Geröllschichten, Deltasedimenten mit Sandsteinen und sandigen Schiefertonen [UNE93].

Geomorphologie

Die Geomorphologie der Oberen Donau ist recht kompliziert, da verschiedene Glazialzeiten ihre Spuren in der Landschaft zurückgelassen haben. Ehemalige Flussläufe der Donau haben die Täler mit dem Wechsel von warmen zu kalten Perioden erodiert und geformt [GG91]. Heute verläuft das Flusssystem der Donau parallel zum Stufenrand der jurassischen Gesteinsmasse [Rot06].

Das Schwarzwald-Kristallin [HK06] weist eine intensive Zertalung mit tief eingeschnittenen, nach Süden und Westen zum Rhein entwässernden Tälern mit starken Gefällen auf. Im danubischen Einzugsbereich haben die Täler ein geringes Gefälle, sind nicht so tief eingeschnitten und entwässern nach Osten [BH95]. Das östlich anschließende Schichtstufenland präsentiert sich als flach geneigte Hochfläche mit nur geringem Relief [Ahn03]. Hieraus wird verständlich, warum der Schwarzwald im Osten nicht den Eindruck eines Gebirges macht, sondern sich als flach geneigte, bewaldete Ebene darstellt. Der Beginn der jurassischen Gesteinsformation macht sich durch eine Steilkante, z. B. am Klippeneck bei Spaichingen und durch vorgelagerte Zeugenberge wie den Plettenberg bemerkbar. Den Durchbruch durch die Schwäbische Alb bewältigt die Donau zwischen Tuttlingen und Sigmaringen im Oberen Donautal. Ihr Eintiefen konnte hier noch Schritt halten mit der Hebung des rezenten Sedimentpakets [Zep04].

Nördlich der Donau befinden sich die Schwäbische und die Fränkische Alb, ein mesozoisches Schichtstufenland [Don00]. Die Morphologie weiter Gebiete der Albhochfläche ist durch die anstehenden Massenkalke geprägt [Rot06]. Tertiäre Becken- und Grabenlandschaften, teilweise mit Molassebecken, kommen südlich der Donau vor [BH95]. Auf den, der Oberen Süßwassermolasse (Obermiozän) [HK06] aufliegenden, pleistozänen Terrassen haben sich holozäne Auen ausgebildet [Don00], die die Nebenflüsse der Donau aufnehmen.

Aufgrund des Wechsels von harten, widerstandsfähigen mit weicheren, leicht erodierbaren Gesteinen führt die Abtragung zur Ausbildung eines stufenartig gegliederten Reliefs. Harte Gesteine wie verkieselte Sandsteine oder reine Kalke bilden meist den Steilanstieg sowie die Kante der Hochflächen, während weichere Gesteine wie Mergel und Tonsteine eher Mulden oder flache Anstiege verursachen [GG91].

Die Auen der Donau sind in ihrer Entstehung geprägt von starker Morpho- und Hydrodynamik. Gefälle, Wasserstandsschwankungen, Überflutungen, Bodenbildung, Erosion und Sedimentation bestimmen wesentlich die Ausbildung der Donauauen. Kennzeichnend ist ein Wechsel in der Ausprägung dieser Faktoren von West nach Ost. Die Alpenzuflüsse spielen dabei eine zentrale Rolle. Die Vielzahl der oben genannten abiotischen Faktoren und die unterschiedliche Ausprägung von West nach Ost bestimmen die komplexe biologische Vielfalt der Donauauen [LKH05]. Der Verlauf der Donau und damit die Ausprägung der Aue änderte sich seit den Eiszeiten stetig [LKH05]. Die engere Aue ist heute durch die würmeiszeitliche (115 000 – 10 000 Jahre) Niederterrasse und die risseiszeitliche (230 000 – 130 000 Jahre) Hochterrasse begrenzt [Ahn03].

Böden / Sedimente

Im Einzugsgebiet der Donau sind zahlreiche Bodenarten und Bodentypen vorhanden, die auf eine Vielfalt von bodenbildenden Faktoren zurückgehen. Ausgangsgestein, Relief, Klima, Niederschläge, Vegetation und Bodennutzung lassen eine Boden-Catena entstehen, die vom alpinen Rohboden über erodierte oder steinige Böden bis zu den Braunerden und Auenböden reicht [KRS94].

Silikat-Rohböden kommen in den kristallinen Zentralalpen, Kalk-Rohböden hingegen in den Nördlichen und Südlichen Kalkalpen vor [UNE93]. Mergel-Rohböden sind im Bereich der Alpen-Flyschregion relativ eng begrenzt, Ton-Rohböden und Schiefer-Rohböden finden sich in den Nördlichen und Südlichen Schieferbergen. Im Bereich der Vergletscherung wurden die Böden stark umgelagert (Moränenbildung) [UNE93].

Im nördlichen Teil des Molassebeckens, außerhalb des Moränengebiets, sind größere zusammenhängende Löss- und Lösslehm-Flächen verbreitet, besonders südlich der Donau zwischen Regensburg und Passau [HK06]. In den Talauen und Flussniederungen hat das weit verzweigte Gewässernetz der Donau und ihrer Zuflüsse unterschiedlich mächtige Sedimente abgelagert. Hier handelt es sich um großflächige Auenböden mit zum Teil gut und zum Teil schlecht sortierter Kornzusammensetzung. In abflusslosen Becken, bei hohem Grundwasserstand und in Überflutungsbereichen sind Niedermoore entstanden. Zum Teil liegen unter den organischen Böden Seeton-Ablagerungen [UNE93].

Die bayerische Donauaue ist als Grobmaterial-Aue zu bezeichnen und besteht aus Schotterablagerungen der verschiedenen Eiszeiten, die von den Alpenflüssen stammen [LKH05]. Der *Massenabtrag* der Donau, also der Ab- und Austrag von Feststoffen der Ton-, Schluff- und Sandfraktion, beträgt bei Wien 0,062 mm/a [Hel99]. Die tertiären und pleistozänen Ablagerungen von Lockergesteinen sind infolge ihres großen Porenvolumens von größter hydrologischer und wasserwirtschaftlicher Bedeutung [LKH05].

Hydrologie

Das hydrologische Regime der Donau ist ganz wesentlich durch das im Einzugsgebiet herrschende Niederschlagsgeschehen geprägt, welches sein Maximum in den Sommermonaten hat [UNE93]. Das Obere Donaugebiet ist eine stark atlantisch beeinflusste Region, in der sich auch noch mediterrane Klimaeinflüsse auswirken. Die Hydrologie hat daher eine positive Wasserbilanz [Riv] und das Abflussregime ist pluvio-nival, d. h. das Abflussmaximum vom Regen ist größer als das von der Schneeschmelze stammende Maximum [Ahn03].

	Abfluss [m^3/s]
NQ	19,6
MNQ	44,6
MQ	120
MHQ	574
HQ	928

Tabelle 4.2: Durchschnittliche Abflusswerte der Donau am Pegel Neu Ulm/Bad Held, Donau-km 2 587, der Jahre 1980 – 2003 [Lie67, Bac90b]. NQ: niedrigster Wasserstand, MNQ: Mittelwert niedrigster Wasserstände, MQ: Mittelwert aller Wasserstände, MHQ: Mittelwert höchster Wasserstände, HQ: höchster Wasserstand.

Das Abflussverhalten der Oberen Donau wird durch den Abfluss bestimmt, der aus dem Schwarzwald kommt [JPH05]. Der durchschnittliche Abfluss des deutschen Oberen Donaugebiets, gemessen an der Pegelstation Achleiten unterhalb von Passau, beträgt 1 420 m^3/s [Riv]. Die Fließgeschwindigkeit auf der Strecke von Ulm nach Regensburg beträgt 1,90 – 2,05 m/s [Bac90b]. Die durchschnittlichen Abflusswerte der Donau am Pegel Neu Ulm/Bad Held sind Tabelle 4.2 zu entnehmen.

Das Abflussregime der Oberen Donau wird in starkem Maße von den Versickerungsvorgängen bei Immendingen und Fridingen beeinflusst [Bac90a]. Auf dem rund 100 km langen Weg durch Jurakalke und eiszeitliche Moränenlandschaften der Schwäbischen Alb erhält die Donau keine größeren Zuflüsse, sie gibt dort vielmehr über einige Versickerungsstellen im Karst beträchtliche Wassermengen an das Rheineinzugsgebiet ab [LKH05]. Ein Trockenfallen des Flussbetts über mehrere Kilometer ist keine Seltenheit [Bac90a]. Der Rhithralcharakter eines Mittelgebirgsflusses bleibt aber dennoch weitgehend erhalten [LKH05].

Dies ändert sich erst mit der Aufnahme der großen Alpenzuflüsse Iller, Lech, Isar, Inn, Traun und Enns. Die ersten vier genannten Zuflüsse nehmen den Hauptanteil am deutschen Einzugsgebiet ein. Sie führen die ausgiebigsten Wassermengen von den Nordhängen der Ostalpen herbei [Lie67] und geben der Donau einen alpinen Charakter [LKH05]. Besonders mit dem Zufluss der Iller in Ulm verändert sich der hydrologische Charakter der Donau grundlegend. Die linksseitigen Zuflüsse sind verhältnismäßig kurz. Ihre Einzugsgebiete liegen bedeutend niedriger und sie sind deshalb von geringerer Bedeutung als die rechtsseitigen Zuflüsse [Lie67].

Aus dem Mittelgebirgsfluss mit Niedrigwasserphasen im Sommer wird ein durch das alpine Abflussgeschehen bestimmter Strom [LKH05]. Die Zeit hoher Wasserstände in der Donau fällt durch die Alpenflüsse auf die Monate Mai bis August (Schneeschmelze), was sich positiv auf den Erhalt einer günstigen Wasserqualität auch in trockenen Sommern auswirkt [Bac90b].

Der Wasserstand in der Aue ist geprägt vom Wasserstand der Donau, nur überlagert von den örtlichen Niederschlägen. Der Abfluss der Donau wiederum ist geprägt vom Abfluss der Zuflüsse: Während die Alpen-Zuflüsse im Sommer höhere Abflüsse als im Winter aufweisen, ist dies bei den Mittelgebirgs-Zuflüssen umgekehrt. Dadurch sind die Donauauen in ihrem West-Ost-Verlauf durch jahreszeitlich unterschiedliche Wasserstandsschwankungen zwischen Niedrigwasser und Hochwasser gekennzeichnet. Zudem nimmt die Höhe der Differenz zwischen Niedrig-, Mittel- und Hochwasser von West nach Ost zu [LKH05].

Hochwasser können im gesamten Donaugebiet durch Starkregen oder durch Schneeschmelze und Regen verursacht werden, wobei im zweiten Fall der Boden mehr oder weniger stark gefroren oder wassergesättigt sein kann. Hochwasser, die allein durch die Schneeschmelze hervorgerufen werden, sind im Oberen Donaugebiet aufgrund des schnellen Abflusses kaum gefährlich [UNE93]. Die Abflusswerte der verschiedenen Hochwasserjährlichkeiten am Pegel Neu Ulm/Bad Held sind in Tabelle 4.3 zusammengestellt. Unter Jährlichkeit wird dabei der zeitliche Abstand (Wiederkehrszeit) verstanden, in dem ein Ereignis im Mittel entweder einmal erreicht oder überschritten wird. HQ_{10} ist also z. B. ein Hochwasserabfluss, der im Mittel alle 10 Jahre erreicht oder überschritten wird.

Erste kleinere wasserbauliche Maßnahmen an der Donau sind aus der Zeit des römischen Imperiums bekannt [UNE93]. Im 17. Jahrhundert wurde die Donau bereits mit Bauwerken versehen, z. B. sind die Längsbauwerke bei Joshofen [JPH05]

	Abfluss [m^3/s]
HQ_2	630
HQ_{10}	880
HQ_{20}	990
HQ_{50}	1 110
HQ_{100}	1 250
HQ_{200}	1 500

Tabelle 4.3: Abflusswerte für verschiedene Hochwasserjährlichkeiten der Donau am Pegel Neu Ulm/Bad Held, Donau-km 2 587, der Jahre 1980 – 2003 [HVZ].

aus dieser Zeit. Umfassende Flusskorrekturen durch Staustufen, Hochwasserdämme und Durchstiche erfolgten insbesondere ab 1800 [Sch00a]. Die Fließstrecke wurde dadurch um 21 % verkürzt [JPH05] und auf ein ca. 75 m breites Flussbett eingeengt, wodurch sich das Gefälle erhöhte. In der Folge tiefte sich die Donau um bis zu 3 m ein.

Ab dem 20. Jahrhundert wurden weitere Staustufen errichtet, die ersten Staustufen bereits 1927 zur Schifffahrt (z. B. Kachlet bei Passau), verstärkt dann seit 1960 bis 1992. Von insgesamt 26 Staustufen wird die bayrische Donau aufgestaut. Frei fließend sind nur noch 14 km zwischen Donauwörth und der Lechmündung, ca. 20 km zwischen Vohburg und Kelheim, und als bedeutendste Strecke 70 km zwischen Straubing und Vilshofen. Im Ganzen reduzierte sich dadurch die Verzahnung und die Durchströmung der Aue mit der Donau und damit ihre Dynamik [LKH05].

Der Donaulauf war vor den Begradigungen gewunden und mäandrierend, mit einer Mäanderbreite von bis zu 3 km. Sie wies vor allem flussabwärts der Mündungen der Alpenflüsse Verzweigungen mit Kiesbänken auf. Das aktuelle durchschnittliche Gefälle der Oberen Donau in Bayern beträgt 0,49 m/km. Es weist einen charakteristischen West-Ost-Gradienten auf (Ulm bis Lechmündung: 0,94 m/km, Lechmündung bis Kelheim: 0,6 m/km, Kelheim bis Deggendorf: 0,24 – 0,18 m/km) [UNE93].

Auch die Abfluss-Charakteristik und die mit dem Flusswasserstand korrespondierenden Wasserstandsschwankungen in der Donauaue haben sich durch die Regulierungsmaßnahmen stark verändert [LKH05]. So ist beispielsweise die Fließgeschwindigkeit heutzutage, vergleichbar mit dem Rhein, höher als vor den Eingriffen.

Historische Hochwasserereignisse

Die für kleine Einzugsgebiete oft verheerenden kurzzeitigen Starkregen sind im ganzen Donaugebiet als sommerliche Extremereignisse bekannt. Bei einem als besonders extrem einzustufenden Starkregenereignis stürzten am 25.05.1920 bei Füssen (Bayern) in 8 Minuten 126 mm zu Boden [UNE93]. Dieser in Südostbayern gemessene Niederschlag ist die im deutschen Teil des Oberen Donaugebiets bisher höchste tägliche Niederschlagssumme [UNE93].

Abbildung 4.5: Übersicht über die Entnahmestellen der Schwebstoffproben 2005 / 2006 entlang der Donau und ihrer Nebenflüsse. Die gelben Signaturen kennzeichnen die Standorte der Probenahme. Quelle: Physische Karte 1 : 1 500 000 Bundesrepublik Deutschland – Südlicher Teil, Diercke Weltatlas, 1988.

In früheren Zeiten kamen an vielen Strecken der Donau Eishochwasser vor, die durch Eisversetzungen verursacht wurden. Die Gefahr solcher Hochwasser ist durch die Flussregulierungen stark vermindert worden. Im Bereich der Oberen Donau ist sie durch die weitgehend geschlossene Staustufenkette von Ulm bis Wien nahezu beseitigt, da sich hier – ausgenommen es findet während eines Hochwassers ein scharfer Frosteinbruch statt – kein Eistreiben mehr entwickeln kann [UNE93].

Schneeschmelzhochwasser mit Regen bei mehr oder weniger gefrorenem Boden haben an der Donau oberhalb des Inns die größten bekannten Hochwasser verursacht (Februar 1862, Dezember/Januar 1881/1882, März 1945). Im weiteren Verlauf der Donau haben die Hochwasser dann auch eine beachtliche Größe erreicht. Dieser Hochwassertyp – Schneeschmelze in Verbindung mit Frühjahrsniederschlägen – tritt an der Donau vor allem flussabwärts verhältnismäßig häufig mit großen Abflüssen auf [UNE93].

Die Hochwasser der Jahre 1940 (Mai), 1954 (Juli), 1965 (Juni) und 1966 (September) wurden durch Wetterlagen verursacht, die ergiebige Niederschläge mit sich brachten [MBTG04]. Zusätzlich kam es bei den Hochwassern im Mai 1940 und im Juni 1965 im Gebirge noch zu einer Schneeschmelze, welche über große Höhenunterschiede von niederen bis hohen Lagen reichte [UNE93].

Höchststände des Abflusses am Pegel Neu Ulm/Bad Held wurden im Februar 1862, im Dezember 1882, im Juni 1926, im Juni 1965, im März 1988, im Februar 1990, im Juni 1991, im Februar und Mai 1999, im August 2000, im August 2002 und im August 2005 gemessen [HND, HVZ]. Weitere historische Hochwasserereignisse im Oberen Donaugebiet wurden von Schmidt [Sch00a] und Bürger et al. [BSGS07] für die Jahre 1461, 1540, 1566, 1684, 1767 und 1830 beschrieben. Auch diese Auswahl stellt, wie im Falle des Rheins, nur eine unvollkommene Zusammenstellung an Ereignissen dar.

4.2.3 Standorte der Probenahmen

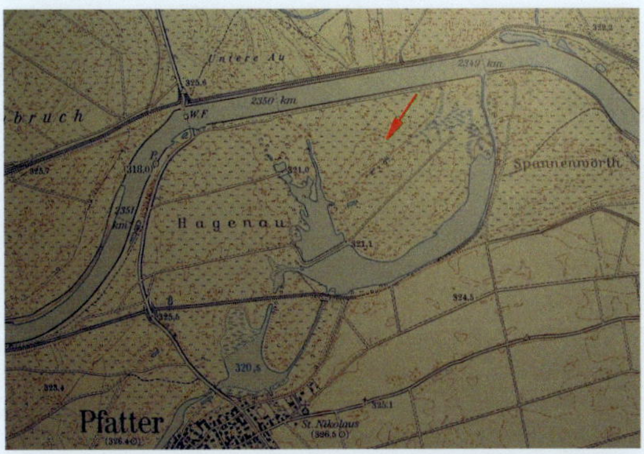

Abbildung 4.6: Lokalität der Entnahmestelle des Sedimentkerns 2006 im Auenbereich der Donau bei Pfatter. Die rote Signatur kennzeichnet den Standort der Probenahme. Quelle: Topographische Karte 1 : 25 000 Nr. 7040, © Landesamt für Vermessung und Geoinformation Bayern.

An der Oberen Donau wurden die Schwebstoffe enthaltenden Wasserproben in der Nähe oder innerhalb der Orte Berg, Ulm, Günzburg, Donaumünster, Schweizer Hof, Marxheim und Neuburg an der Donau entnommen (Abb. 4.5). Die Sedimentkerne wurden im Auenbereich der Ortschaft Pfatter gezogen (Abb. 4.6).

Dieser Standort befindet sich 20 km östlich von Regensburg, ca. 360 km entfernt vom Quellgebiet der Donau bei Donaueschingen.

Weitere Schwebstoffproben stammen von einzelnen Nebenflüssen der Donau. Die links der Donau zufließende Wörnitz wurde bei der Ortschaft Harburg beprobt, die rechts der Donau zufließenden Flüsse Iller, Mindel und Lech bei den Ortschaften Wiblingen und Deitenheim (Iller), Offingen (Mindel) sowie Rain und Gersthofen (Lech).

Die Donau wurde ebenfalls wegen der bereits vorhandenen umfangreichen Literatur zu Geologie [Rut87, Ben95, LfU05], Geomorphologie [GG91, BH95, Rot06], Böden und Sedimente [KRS94, LKH05], Hydrologie [Bac90b, UNE93, UNE99, Ahn03] und historischen Hochwasserereignissen [Sch00a, BSGS07] ausgewählt (Kapitel 4.2). Zum anderen ermöglichte das Hochwasser im August 2005 die Entnahme von Wasserproben während eines Hochwasserereignisses.

Kapitel 5

Methodik

5.1 Vorgehen

Für Untersuchungen an Schwebstoffen eines Hochwasserereignisses am Oberrhein hat die LUBW (Landesanstalt für Umwelt, Messungen und Naturschutz Baden-Württemberg) freundlicherweise Proben von der Staustufe Iffezheim (Abb. 4.2 auf S. 32) zur Verfügung gestellt. Schwebstoffproben von der Oberen Donau (Abb. 4.5 auf S. 42) wurden aus filtrierten Wasserproben selbst gewonnen. Sämtliche Schwebstoffproben wurden hinsichtlich ihrer chemischen Zusammensetzung und die des Rheins noch zusätzlich in Bezug auf ihre Korngrößenverteilung untersucht, um eine eventuelle Änderung in der Zusammensetzung der transportierten Schwebstoffe bei unterschiedlichen Wasserständen feststellen zu können.

In den Auengebieten des Rheins bei den Ortschaften Elchesheim-Illingen und Neuburgweier (Abb. 4.2 auf S. 32), südwestlich von Karlsruhe, wurden während unterschiedlicher Hochwasserereignisse Sedimentfallen ausgelegt, um die darauf abgelagerten Schwebstoffe zu gewinnen. Durch die Analyse dieser Proben sollte festgestellt werden, ob die bei einem Hochwasser eintretenden Veränderungen in der chemischen Zusammensetzung und der Korngrößenverteilung des transportierten Schwebstoffes auch in den sedimentierten Partikeln wieder gefunden werden können.

Sedimentkerne wurden in den Rheinauen bei Elchesheim-Illingen (Abb. 4.3 auf S. 33) und in den Donauauen der Ortschaft Pfatter (Abb. 4.6 auf S. 43), östlich von Regensburg, gezogen. Anschließend wurden die Sedimentkerne in 1 cm Schritten beprobt und die so gewonnenen Proben hinsichtlich ihrer Korngröße sowie ihrer chemischen und mineralogischen Zusammensetzung charakterisiert. Die Beziehung zwischen den einzelnen gemessenen Parametern wurde mittels statistischer Methoden (Korrelationsanalyse, Faktorenanalyse) untersucht.

In dem Geochronologielabor des Lehrstuhls für Geomorphologie der Universität Bayreuth wurden Optisch Stimulierte Lumineszenz (OSL) Messungen und Infrarot Stimulierte Lumineszenz (IRSL) Messungen durchgeführt, um einzelne

Schichten eines speziell dafür in den Rheinauen bei Elchesheim-Illingen entnommenen Sedimentkerns zu datieren und so Angaben über das Alter der Ablagerungen zu erhalten.

Ein Transekt mit drei Einzelbohrungen (T 1, T 2, T 3) wurde rechtwinklig zum aktuellen Flussverlauf durch die Rheinaue bei Elchesheim-Illingen gelegt (Abb. 4.3 auf S. 33). Diese Probenahme diente dazu eine Vorstellung über die Änderungen im Verlauf des Flussbetts des Rheins zu gewinnen. Aufgrund der sich mit der Tiefe ändernden Korngrößenverteilung sollte versucht werden alte Laufgerinne zu identifizieren und dadurch eine Aussage über die Dynamik des Rheins machen zu können.

5.2 Geländearbeit

5.2.1 Standortkriterien

Die Standorte für die Entnahme der Kerne und für die Exponierung der Sedimentmatten wurden aufgrund ihrer Lage am Flusslauf (Mäander- bzw. Furkationsbereich), der Naturbelassenheit des Geländes (Naturschutzgebiet) und der Entfernung vom Hauptflusslauf bestimmt.

Die Standorte für die Entnahme der Wasserproben bei Mittel- und Niedrigwasser wurden unter Berücksichtigung der Untersuchungen von Burz [Bur67] und Kos [KSJ99] in der Mitte von Brückenwerken [DVW86, SLS+96] ausgewählt. Bei einem Hochwasserereignis sind sowohl der horizontale als auch der vertikale Konzentrationsgradient am geringsten [Hel99] wodurch ihre Bedeutung verloren geht. Es macht also keinen Unterschied von welchem Punkt des Flussquerschnitts die entnommene Probe stammt.

5.2.2 Probenahmen

Wasser / Schwebstoffe

Die Schwebstoffproben des **Rheins** stammen von dem Hochwasserereignis, das im Februar 1999 statt fand und von der LUBW beprobt wurde. Im Bereich der Staustufe Iffezheim wurden mit Hilfe einer Durchlaufzentrifuge die Proben entnommen.

Im August (Hochwasser) und September (Mittelwasser) 2005 sowie im Januar 2006 (Niedrigwasser) wurden die Schwebstoffproben entlang der **Donau** aus filtrierten Wasserproben gewonnen. Sie wurden als Einpunktmessungen im Bereich von Berg bis Neuburg an der Donau gezogen. Links der Donau wurde zusätzlich die Wörnitz bei Harburg beprobt, rechts der Donau die Iller bei Wiblingen und Deitenheim, die Mindel bei Offingen und der Lech bei Rain und Gersthofen.

Sedimentierte Schwebstoffe

Im März 2006 wurden in den **Rhein**auen bei Elchesheim-Illingen Sedimentfallen (Abb. 5.1) für die Dauer eines Hochwasserereignisses ausgelegt, um darauf die abgelagerten Schwebstoffe zu gewinnen. Vier Kunstrasenmatten wurden an verschiedenen Stellen in der Überflutungsfläche ausgebracht [AM98, MA98] und zusätzlich eine Tellerfalle in einer stärker durchströmten Zone [DVW99]. Im September 2006 wurden während eines weiteren Hochwasserereignisses die Matten erneut ausgebracht, diesmal in den Rheinauen bei Neuburgweier [Seg07].

Abbildung 5.1: Kunstrasenmatte im Einsatz. Messstelle: Auenbereich des Rheins bei Elchesheim-Illingen.

Die Kunstrasenmatten dienen der Erfassung der während eines Hochwasserereignisses abgelagerten Sedimentmenge und zur Ermittlung der räumlichen Variabilität der Sedimentation auf überfluteten Vorländern [Sim95, SDG97, WO02]. Die Tellerfalle hingegen macht eine Quantifizierung der Sedimentation suspendierter Partikel aus fließenden Gewässern möglich [DVW99].

Auensedimente

Abbildung 5.2: Probenahme mittels Rammkernsondierung. Messstelle: Auenbereich des Rheins bei Elchesheim-Illingen.

Sedimentkerne wurden in den Auebereichen des **Rheins** bei Elchesheim-Illingen (Abb. 5.3) im Oktober 2005, März und November 2006 gezogen, indem sowohl 1 m als auch bis zu 3 m tiefe Bohrungen durchgeführt wurden. Die 1 m langen Kerne stammen von Standorten in der Rheinaue mit unterschiedlichen Bedingungen: Kern A wurde in einer vegetationsbestandenen Senke entnommen, Kern B an einer vegetationslosen Stelle am Ufer des Altarms und Kern C im Altarm unter Wasser (Abb. 4.3 auf S. 33). Der 3 m lange Kern stammt ebenfalls aus der vegetationsbestandenen Senke. Im Juni 2007 wurde zusätzlich ein Transekt mit drei 3 m tiefen Einzelbohrungen rechtwinklig zum Fluss

[KWH74] durch die Rheinaue gelegt. Im naturgeschützten Auengebiet der **Donau** nahe der Ortschaft Pfatter (Abb. 5.4) wurde im Mai 2006 ein 3 m langer Sedimentkern gezogen.

Die Bohrungen wurden als Rammkernsondierungen mittels pneumatisch betriebenem Schlagwerk und manuell betriebenem Ziehwerk durchgeführt (Abb. 5.2). Die Gewinnung des Bohrgutes erfolgte dabei über eine geschlossene Sonde mit einem Innendurchmesser von 5 cm, in die Rohre als Inliner eingeführt wurden: lichtundurchlässige PVC-Rohre für den Kern, der für die Lumineszenzmessungen verwendet wurde, und durchsichtige Plexiglasrohre für alle anderen Sedimentkerne. Nach ihrer Bergung lagen die Bohrkerne in den Rohren als fortlaufende 1 m Stücke vor.

5.3 Laborarbeit

5.3.1 Probenaufbereitung

Die Wasserproben wurden für die Messungen aufbereitet, indem durch Filtration über Celluloseacetat-Filter mit einem Porendurchmesser von 0,45 μm (Sartorius) die ungelösten Schwebstoffe von der Wasserphase getrennt wurden. Die so gewonnenen Feststoffproben wurden bei 105 °C getrocknet. Die Schwebstoffproben der LUBW wurden nach dem Abtrennen von der Wasserphase mittels Durchlaufzentrifuge gefriergetrocknet.

Alle Sedimentkerne wurden der Länge nach aufgeschnitten und anschließend beide Hälften in 1 cm-Schritten beprobt. Sämtliche Sedimentproben wurden im Wärmeschrank bei 105 °C getrocknet, bevor die einzelnen Hälften unterschiedlich weiter bearbeitet wurden. Alle Proben (Schwebstoffe und Sedimente), auch die der LUBW, wurden nach den Analysen in Schraubdeckeldosen dunkel, kühl und trocken gelagert.

5.3.2 Chemische Analyse

Eine Hälfte der getrockneten Sedimentproben wurde mit einer Achatscheibenschwingmühle analysenfein aufgemahlen und anschließend in die großen Probenträger für das energiedispersive Röntgenfluoreszenzspektrometer (ED-RFA) eingefüllt. Die getrockneten Schwebstoffproben wurden ohne vorheriges Mahlen in die kleinen Probenträger hinein gegeben.

Die Gehalte an Haupt- (Ca, Fe, K) und Spurenelementen (Ag, As, Ba, Br, Cd, Ce, Cu, Cs, La, Mn, Mo, Nb, Ni, Pb, Rb, Sb, Sn, Sr, Ti, Y, Zn, Zr) der Proben von Rhein und Donau (Schwebstoffe und Sedimente) wurden mit Hilfe eines energiedispersiven Röntgenfluoreszenzspektrometers (Spectrace 5000, Tracor) ermittelt, das mit einer Rh-Röhre ausgestattet ist (50 kV, 0,35 mA).

Abbildung 5.3: Lokalität der Entnahmestelle des 3 m langen und des 1 m langen (A) Sedimentkerns im Auenbereich des Rheins bei Elchesheim-Illingen.

Abbildung 5.4: Lokalität der Entnahmestelle des Sedimentkerns im Auenbereich der Donau bei Pfatter.

Element(e)	Nachweisgrenze [mg/kg]
K	1 700
Ca	840
Ti	180
Fe, Ni	10 – 20
As, Ba, Br, Ce, Cu, La, Mo, Rb, Sr, Zn, Zr	0,5 – 5

Tabelle 5.1: Nachweisgrenzen der ED-RFA für ausgewählte Elemente [Kra97].

Während der Messungen mittels ED-RFA wird das homogenisierte Probenmaterial Röntgenstrahlung ausgesetzt, wodurch die verschiedenen Elemente einer Probe charakteristische sekundäre Röntgenstrahlung entsenden. Diese wird in einem mit flüssigem Stickstoff gekühlten Si(Li)-Detektor registriert [Tuc96]. Zur Anregung bestimmter, gewünschter Elemente oder zur Unterdrückung von Hintergrundrauschen wurden die Proben jeweils mit einem Aluminium-, einem Kupfer- und einem Palladium-Filter gemessen [Kra97].

Die Reproduzierbarkeit der Werte wurde aufgrund der wiederholten Messung des international zertifizierten Standards GXR-2 (Boden, Park City, Utah, USA) ermittelt [Gou98, PG06]. Die relative Standardabweichung ist im Durchschnitt $< 5\,\%$. Der Tabelle 5.1 können die Nachweisgrenzen ausgewählter Elemente entnommen werden.

5.3.3 Mineralogische Phasenanalyse

Für die Messungen am Röntgendiffraktometer (XRD) wurde ein Teil des getrockneten und aufgemahlenen Probenmaterials in die entsprechenden Probenträger umgefüllt.

Die Hauptmineralzusammensetzung der homogenisierten Sedimentproben von Rhein und Donau wurde an einem Kristalloflex D 500 Röntgendiffraktometer (Siemens) mit CuKα-Strahlung in einem Winkelbereich zwischen 3° und 63° mit einer Schrittgeschwindigkeit von 0,02 °/s gemessen. Die gewählte Betriebsspannung lag bei 45 kV und die Betriebsstromstärke bei 25 mA.

Die verschiedenen im Raumgitter vorhandenen Netzebenenabstände sind für jedes Mineral charakteristisch, wodurch eine Identifizierung und anschließende Quantifizierung der in der Probe vorhandenen Minerale möglich wird. Als Referenz wurde ein synthetischer Quarz (p. a., Merck) in regelmäßigen Abständen gemessen. Durch die relativ hohe Nachweisgrenze von etwa 2 – 5 Gew. % werden mit dieser Methode nur Haupt- und Nebengemengteile erfasst [PG06].

5.3.4 Granulometrische Analyse

Für die Messungen am Lasergranulometer wurde ein kleiner, repräsentativer Teil der getrockneten und nicht gemahlenen Hälften der Sedimentproben in destilliertem Wasser aufgeschlämmt und die Suspension anschließend durch Rühren homogenisiert.

Mit einem MASTERSIZER X Lasergranulometer (Malvern) wurde die Verteilung der Anteile auf die einzelnen Korngrößenbereiche bestimmt. Für die Messungen wurde eine Linse mit einer Brennweite von 300 mm verwendet. Die Verteilung der Korngrößen wurde anschließend mit Hilfe eines polydispersen Modells berechnet.

Das Prinzip der Lasergranulometrie beruht auf der Diffraktion eines Laserbündels in einer Wasserprobe mit suspendierten Teilchen [SLS+96]. Alle Partikel einer Probe beugen das Licht eines monochromen Laserstrahls (Laserstrahlung Klasse 3 B). Ein Partikel mit einem großen Durchmesser beugt den Laserstrahl nur wenig, d. h. in einem kleinen Winkel. Die Lichtspektren der kleinen Partikel dagegen müssen in größeren Winkeln gegenüber dem Laserstrahl aufgenommen werden. Der Detektor nimmt in der Gesamtheit ein Intensitätsbild auf. Aus den winkelabhängigen Lichtintensitäten wird durch Berechnung die Partikelgrößenverteilung bestimmt [Rho98, WBKD00].

5.3.5 Datierung

Grundlagen

Die Lumineszenz-Datierung zählt zu den dosimetrischen Datierungsmethoden und beruht auf der zeitabhängigen Akkumulation von Strahlenschäden in Mineralen [EEBW07]. Sie nutzt die Tatsache, dass die Umgebungsstrahlung in allen Sedimenten und Mineralen Strahlenschädigungen hinterlässt, deren Ausmaß mit dem Alter zunimmt [Ait98]. Diese im Kristallgitter erzeugten Strahlenschäden sind auf die ionisierende Wirkung der überall in der Natur vorkommenden radioaktiven Strahlung und in geringerem Umfang auch auf die kosmische Strahlung zurückzuführen.

Wird derart geschädigtes Probenmaterial erhitzt (Thermolumineszenz, TL), mit Lasern (Optisch Stimulierte Lumineszenz, OSL) oder Infrarotem Licht (Infrarot Stimulierte Lumineszenz, IRSL) bestrahlt, so „verheilen“ diese Schäden unter Aussendung von Photonen – sie luminiszieren. Die dabei freigesetzte Menge an Energie, die zuvor aus der ionisierenden Strahlung absorbiert wurde, ist ein Maß für die Anzahl der Strahlenschäden. Das Lumineszenzsignal ist damit gleichzeitig auch ein Maß für das Alter des Sediments [McD68].

Bei Exposition an das Tageslicht wird dieses latente Signal ebenfalls gelöscht und das Alter auf Null gesetzt [Not06]. Dies erfolgt während der Erosion, des Transports und der Sedimentation, bis das Sediment im Akkumulationsbereich von weiteren, sich ablagernden Sedimenten lichtdicht überdeckt wird. Sobald die

Sedimente endgültig abgelagert worden sind, kommt es zu neuen Schädigungen, die dann das geeignete Signal für die Altersbestimmung nach dem Lumineszenzverfahren liefern. Ab diesem Zeitpunkt kann sich also erneut ein Lumineszenzsignal aufbauen [Fuc01]. Das mit der Lumineszenzdatierung ermittelte Alter eines Sediments bezieht sich somit auf seine letztmalige Umlagerung, z. B. durch ein Hochwasserereignis, und die damit verbundene letztmalige Lichtexposition.

Diese absolute und direkte Datierungsmethode ermöglicht Aussagen für den Altersbereich von einigen Jahrhunderten bis rund 100 000 Jahren [WZ89]. Olley et al. [OCM98] berichten sogar von einer Genauigkeit der Lumineszenzalter im Bereich von einigen 10er oder gar 1er Jahren. Die absolute Datierungsobergrenze wird von Berger et al. [BPP92] und Huntley et al. [HHP93] mit 500 – 800 ka angegeben. Am besten eignet sich die Methode für organik- und carbonatarmes Material aus dem Quartär [Coh03, SB05].

Eine wichtige Voraussetzung für die Datierung ist die Stabilität des Lumineszenzsignals über den zu datierenden Zeitraum. Damit wird die Langzeitstabilität des Signals zu einem bestimmenden Faktor der Datierungsobergrenze. Weitere Voraussetzungen für die erfolgreiche Datierung sind zum einen ein funktionaler Zusammenhang zwischen Signalintensität und absorbierter Dosis und zum anderen die vollständige Löschung des Lumineszenzsignals durch das zu datierende Ereignis. Die Löschung des Signals kann im Fall der vom Wasser transportierten Schwebstoffe unvollständig sein, da durch das Wasser kurzwelliges Licht und damit eine den Bleichvorgang positiv beeinflussende Komponente herausgefiltert wird [Ber90]. Durch eine unzureichende Bleichung der Proben können letztlich Altersüberschätzungen auftreten [FSZ05].

Probenaufbereitung

Die Extraktion der Quarze aus den Sedimentproben erfolgte nach der von Fleming [Fle66] eingeführten Quarzeinschlusstechnik. Für die Aufbereitung der Fraktion 4 – 11 μm wurde die Feinkorntechnik von Zimmerman [Zim71] angewendet. Die notwendige Probenpräparation erfolgte unter stark abgedunkelten Verhältnissen, um so eine ungewollte Bleichung der Sedimente zu verhindern. Da die Empfindlichkeit im sichtbaren Wellenlängenbereich von blau nach rot abnimmt, wurde für die Laborbeleuchtung rotes Diodenlicht gewählt [Fuc01]. Dabei war darauf zu achten, dass die Proben nicht dem direkten Diodenlicht ausgesetzt wurden.

Optisch Stimulierte Lumineszenz (OSL) Zur Gewinnung von Quarz für die OSL-Messungen wurden alle Sedimentproben auf die Korngrößenfraktion von 90 – 200 μm nass gesiebt. Die nach dem Sieben erhaltene Sedimentfraktion wurde so lange mit 20 % -iger Essigsäure versetzt bis keine Reaktion mehr wahrzunehmen war. Dieser Vorgang diente der Zerstörung der vorhandenen Carbonate. Nach dem Waschen der Proben wurde Wasserstoffperoxid (zunächst 10 % -ig, dann 30 % -ig) zugesetzt, um so die organische Substanz zu zerstören. Die Proben wurden erneut gründlich gewaschen und anschließend bei 50 °C getrocknet.

Um den Quarz anzureichern wurde die nun vorliegende polymineralische Kornfraktion einer Schweretrennung unterzogen. Dazu wurden Schwerelösungen unterschiedlicher Dichte (2,75 g/cm^3 und 2,62 g/cm^3) aus Lithium-Polywolframat hergestellt, in denen das Material aufgeschüttelt und anschließend abzentrifugiert wurde. Die erste Trennung erfolgte mit der Lösung der Dichte 2,75 g/cm^3, wodurch die Schwerminerale in der Lösung absanken und abgetrennt werden konnten. Die Lösungsdichte von 2,62 g/cm^3 sorgte im zweiten Schritt für die Abtrennung der Feldspäte und aller übrigen Mineralarten geringerer Dichte, sodass der Quarz nach dem Zentrifugieren als Bodensatz verblieb. Abermals wurden die Proben gewaschen und bei 50 °C getrocknet.

Den Quarzkörnern musste in einem letzten Arbeitsschritt eine ca. 20 μm mächtige Rinde entfernt werden, um die externe α-Dosisleistung vernachlässigen zu können. Dazu wurden die Quarze mit 40 %-iger Flusssäure versetzt, in der die Proben 45 Minuten angeätzt wurden. Durch diesen Schritt wurden auch noch etwaige Feldspatverunreinigungen beseitigt, da Feldspäte durch Flusssäure besonders stark angegriffen werden. Die Quarze wurden abschließend mit 10 %-iger Salzsäure gereinigt, mit entmineralisiertem Wasser gewaschen und getrocknet. Ein letzter Siebvorgang trennte die nach der Ätzung verbleibende Quarzfraktion in die Korngrößenklassen kleiner und größer 90 μm.

Für die Messung des Lumineszenzsignals der Quarzkörner größer 90 μm wurden diese mit einem Aluminiumlöffel auf die Probenträger für das Lumineszenzgerät gestreut. Pro Sedimentprobe wurden 25 Probenteller, die zuvor mit Silikonspray besprüht wurden, mit Material belegt. Die Anzahl der Quarzkörner, die auf diese Weise auf die Probenträger aufgebracht wurden, betrug pro Probenaliquot ca. 250 – 800 Körner.

Infrarot Stimulierte Lumineszenz (IRSL) Für die Messungen mittels IRSL wurde die durch die erste Nasssiebung erhaltene Fraktion kleiner 90 μm über ein 63 μm Sieb erneut nass gesiebt, um nun die Fraktion kleiner 63 μm zu erhalten. Nacheinander wurden mit 20 %-iger Essigsäure die Carbonate und mit 10 %-igem bzw. 30 %-igem Wasserstoffperoxid die organische Substanz zerstört. Zwischen und nach den beiden Schritten wurden die Proben gründlich mit entmineralisiertem Wasser gewaschen.

Anschließend wurden die Proben in Atterberg-Zylinder überführt, mit Ammoniak-Lösung versetzt, die Zylinder mit destilliertem Wasser bis zur 19 cm Marke aufgefüllt und die Probe 30 Minuten sedimentieren gelassen. Dann wurde die Flüssigkeit mit der Kornfraktion kleiner 11 μm in ein Becherglas gegeben. Dieser Vorgang (ohne die Zugabe der Ammoniak-Lösung) wurde so oft wiederholt bis der Überstand klar war.

Das Material aus den Bechergläsern wurde erneut in die Zylinder gegeben, mit destilliertem Wasser bis zur 11 cm Marke aufgefüllt und 3 Stunden sedimentieren gelassen. Die Flüssigkeit mit der Kornfraktion kleiner 4 μm wurde danach abgelassen, verworfen und der Vorgang anschließend so oft wiederholt bis der Überstand klar war. Die sedimentierte Fraktion von 4 – 11 μm wurde mit Na-Oxalat versetzt und getrocknet.

Das gewonnene Probenmaterial wurde abschließend auf die Probenträger für das Lumineszenzgerät aufgebracht. Pro Sedimentprobe wurden 25 mit Silikonspray imprägnierte Probenteller mit Material belegt. Vor der Messung wurden die Proben eine Woche bei 70°C im Trockenschrank gelagert um die instabilen, flachen Elektronenfallen zu leeren, da die Proben im Labor einer künstlichen ionisierenden Strahlung ausgesetzt werden. Mit diesem Vorgehen wird einer Altersüberschätzung vorgebeugt.

Analytik

Aufgrund ionisierender Strahlung und der daraus resultierenden Absorption der Energie im Kristallgitter des Quarzes wächst das latente Lumineszenzsignal mit der Zeit an. Dieser Prozess kann so lange andauern, bis die zur Speicherung der Energie dienenden Elektronenfallen von Elektronen vollständig besetzt sind. Die notwendige Energie (Stimulationsleistung), um diese Fallen wieder zu leeren, ist dabei abhängig von der Fallentiefe.

Die Optisch Stimulierte Lumineszenz (OSL) wird durch sichtbares Licht im Bereich von 380 – 780 nm, die Infrarot Stimulierte Lumineszenz (IRSL) durch infrarotes Licht im Bereich von 780 nm bis 1 000 μm ausgelöst. Die Intensität des Lumineszenzsignals ist ein Maß für die im Mineral akkumulierte Energie, weswegen über die Dosisleistung, d. h. die Energie, die das Mineral pro Zeiteinheit aufgrund der ionisierenden Strahlung absorbiert, das Lumineszenzalter berechnet werden kann.

Es besteht kein allgemeingültiger, funktionaler Zusammenhang zwischen der akkumulierten Dosis und dem Lumineszenzsignal. Dieser ist von messtechnischen und probenspezifischen Bedingungen abhängig. Zur Ermittlung der Äquivalenzdosis (D_E) muss der Zusammenhang für jede Probe empirisch ermittelt werden. Dies erfolgt mit dem Aufbau einer so genannten Wachstumskurve, bei der die Probe in Teilproben (Aliquote) aufgeteilt und diese durch zusätzliche künstliche Labordosen bestrahlt werden. Die Lumineszenzsignale der künstlich bestrahlten Teilproben werden dann in Beziehung gesetzt zu dem natürlichen Lumineszenzsignal unbekannter Dosis. Daraus ergibt sich die Äquivalenzdosis, also die Labordosis, die ein Lumineszenzsignal erzeugt, das dem natürlichen Signal der gemessenen Probe entspricht.

SAR-Protokoll Für den Aufbau der Wachstumskurve (Zusammenhang zwischen Dosis und Lumineszenzintensität) als integralem Bestandteil einer jeden

Äquivalenzdosisbestimmung wird das SAR-Protokoll (Regeneratives Single Aliquot Protokoll) angewendet. Mit dieser regenerativen Methode wird versucht, das Anwachsen des Lumineszenzsignals nach der natürlichen Nullstellung zu simulieren. Die unterschiedlichen Prozesse des Messvorgangs (Bestrahlen – Vorheizen – Stimulieren) werden an jeder Teilprobe (Single Aliquot) durchgeführt.

Zunächst wird von den Teilproben das natürliche Signal gemessen. Anschließend werden die Teilproben gebleicht, wodurch ihr latentes Lumineszenzsignal auf den „unbleichbaren“ Rest reduziert wird. Nach der Bleichung erhalten die Teilproben unterschiedliche Labordosen, sodass eine Wachstumskurve aufgebaut werden kann. Das Signal wird jeweils bis auf den Gerätehintergrund ausgelesen. Die Dosen des sogenannten Regenerierungszyklus werden so gewählt, dass sie die zu erwartende Äquivalenzdosis umschließen.

Das natürliche Lumineszenzsignal, das zu Beginn gemessen wurde, wird in die Wachstumskurve eingepasst und die Äquivalenzdosis kann über Interpolation berechnet werden. Vorteil dieses Messprotokolls ist die größere statistische Sicherheit und daraus folgend geringere Fehler.

Der Mess-Zyklus besteht zum einen aus dem **Regenerierungszyklus** mit

- Bestrahlen (mit variierender Dosis)
- Vorheizen
- OSL / IRSL

und zum anderen aus dem **Korrekturzyklus** mit

- Testdosis (konstant)
- Vorheizen
- OSL / IRSL.

Der Korrekturzyklus wird mit konstanter Testdosis durchgeführt, um etwaige Sensitivitätsänderungen aufzuzeichnen, die sich während der sich wiederholenden Regenerierungszyklen ergeben. Der Regenerierungs-Korrektur-Zyklus wird entsprechend der Anzahl der benötigten Dosispunkte, die am Aufbau der Wachstumskurve beteiligt sein sollen, wiederholt. Für die Proben der vorliegenden Arbeit wurden die Wachstumskurven mit Hilfe von jeweils vier Messpunkten aufgebaut.

Messgerät Sowohl die OSL- als auch die IRSL-Messungen wurden mit einem TL/OSL Reader TL-DA-15 der Firma Risø durchgeführt. Dieses Gerät ist mit einem rotierenden Probenteller ausgestattet, der bis zu 48 Aliquots aufnehmen kann, die einen Abstand von ca. 10 mm zueinander haben und einzeln anzusteuern sind. Zur Messung der Lumineszenz wird die Probe unter einem Photomultiplier positioniert, von einem vertikal beweglichen Thermoelement angehoben und aufgeheizt. Durch das Aufheizen kann eine größtmögliche Unabhängigkeit von der Umgebungstemperatur erreicht werden.

Die optische Stimulation erfolgt für die OSL-Messungen mittels blauer Leuchtdioden (LEDs) und für die IRSL-Messungen mittels infraroter LEDs, die über der Probenposition angebracht sind. Die ringförmige Anordnung der LEDs ermöglicht eine gleichmäßige Ausleuchtung der Oberfläche des Probenträgers. Sowohl zwischen der Probenposition und der Stimulationseinheit als auch zwischen der Probenposition und dem Photomultiplier befinden sich austauschbare, optische Filter, die eine Detektion der Lumineszenz in definierten Bandbreiten erlauben. Mittels einer ^{90}Sr/^{90}Y-β-Quelle (Dosisleistung ca. 0,74 Gy/min) werden die Aliquots im Messgerät bestrahlt.

Die Detektion der Lumineszenz erfolgt durch den Photomultiplier 9235QB15 (Electron Tubes Ltd), der seine höchste Quantenausbeute von ca. 25 % bei einer Wellenlänge von etwa 400 nm erreicht. Für die OSL-Messungen ist dem Photomultiplier ein 2,5 mm starker HOYA U340 Filter vorgeschaltet, der Transmissionseigenschaften von 250 – 380 nm aufweist. Für die IRSL-Messungen ist dies ein Interferenzfilter. Das Thermoelement lässt sich bis auf maximal 700 °C aufheizen, sodass eine fehlgesteuerte Überhitzung und ein daraus eventuell resultierendes Aufschmelzen des Probenträgers verhindert wird.

Die blaue Stimulation erfolgte über insgesamt 49 (7 x 7) LEDs, die durch ringförmige Anordnung für ein gleichmäßiges Ausleuchten der Messposition sorgen. Die Dioden befinden sich in einem Abstand von ca. 35 mm zu der Messposition, sodass dort eine Leistung von ca. 40 mW/cm^2 bei 100 % Stimulationsleistung erreicht werden kann. Die ebenfalls in die Stimulationseinheit integrierten 21 (3 x 7) infraroten LEDs weisen eine Emission von 875 nm auf. Ihre Leistung an der Messposition beträgt ca. 135 mW/cm^2 bei 100 % Stimulationsleistung.

Die β-Quelle des Messgerätes sitzt auf einer Metallkugel, die über einen pressluftgesteuerten Kugelverschluss betrieben wird. Bei Verschluss befindet sich die radioaktive Quelle um 180 ° von der Bestrahlungsposition abgewendet in der Bleiabschirmung. Bei Bestrahlung dreht sich der Kugelverschluss um 180 °, sodass das radioaktive Präparat in die Richtung der Bestrahlungsposition zeigt.

Auswertung

Aufgrund der Ermittlung der seit der letzten Belichtung akkumulierten Dosis (D_E) zum einen und der Dosisleistung (D) zum anderen, lässt sich das Sedimentationsalter (A) der Probe berechnen:

$$A = \frac{D_E}{D}$$

Die Einheit, in der die Äquivalenzdosis (D_E) angegeben wird, ist Gray [Gy].

Dabei entspricht ein Gray der absorbierten Energie von einem Joule [J] pro Kilogramm [kg] Masse:

$$1 \text{ Gy} = 1 \ \frac{\text{J}}{\text{kg}}$$

Das Lumineszenzalter, das sich auf das Messdatum bezieht, wird in Jahren [a] oder auch Kilojahren [ka] angegeben. Zu beachten ist, dass sich das Lumineszenzsignal auf das Messdatum bezieht, an dem es ermittelt wurde.

Äquivalenzdosis (D_E) Die Äquivalenzdosis repräsentiert die im Mineral akkumulierte Energie seit der letzten Signalrückstellung und wird über das natürliche Lumineszenzsignal bestimmt. Zwischen der akkumulierten Energie und dem Lumineszenzsignal besteht jedoch keine allgemeingültige Beziehung. Diese ist von probenspezifischen und messtechnischen Bedingungen abhängig. So ist die Lumineszenzintensität beispielsweise zum einen von der Anzahl der photonenemittierenden Mineralkörner und der Anzahl der Erosionszyklen, die die Sedimente durchlaufen haben, abhängig. Zum anderen haben der Abstand der Probe zum Photomultiplier, die Stimulationsleistung und die Detektionsfilter einen Einfluss auf die Intensität des Signals.

Da die in der Probe akkumulierte Dosis nicht direkt gemessen sondern nur experimentell über das Verhältnis von Lumineszenzsignal zu künstlich applizierter Dosis bestimmt werden kann, wird die so genannte Äquivalenzdosis (D_E) bestimmt. Die Äquivalenzdosis ist also die Labordosis, die ein Lumineszenzsignal erzeugt, das dem natürlichen Signal entspricht. Die Ermittlung der Äquivalenzdosis erfolgt, wie bereits erwähnt, mit dem Aufbau einer so genannten Wachstumskurve. Die Äquivalenzdosis der Probe ergibt sich letztlich aus dem ungewichteten Mittelwert der einzelnen gemessenen Äquivalenzdosen.

Dosisleistung (D) Die Dosisleistung D ist definiert als die Dosis ionisierender Strahlung pro Zeit- und Masseneinheit, welcher das Sediment seit seiner Ablagerung ausgesetzt war. Damit ist die Dosisleistung für den zeitabhängigen Aufbau des latenten Lumineszenzsignals verantwortlich. Sie wird allgemein in Milligray pro Jahr [mGy/a] oder Gray pro tausend Jahre [Gy/ka] angegeben.

Die Dosisleistung setzt sich aus zwei Komponenten zusammen. Zum einen ist dies die überall in der Natur vorkommende Radioaktivität, zum anderen die kosmische Strahlung. Beide Komponenten, wenngleich die kosmische Strahlung in wesentlich geringerem Maße, induzieren das latente Lumineszenzsignal. Die Dosisleistung ist also die Leistung, die extern von der Umgebung und intern von der Eigenaktivität der Probe aus gewirkt hat.

Für die untersuchten Proben wurde die Dosisleistung mit Hilfe von ICP-MS-Messungen (Induktiv Gekoppeltes Plasma-Massenspektrometer) bestimmt. Anschließend wurden die für die natürliche Dosisleistung relevanten Nuklidkonzentrationen ermittelt, sodass über Konvertierungsfaktoren entsprechender Tabellenwerke [AA98] die Dosisleistung errechnet werden konnte. Da die Dosisleistung im Allgemeinen an getrocknetem Probenmaterial durchgeführt wird, muss wegen der strahlungsabsorbierenden Wirkung des Porenwassers die Dosisleistung korrigiert werden [Lan96, Fuc01].

5.4 Datenauswertung

Im Rahmen der vorliegenden Arbeit wurden mit Hilfe der oben genannten Analyseverfahren bis zu 25 geochemische und bis zu 16 physikochemische Parameter bestimmt. Um eventuell vorhandene Strukturen und Beziehungen innerhalb dieser komplexen Datensätze erkennen zu können wurden die statistischen Methoden der Korrelationsanalyse und der Faktorenanalyse angewendet. Rechnerisch erfolgte die multivariat-statistische Auswertung der Daten mit dem Softwarepaket Statistica 5.5 (StatSoft Inc., USA, 1999).

Hydrologische Prozesse, wie Hochwasserereignisse, können Auswirkungen auf verschiedene Parameter haben. Mit Hilfe der Korrelationsanalyse sollen vorhandene Beziehungen zwischen den gemessenen Variablen dargestellt werden. Mit der Faktorenanalyse sollen anschließend die Parameter aufgrund dieser Beziehungen in Gruppen eingeteilt werden. Die extrahierten Faktoren können unterschiedliche hydrologische und geochemische Prozesse darstellen.

5.4.1 Korrelationsanalyse

Die Korrelationsanalyse ist ein wichtiges statistisches Verfahren zur Interpretation des Zusammenhangs zweier Variablen bzw. für die gemessenen Ausprägungen dieser Variablen bei einer bestimmten Anzahl an Merkmalsträgern. Allerdings macht die Korrelationsanalyse keinerlei Aussage über die Kausalität der Abhängigkeit.

Ein Maß für den statistischen Zusammenhang zweier Messgrößen liefert der dimensionslose Korrelationskoeffizient r. Definitionsgemäß kann r Werte von -1 bis $+1$ annehmen. Bei $r = 0$ sind zwei Werte unkorreliert, bei $r = -1$ invers und bei $r = +1$ direkt korreliert.

5.4.2 Faktorenanalyse

Mit der Faktorenanalyse soll die Vielzahl an gemessenen Parametern (Variablen) gemäß ihrer korrelativen Beziehung in voneinander unabhängige Gruppen (Faktoren) eingeteilt werden [Bor99]. Sie gehört somit zu den datenreduzierenden und zugleich klassifizierenden statistischen Verfahren. Das Verfahren der Faktorenanalyse setzt voraus, dass die Daten metrisch skaliert sind und die extrahierten Faktoren lineare Beziehungen beschreiben [Sch00b].

Die für die Faktorenanalyse geeigneten Variablen wurden aufgrund der Korrelationsmatrix ausgewählt. Dabei liefern die Korrelationskoeffizienten Hinweise über ungeeignete Variablen, die nicht oder nur sehr gering mit anderen Variablen korrelieren.

Eine Faktorenanalyse wird in vier Schritten durchgeführt [Bor99]: Erstellen einer Korrelationsmatrix – Extraktion der Faktoren (Faktorenladungen) – Rotation der Matrix – Berechnung der Faktorwerte. Die Rotation der Matrix erfolgte nach dem Varianzmaximierungs-Verfahren (Varimax), um die Anzahl der Variablen mit hoher absoluter Faktorladung zu minimieren und so die Interpretation der Faktoren zu erleichtern.

Faktorladungen

Die Faktorladung entspricht der Korrelation zwischen einer gemessenen Variablen und einem Faktor für die in der Analyse betrachteten Fälle. Sie liegt zwischen $+1$ und -1, wobei ein negatives Vorzeichen eine inverse Korrelation bedeutet.

Kommunalität

Der Grad, in dem die Faktoren eine Variable erklären, wird durch die Kommunalität charakterisiert. Sie liegt zwischen 0 und 1, wobei 1 bedeutet, dass eine Variable durch die extrahierten Faktoren vollständig erklärt ist. Im Allgemeinen ist dieser Fall jedoch nicht erfüllt.

Kapitel 6

Ergebnisse

Die Haupt- und Spurenelementzusammensetzung der Schwebstoff- und der Sedimentproben von Rhein und Donau sowie die den Abbildungen zugrunde liegenden Faktorenmatrizes sind im Anhang (S. 145 ff.) tabellarisch zusammengestellt. Des Weiteren sind dort die Korngrößenverteilung und die mineralogische Zusammensetzung der Sedimentproben sowie die Daten der Lumineszenzmessungen als Tabellen zu finden.

In den Beschreibungen der chemischen Probenzusammensetzung wird aufgrund ähnlicher geochemischer Eigenschaften der Elemente bzw. aufgrund deren gemeinsamen Auftretens in einzelnen Mineralfraktionen der Bezug zu einer bestimmten Mineralphase hergestellt [RdC98]. Einzelne typische Elemente oder deren Verbindungen (Oxide) stehen damit stellvertretend für eine bestimmte Mineralphase.

In Tabelle 6.1 sind die für die einzelnen Mineralphasen typischen Vertreter aufgeführt, die als Beispiele für die jeweilige Fraktion stehen. So sind die Elemente Ca und Sr typische Vertreter der Carbonatfraktion. K, Ba und Rb repräsentieren sowohl die Tonminerale als auch die siliziklastische Fraktion, Fe, As und Zn die Eisenoxid-Fraktion. Die Elemente Cu, Ag und Pb können in der Sulfidfraktion

Mineralphase	**Vertreter**
Carbonatfraktion	Ca, Sr
Tonminerale und Siliziklastische Fraktion	K, Ba, Rb
Eisenoxidfraktion	Fe, As, Zn
Sulfidfraktion	Cu, Ag, Pb
Schwermineralfraktion	La, Ce, Zr

Tabelle 6.1: Typische Vertreter einzelner Mineralphasen.

zusammengefasst werden. Exemplarisch für die Schwermineralfraktion sind die Seltenen Erdmetalle La, Ce und das Schwermetall Zr zu nennen.

6.1 Rhein

6.1.1 Zusammensetzung der Schwebstoffe

Den Abbildungen 6.1 bis 6.4 liegen die Daten des Hochwassers am Oberrhein Ende Februar 1999 zugrunde. Dieser Probensatz umfasst eine komplette Hochwasserwelle, die durch die LUBW an der Staustufe Iffezheim zeitlich eng (alle 3 bis 24 Stunden) beprobt wurde. Die 29 Proben wurden mittels ED-RFA und Lasergranulometer hinsichtlich ihrer chemischen bzw. granulometrischen Zusammensetzung charakterisiert.

Die Untersuchungen an den Schwebstoffproben wurden durchgeführt, um eine genaue Kenntnis über den zeitlichen Verlauf der chemischen und granulometrischen Zusammensetzung der transportierten Fracht an einem Entnahmestandort während eines Hochwasserereignisses zu bekommen.

Abfluss und Schwebstoffkonzentration Bei dem Hochwasserereignis am Oberrhein Ende Februar 1999 stieg der Abfluss von 2 158 m^3/s am 20.02.1999, 16 Uhr, auf ein erstes Maximum von 4 050 m^3/s am 21.02.1999, 15 Uhr, an. Nach einem geringen Abfall stieg der Abfluss erneut an und erreichte am 23.02.1999 um 9 Uhr mit 4 082 m^3/s sein zweites Maximum. Dieser Zeitpunkt markiert auch den Wendepunkt des Hochwassers, danach fiel der Pegelstand bis auf 2 170 m^3/s am 28.02.1999, 14 Uhr (Abb. 6.3 und 6.4).

Die Schwebstoffkonzentration wies während der Hochwasserwelle im Februar 1999 drei Maxima auf (Abb. 6.1). Von anfänglich 37 mg/L am 20.02.1999, 16 Uhr, stieg der Wert rasch auf 215 mg/L am 21.02.1999, 4 Uhr, und damit auf sein erstes Maximum. 54 Stunden nach dem ersten Abflussmaximum (21.02.1999, 15 Uhr) nahm die Schwebstoffkonzentration bis auf 184 mg/L am 23.02.1999, 21 Uhr, zu und wies zu diesem Zeitpunkt ein zweites Maximum auf. Ein drittes Maximum und gleichzeitig auch den Wendepunkt markiert der Messwert von 186 mg/L am 24.02.1999, 17 Uhr. Danach sank die Schwebstoffkonzentration auf 23 mg/L am 28.02.1999 ab.

Hysterese Die zeitaufgelöste Beprobung des Schwebstoffinhalts während des Hochwasserereignisses am Rhein im Februar 1999 zeigt, dass deren Menge und Zusammensetzung systematischen Änderungen unterliegen. Die Hysteresekurve (Abb. 6.2) zeigt die Abhängigkeit der Schwebstoffkonzentration vom herrschenden Abfluss [MA98]. Im ansteigenden Hochwasserabfluss, der häufig rasch versteilt [Wil97, Not06], treten dabei andere Konzentrationen auf als bei gleicher Wasserführung im fallenden Hochwasserabfluss [Wil89, CSBB07].

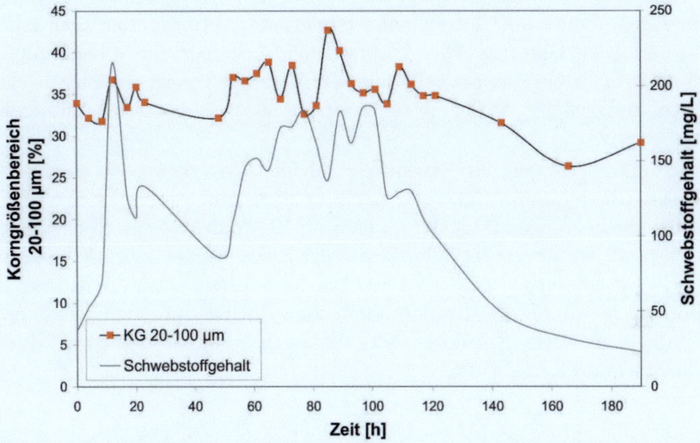

Abbildung 6.1: Zeitlicher Verlauf des Schwebstoffgehalts und des Anteils des Korngrößenbereichs 20 – 100 μm während einer Hochwasserwelle (Februar 1999, Proben der LUBW) am Oberrhein (n = 29). Messstelle: Staustufe Iffezheim. KG = Korngrößenbereich.

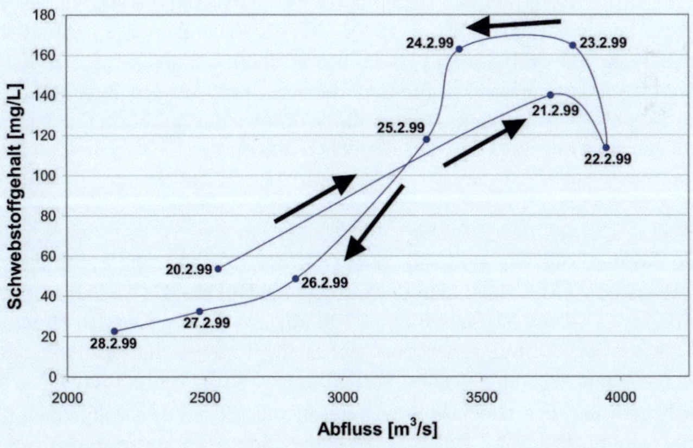

Abbildung 6.2: Verlauf der Hysteresekurve (Schwebstoffgehalt in Abhängigkeit vom Abfluss) während einer Hochwasserwelle am Oberrhein (Februar 1999, Proben der LUBW) anhand von gemittelten Tageswerten. Messstelle: Staustufe Iffezheim.

Für relativ kurze Zeit erscheint der Verlauf der Hysteresekurve in Abbildung 6.2 zunächst einmal im Uhrzeigersinn (steigender Ast liegt über dem fallenden Ast) zu erfolgen. Dies liegt aller Wahrscheinlichkeit nach darin begründet, dass am Anfang einer Hochwasserwelle auf der Auenfläche noch reichlich leicht erodierbares Material zur Verfügung steht, was zu relativ hohen Schwebstoffgehalten führt.

Nach einem Wechsel von einem Verlauf im Uhrzeigersinn zu einem Verlauf gegen den Uhrzeigersinn (fallender Ast liegt über dem steigenden Ast) fällt der Schwebstoffgehalt gegen Ende der im Februar 1999 auftretenden Hochwasserwelle dann stark ab, weswegen der fallende Ast der Kurve wieder unter dem steigenden Ast zu liegen kommt (Verlauf im Uhrzeigersinn). Dieser starke Abfall der Kurve ist charakteristisch für die Rücklaufphase eines Hochwasserereignisses, kann aber auch gegen Ende eines hydrologischen Jahres auftreten, und ist bedingt durch die Schwebstoffverarmung [SB05].

Granulometrische Zusammensetzung Die Anteile der Bereiche kleinerer Korngrößen ($< 200\,\mu$m) nehmen mit der anlaufenden Welle zu und anschließend wieder ab (Abb. 6.1). Der Korngrößenbereich von 20 – 100 μm macht beispielsweise zur Zeit des Hochwasserscheitels einen Anteil von 35 – 40 % aus. Das bedeutet einen deutlichen Anstieg zu dem Anteil von 25 % bei Niedrigwasser. Der Anteil der Feinkornfraktion ist also mit dem Abfluss positiv korreliert.

Im Gegensatz dazu nehmen bei höheren Abflusswerten die Anteile der groben Korngrößenbereiche (200 – 400 μm, $> 400\,\mu$m) ab. Sie sinken von anfänglich 15 % für den Bereich 200 – 400 μm und 20 % für den Bereich $> 400\,\mu$m auf 10 % für den Bereich 200 – 400 μm bzw. 6 % für den Bereich $> 400\,\mu$m am Scheitelpunkt des Hochwassers ab. Anschließend steigen die Werte wieder auf 15 % für den Bereich 200 – 400 μm und auf 25 % für den Bereich $> 400\,\mu$m an.

Chemische Zusammensetzung Verglichen mit den Werten bei Normalwasserstand nehmen der Ca- und der Sr-Gehalt der Schwebstoffe bei einem Hochwasserereignis zu (Abb. 6.3). Der Wert steigt im Fall des Ca-Gehalts von 14 auf 17,8 % und im Fall des Sr-Gehalts von 190 auf 225 mg/kg. Der Rb-Gehalt sinkt von 90 mg/kg bei Normalwasserstand auf 80 mg/kg bei erhöhten Abflusswerten ab. Der K-Gehalt zeigt das gleiche Verhalten und sinkt von 2,3 auf 1,7 % ab.

Die Ergebnisse der chemischen Analysen der 29 Schwebstoffproben zeigen, dass die Carbonatfraktion (Tab. 6.1) bei steigenden Abflusswerten des Rheins an der beprobten Stelle (Staustufe Iffezheim) höhere Werte aufweist (Abb. 6.3). Die Carbonatfraktion ist demnach mit dem Abfluss positiv korreliert. Typische Elemente der Tonminerale und der siliziklastischen Fraktion (Rb, Tab. 6.1) hingegen sind bei erhöhten Abflusswerten in geringeren Anteilen vorhanden als bei niedrigen Abflusswerten (Abb. 6.4) und sind also mit dem Abfluss invers korreliert.

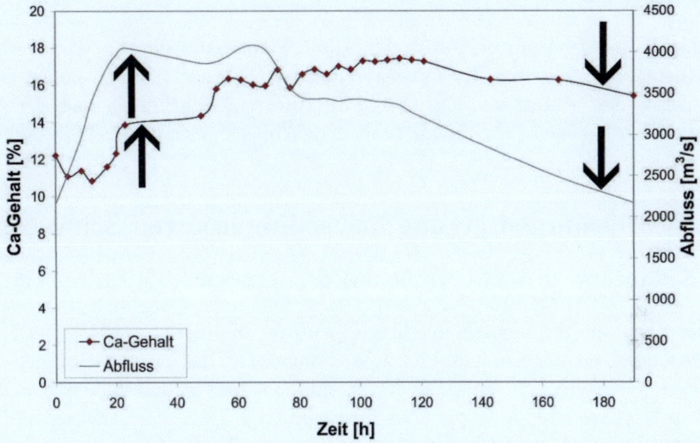

Abbildung 6.3: Zeitlicher Verlauf des Abflusses und des Ca-Gehalts der Schwebstofffracht während einer Hochwasserwelle (Februar 1999, Proben der LUBW) am Oberrhein (n = 29). Messstelle: Staustufe Iffezheim.

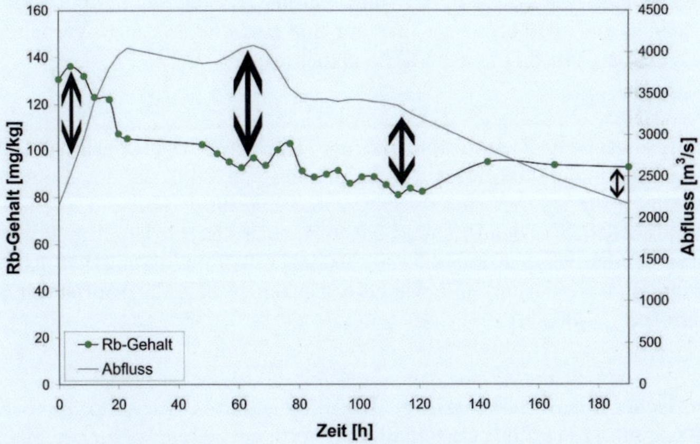

Abbildung 6.4: Zeitlicher Verlauf des Abflusses und des Rb-Gehalts der Schwebstofffracht während einer Hochwasserwelle (Februar 1999, Proben der LUBW) am Oberrhein (n = 29). Messstelle: Staustufe Iffezheim.

Zusammenfassung

Die Untersuchungen an Schwebstoffen, die bei unterschiedlichen Wasserständen des Rheins während eines Hochwasserereignisses (Februar 1999) entnommen wurden, lassen den Schluss zu, dass sowohl die Carbonatfraktion als auch der Anteil kleinerer Korngrößen (20 – 100 μm) mit dem Abfluss positiv korreliert sind.

6.1.2 Zusammensetzung der sedimentierten Schwebstoffe

A Sedimentierte Schwebstoffe aus der Rheinaue bei Elchesheim-I.

In der Rheinaue bei Elchesheim-Illingen wurden an einem Standort vier Kunststoffrasenmatten ausgebracht, um so sedimentierte Hochwasserschwebstoffe zu erhalten (Kapitel 5.2.2). Anhand der chemischen und granulometrischen Daten kann zum einen eine Aussage über die chemische Zusammensetzung und zum anderen über die Korngrößenverteilung der während eines Hochwasserereignisses abgelagerten Schwebstoffe gemacht werden.

Die gemessenen Haupt- und Spurenelemente der sedimentierten Schwebstoffe sowie die Bereiche der mittleren und groben Korngrößen zeigen verhältnismäßig geringe Schwankungen mit relativen Standardabweichungen zwischen 5 und 25 % auf. Für einzelne chalkophile Elemente (Cu, Zn, Ag, Pb) und die kleinen Korngrößenbereiche (< 5 μm, 5 – 10 μm) wurden relative Standardabweichungen zwischen 30 und 50 % berechnet, was auf eine etwas heterogenere Verteilung der Sulfidfraktion (Tab. 6.1) in der Fläche hindeutet.

Granulometrische Zusammensetzung Die Korngrößenbereiche 20 – 100 μm, 200 – 400 μm und > 400 μm sind mit Anteilen von 30 % für den Bereich 20 – 100 μm, 17 % für den Bereich 200 – 400 μm und 22 % für den Bereich > 400 μm vertreten (Tab. 6.2). Aus den Untersuchungen ergeben sich mittlere Anteile von 45 % für den Bereich feiner Korngrößen (< 100μm), 33 % für die mittlere Korngrössenfraktion (100 – 400 μm) und, wie bereits genannt, 22 % für den Bereich grober Korngrößen (> 400 μm).

Chemische Zusammensetzung Die sedimentierten Schwebstoffproben weisen Werte um 17 % für den Ca-Gehalt und Werte um 260 mg/kg für den Sr-Gehalt auf (Tab. 6.2). Diese Werte deuten daraufhin, dass das bei einem Hochwasserereignis transportierte Material zu einem Drittel aus $CaCO_3$ besteht. Die restlichen zwei Drittel setzen sich sehr wahrscheinlich zu großen Teilen aus Quarz und K-Feldspäten zusammen. Die durchschnittlichen Werte des K-, Rb- und Fe-Gehalts betragen 1,5 % für K, 75 mg/kg für Rb und 2,6 % für Fe (Tab. 6.2).

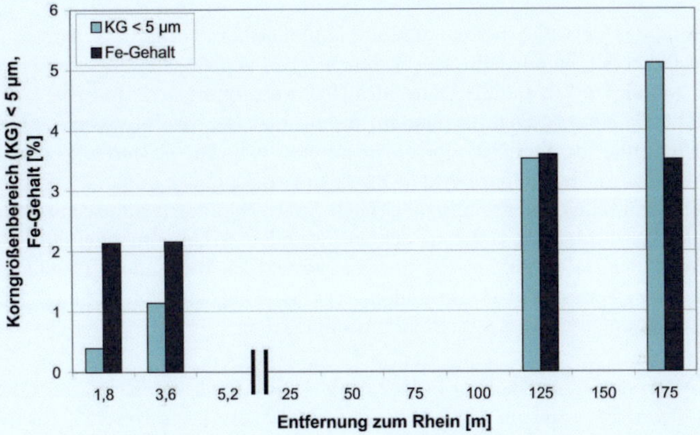

Abbildung 6.5: Fe-Gehalte [%] und Anteile des Korngrößenbereichs (KG) < 5 μm [%] in abgelagerten Hochwasserschwebstoffen in Abhängigkeit von der Entfernung zum Rhein (September 2006, Proben von A. Segatta). Messstelle: Neuburgweier.

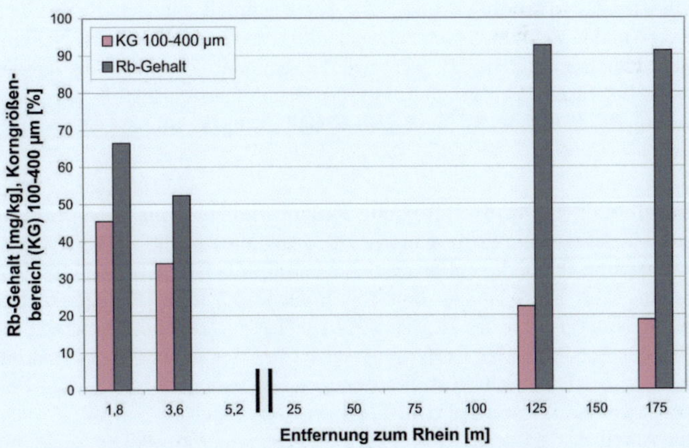

Abbildung 6.6: Rb-Gehalte [mg/kg] und Anteile des Korngrößenbereichs (KG) 100 – 400 μm [%] in abgelagerten Hochwasserschwebstoffen in Abhängigkeit von der Entfernung zum Rhein (September 2006, Proben von A. Segatta). Messstelle: Neuburgweier.

B Sedimentierte Schwebstoffe aus der Rheinaue bei Neuburgweier

Während der Geländearbeiten zu seiner Diplomarbeit wurden von Andrea Segatta [Seg07] ebenfalls mit Hilfe von Sedimentfallen abgelagerte Hochwasserschwebstoffe gewonnen. Für die die Dauer des Hochwasserereignisses am Rhein im September 2006 legte A. Segatta dazu im Auengebiet bei Neuburgweier, südwestlich von Karlsruhe, an vier Standorten in unterschiedlicher Entfernung zum Rhein (1,8 m, 3,6 m, 125 m, 175 m) jeweils zwei Kunstrasenmatten aus.

Die chemischen und granulometrischen Analysen dieser sedimentierten Schwebstoffproben wurden im Rahmen der vorliegenden Arbeit durchgeführt. Bei der Erhebung der Daten ging es darum, eine vermutlich vorhandene räumliche Verteilung der chemischen und granulometrischen Parameter in Abhängigkeit von der Entfernung zum Hauptflusslauf zu untersuchen.

Granulometrische Zusammensetzung Die Anteile der Korngrößenbereiche 20 – 100 μm, 200 – 400 μm und > 400 μm weisen Mittelwerte von 34 % für den Bereich 20 – 100 μm, 12 % für den Bereich 200 – 400 μm und 13 % für den Bereich > 400 μm auf (Tab. 6.2). Über die gesamte Aue gemittelte Werte ergeben Anteile von 57 % für die feine Korngrößenfraktion (< 100 μm), 30 % für die mittlere Korngrößenfraktion (100 – 400 μm) und, wie bereits erwähnt, 13 % für den Bereich grober Korngrößen (> 400 μm).

Chemische Zusammensetzung Die durchschnittlichen Gehalte an Ca, Sr, K, Rb und Fe in den sedimentierten Schwebstoffen aus der Rheinaue bei Neuburgweier lagen in einem ähnlichen Bereich wie die sedimentierten Schwebstoffe aus der Rheinaue bei Elchesheim-Illingen. Der Ca-Gehalt beträgt 20,9 %, der Sr-Gehalt 250 mg/kg, der K-Gehalt 2,2 %, der Rb-Gehalt 75 mg/kg und der Fe-Gehalt 2,8 % (Tab. 6.2).

Granulometrische und chemische Zusammensetzung in Abhängigkeit von der Entfernung zum Fluss Die granulometrische und chemische Zusammensetzung der sedimentierten Schwebstoffproben in Abhängigkeit von der Entfernung zum Fluss sind in den Abbildungen 6.5 und 6.6 dargestellt. Demnach nimmt der Anteil des Korngrößenbereichs < 5 μm und der Anteil des Fe-Gehalts mit zunehmender Entfernung vom Fluss bei einem Hochwasserereignis zu (Abb. 6.5). Kleine Schwebstoffteilchen und Vertreter der Eisenoxid-Fraktion (Tab. 6.1) werden also vermehrt in Flussferne abgelagert.

Der Anteil des gröberen Korngrößenbereichs von 100 – 400 μm sinkt mit zunehmender Entfernung vom Fluss ab (Abb. 6.6) und verhält sich damit entgegengesetzt zu den Anteilen der kleinen Korngrößen (Abb. 6.5). Der Anteil der Tonminerale und der siliziklastischen Fraktion (Tab. 6.1), in Abbildung 6.6 exemplarisch durch den Rb-Gehalt dargestellt, steigt ebenfalls mit zunehmender Distanz zum Fluss an.

C Vergleich mit den Schwebstoffproben der LUBW

Ein Vergleich der in der Rheinaue bei Elchesheim-Illingen und Neuburgweier sedimentierten Schwebstoffe mit den Hochwasserschwebstoffproben der LUBW von der Staustufe Iffezheim (Kapitel 6.1.1) ist nur bedingt möglich. Bei den Proben der LUBW handelt es sich um Material aus der fließenden Hochwasserwelle und bei den mittels Sedimentfalle genommenen Proben um im Auenbereich bereits abgelagerte Schwebstoffe. Des Weiteren ist die geographische Entfernung der Standorte zueinander zu berücksichtigen. Die Staustufe Iffezheim, der Südlichste der drei Punkte, befindet sich 20 km von Neuburgweier, dem Nördlichsten der drei Punkte, entfernt. Elchesheim-Illingen liegt fast in der Mitte der drei Standorte, 12 km rheinabwärts von der Staustufe Iffezheim und 8 km rheinaufwärts von Neuburgweier.

Parameter	**Sedimentierte Schwebstoffe**		**Schwebstoffproben**
(Gehalt)	**Elchesheim-I.**	**Neuburgweier**	**Iffezheim**
Ca [%]	17,4	20,9	15,4
Sr [mg/kg]	255	250	250
K [%]	1,50	2,2	1,9
Rb [mg/kg]	75	75	80
Fe [%]	2,6	2,8	3,2
20 – 100 μm [%]	30	34	35
200 – 400 μm [%]	17	12	11
> 400 μm [%]	22	13	9

Tabelle 6.2: Vergleich der in der Rheinaue bei Elchesheim-Illingen (eigene Proben) und Neuburgweier (Proben von A. Segatta) sedimentierten Schwebstoffproben mit den Schwebstoffproben der LUBW von der Staustufe Iffezheim anhand ausgewählter Parameter. Die Zahlenwerte in der Spalte „Parameter" entsprechen Korngrößenbereichen. Für eine bessere Vergleichbarkeit der Parameter wurden die berechneten Mittelwerte angegeben.

Wird allerdings davon ausgegangen, dass ein Teil der bei Hochwasser transportierten Schwebstoffe mit den Wassermassen in die Aue gelangt und dort sedimentiert, ist ein Vergleich der Ergebnisse durchaus berechtigt. Anhand von Tabelle 6.2 ist die Ähnlichkeit der sedimentierten Proben mit den Proben der LUBW erkennbar. So weichen die Werte der exemplarisch ausgewählten Parameter Ca-, Sr-, K- Rb- und Fe-Gehalt sowie die Anteile der Korngrößenbereiche 20 – 100 μm, 200 – 400 μm und > 400 μm nur gering voneinander ab. Diese geringe Abweichung liegt sehr wahrscheinlich darin begründet, dass es sich um drei unterschiedliche Ereignisse handelt.

D Zusammenfassung

Die Untersuchungen an sedimentierten Schwebstoffen lässt die Annahme zu, dass sich keine großen Veränderungen sowohl durch den Transport als auch durch die Sedimentation der Schwebstoffe ergeben. Die Schwebstoffe können durchaus für die Charakterisierung der während eines Hochwasserereignisses abgelagerten Sedimente einbezogen werden. Daraus folgt, dass das für die vorliegende Arbeit gewählte Vorgehen gerechtfertigt ist.

6.1.3 Zusammensetzung der Sedimente

A Zusammensetzung des 3 m langen Kerns

Von den 240 Einzelproben des 3 m langen Sedimentkerns aus den Rheinauen bei Elchesheim-Illingen wurde die chemische und die mineralogische Zusammensetzung sowie die Korngrößenverteilung ermittelt. Diese Proben sollten zum einen Aufschluss darüber liefern, ob auch in älteren Sedimenten der positive Zusammenhang zwischen der Carbonatfraktion und dem Korngrößenbereich 20 – 100 μm wiedergefunden werden kann. Zum anderen ging es um die Klärung der Frage, ob sich die unterschiedliche Intensität vergangener Hochwasserereignisse in variierenden Gehalten dieser beiden Parameter in den Auensedimenten niederschlägt.

Granulometrische Zusammensetzung Der Anteil an feinen Korngrößen (20 – 100 μm) ist bis in 70 cm Tiefe höher (um 40 %) als unterhalb einer Tiefe von 155 cm (2 – 5 %). Die geringen Werte sind durch die Kieslage bedingt, die aus großen Teilchen zusammengesetzt ist. Über die gesamte Kernlänge weist der Gehalt deshalb Werte im Bereich von 1 – 60 % auf (Abb. 6.7).

Die Gehalte der beiden Korngrößenbereiche < 20 μm und 100 – 400 μm nehmen mit zunehmender Tiefe leicht ab (Abb. 6.7). Der Anteil des Korngrößenbereichs < 20 μm nimmt Werte zwischen 0,2 und 35 % und der Anteil des Korngrößenbereichs 100 – 400 μm Werte zwischen 5 und 80 % an. Die hohen Schwankungen der Anteile der Korngrößenbereiche unterhalb von 155 cm Tiefe sind sehr wahrscheinlich durch die Kieslage bedingt, die zu großen Teilen (bis zu 90 %) aus groben Partikeln (> 400 μm) zusammengesetzt ist.

Chemische Zusammensetzung Bis in 10 cm Tiefe ist der Gehalt an Ca relativ niedrig (10 %) und steigt im Bereich von 10 bis 50 cm Tiefe auf ein erstes Maximum von 14 – 18 % an (Abb. 6.8). Bei 50 cm Tiefe fällt der Gehalt plötzlich auf 5 % ab und steigt in einer Tiefe von 55 cm auf sein zweites Maximum von 15 % an. Zwischen 70 und 130 cm Tiefe ist der Ca-Gehalt mit Werten zwischen 4 und 6 % erneut relativ niedrig. Ein dritter, sehr starker Anstieg ist in 140 – 145 cm Tiefe zu erkennen. Darunter schwankt der Ca-Gehalt sehr stark, wobei die meisten Werte im Bereich von 1 – 5 % liegen. Der Gehalt an Sr verhält sich sehr ähnlich,

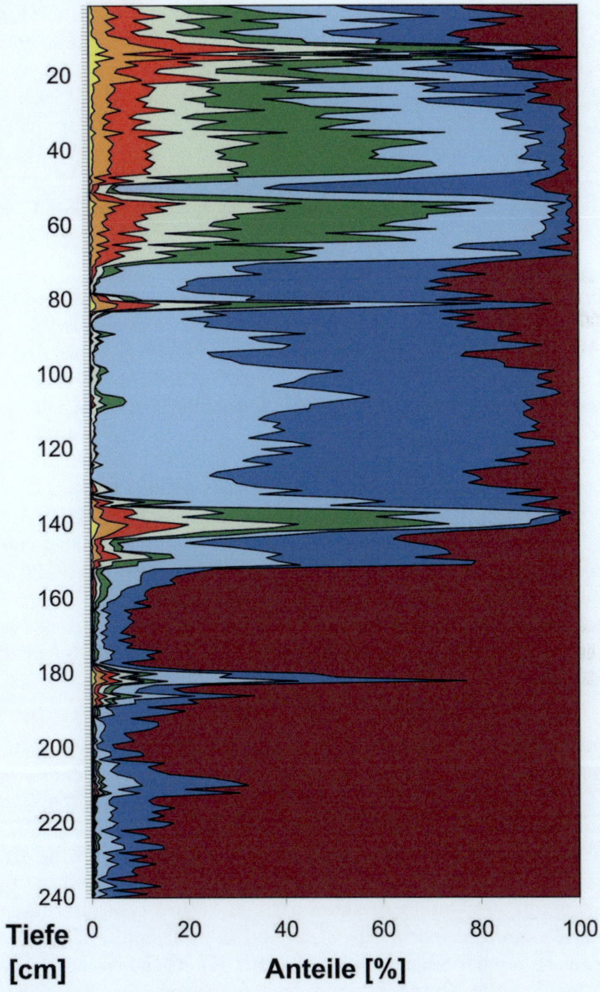

Abbildung 6.7: Verteilung der Korngrößen in Abhängigkeit von der Tiefe für die Sedimentproben des Rheins 2006 (n = 240). Gelb: Korngrößenbereich (KG) $< 5\,\mu$m, orange: KG $5-10\,\mu$m, rot: KG $10-20\,\mu$m, hellgrün: KG $20-40\,\mu$m, dunkelgrün: KG $40-100\,\mu$m, hellblau: KG $100-200\,\mu$m, dunkelblau: KG $200-400\,\mu$m, braun: KG $> 400\,\mu$m. Messstelle: Elchesheim-Illingen.

mit durchschnittlichen Werten von 240 mg/kg in den obersten 70 cm und einem stark ausgeprägten Maximum mit 298 mg/kg bei 140 cm Tiefe (Abb. 6.8). Die in den Schwebstoffproben gemessenen hohen Ca- und Sr-Gehalte können also in einzelnen Sedimentschichten wiedergefunden werden.

Im Gegensatz dazu zeigen die Rb- und Fe-Werte einen viel gleichmäßigeren Verlauf mit einer leichten Abnahme bis in 50 cm Tiefe, wobei der Gehalt an Rb von 100 auf 60 mg/kg und der Gehalt an Fe von 3 auf 1 % sinkt (Abb. 6.8). Bis in 150 cm Tiefe sind die Gehalte fast konstant mit 60 mg/kg Rb und 1 % Fe. Unterhalb einer Tiefe von 155 cm schwanken die Gehalte an Rb stark zwischen 25 und 180 mg/kg und die Fe-Gehalte zwischen 0,5 und 3 %.

Mineralogische Zusammensetzung Quarz ist über die gesamte Kernlänge das vorherrschende Mineral und ist bis in 140 cm Tiefe zu einem Drittel (35 %) an der mineralogischen Zusammensetzung der Proben beteiligt (Abb. 6.9). Unterhalb von 140 cm Tiefe steigt der Anteil an Quarz sogar auf im Mittel 60 % an und macht damit fast zwei Drittel der mineralogischen Zusammensetzung aus. Tonminerale, die außer Kaolonit in den restlichen Phasen zusammengefasst sind, kommen nur in der oberen 55 cm des Sedimentkerns in nennenswerten Mengen vor. In diesem Bereich nehmen sie von oben nach unten von 45 % auf 0 % ab.

Auch das Mineral Calcit ist, wie Ca und Sr, bis in 70 cm Tiefe stärker vertreten (Abb. 6.9). Sein Gehalt schwankt über die gesamte Kernlänge im Bereich von 3 – 30 % . Dolomit hingegen ist mit einem Gehalt von 0 – 5 % nur zu einem sehr geringen Teil an der mineralogischen Zusammensetzung der Proben beteiligt. Auch das Tonmineral Kaolinit macht nur 0 – 5 % der mineralogischen Zusammensetzung aus. Kali-Feldspäte sind in 65 – 130 cm Tiefe mit durchschnittlich 20 % sehr stark vertreten.

Datenauswertung Um die Beziehung zwischen Korngrößenbereichen und einzelnen chemischen Parametern herauszufinden wurde eine Faktorenanalyse durchgeführt. Dabei werden die gemessenen Variablen gemäß ihrer korrelativen Beziehungen in voneinander unabhängige Gruppen eingeteilt (Kapitel 5.4.2).

In die Berechnung der Faktoren gingen die chemischen und die granulometrischen Daten ein. Abbildung 6.10 zeigt in Faktor 1 hohe positive Ladungen für Elemente, die der Carbonatfraktion (Ca, Sr, Tab. 6.1) zuzurechnen sind sowie für die Korngrößenbereiche 20 – 40 μm und 40 – 100 μm. In Faktor 2 sind zum einen Elemente, die der Silikatfraktion (Ba, Rb, K) angehören, zusammengefasst und zum anderen die Korngrößenbereiche 100 – 200 μm und 200 – 400 μm. Faktor 3 repräsentiert aufgrund der in ihm enthaltenen Elemente (Zn, Cu, Fe) und Korngrößenbereiche ($< 5\,\mu$m, 5 – 10 μm, 10 – 20 μm) die Tonmineralfraktion und Faktor 4 steht mit seinen hohen Faktorladungen für Ce und La für die Schwermineralfraktion. Die Faktoren 1 und 3 erklären bereits 57,2 % der Gesamtvarianz (81,2 %).

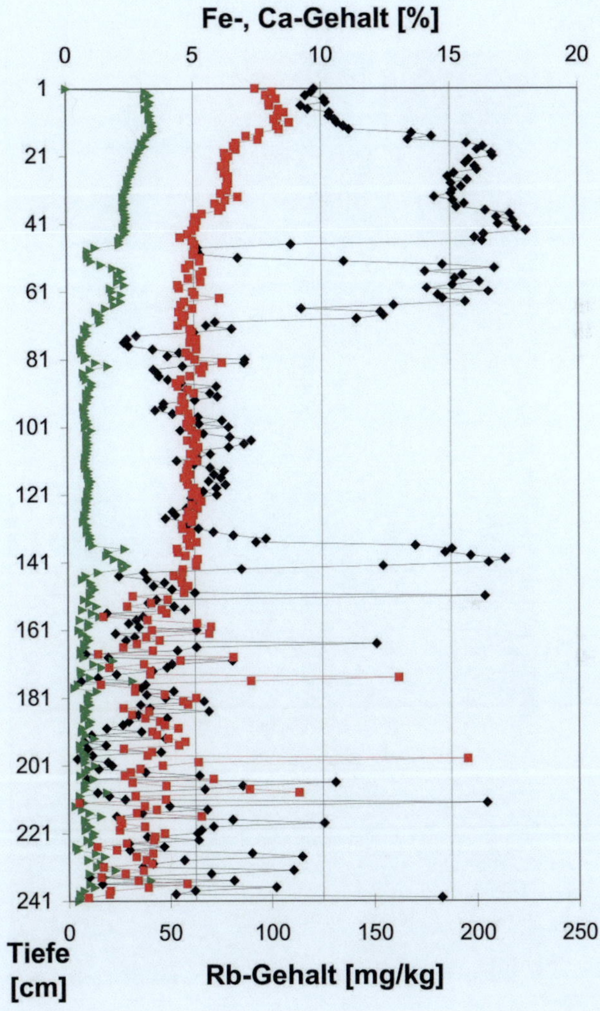

Abbildung 6.8: Verteilung der Gehalte an Ca (schwarz), Rb (rot) und Fe (grün) in Abhängigkeit von der Tiefe für die Sedimentproben des Rheins 2006 (n = 240). Messstelle: Elchesheim-Illingen.

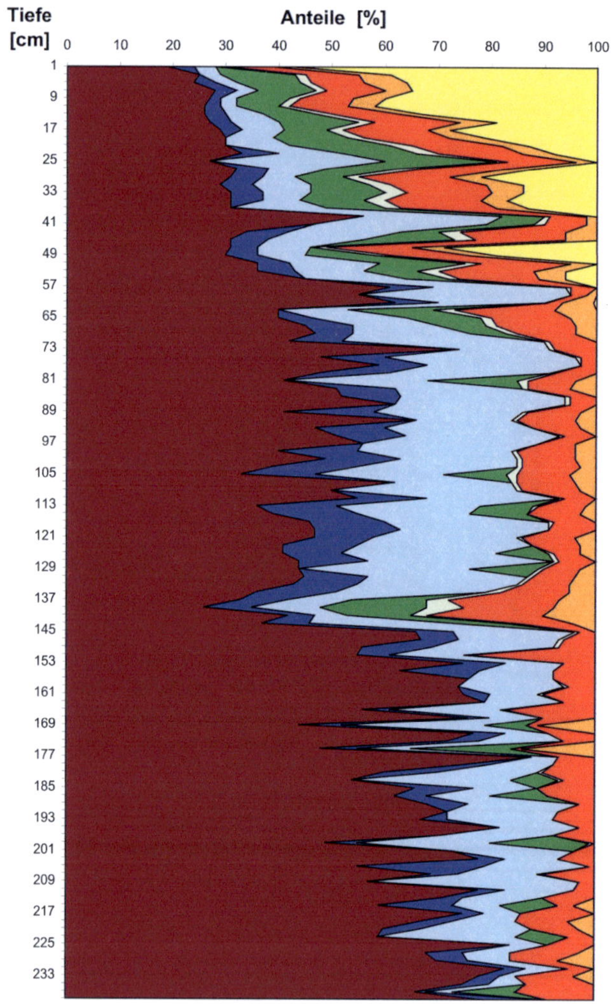

Abbildung 6.9: Verteilung der Minerale in Abhängigkeit von der Tiefe für die Sedimentproben des Rheins 2006 (n = 240). Braun: Quarz, dunkelblau: Plagioklas, hellblau: Kali-Feldspat, dunkelgrün: Glimmer, hellgrün: Dolomit, rot: Calcit, orange: Kaolinit, gelb: restliche Phasen (u. a. Tonminerale, außer Kaolinit). Messstelle: Elchesheim-Illingen.

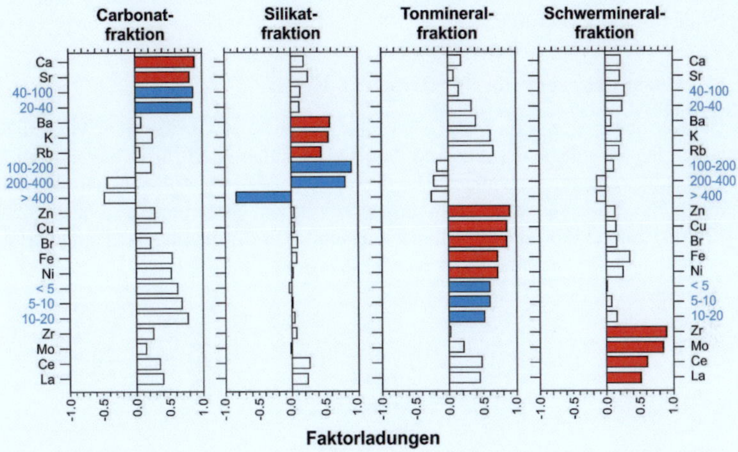

Abbildung 6.10: Faktorladungen nach Varimax-Rotation für die Sedimentanalysen des 3 m langen Rheinkerns 2006 (n = 240). Die Zahlenwerte entsprechen Korngrößenbereichen in μm. Rot: Geochemie, blau: Granulometrie.

B Zusammensetzung der 1 m langen Kerne

Sowohl der 3 m lange als auch die drei 1 m langen Sedimentkerne (A, B, C) stammen aus der Rheinaue bei Elchesheim-Illingen (Abb. 4.3 auf S. 33). Anhand der chemischen und granulometrischen Daten der 1 m langen Kerne kann ein Vergleich zu dem 3 m langen Kern durchgeführt werden. Die 1 m langen Kerne wurden gezogen, um einerseits einen eventuell vorhandenen Einfluss von Standortfaktoren (Vegetation, Wasserüberdeckung) erkennen zu können und um andererseits eine Aussage über die räumliche Übertragbarkeit eventuell vorhandener Signale machen zu können.

Die Standortverhältnisse des Kerns A und des 3 m langen Kerns sind aufgrund der Nähe der Entnahmestellen (Abb. 4.3) nahezu identisch, wodurch keine großen Unterschiede erkennbar sind. Die Proben von Kern B sind wesentlich grobkörniger als die des langen Kerns, da aufgrund fehlender Vegetation die feinen Partikel nicht zurückgehalten werden können. Ein stärker differierendes Signal zeigen die Proben von Kern C. Aufgrund der permanenten Wasserüberdeckung sind hier andere Einflussfaktoren bestimmend.

Gemeinsam haben alle Kerne eine positive Korrelation des Ca-Gehalts mit dem mittleren Korngrößenbereich (40 – 200 μm). Dieser Zusammenhang besteht also an verschiedenen Stellen und Standorten in der Aue, unabhängig von variierenden Standortfaktoren.

C Zusammensetzung der Transekt-Kerne

Die Kerne des Transekts wurden entnommen, um eine Aussage über Veränderungen in der Lithologie der Aue und damit über frühere natürliche Verlegungen des Flusslaufs machen zu können. Die drei Bohrungen des lithologischen Transekts durch die Rheinaue wurden in unterschiedlichen Entfernungen (350 m, 625 m, 1200 m) zum Hauptlauf des Rheins abgeteuft. Die Ansprache der Profile erfolgte mit Hilfe der Bodenkundlichen Kartieranleitung [FGK+94].

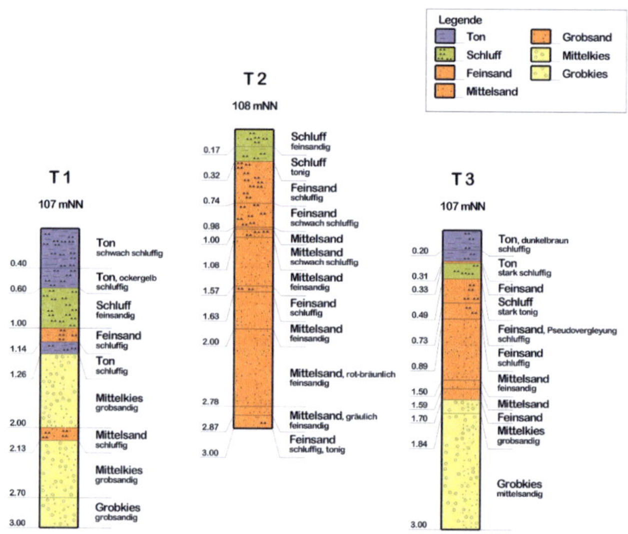

Abbildung 6.11: Profile des lithologischen Transekts durch die Rheinaue 2007. Abstände zum Hauptflusslauf: T 1 – 350 m, T 2 – 625 m, T 3 – 1 200 m. Messstelle: Elchesheim-Illingen.

Die graphische Darstellung der Kerne zeigt eine relativ heterogene Verteilung der Korngrößen im Bereich der Aue. Anhand Abbildung 6.11 ist die genaue Charakterisierung (fein, mittel, grob) der Korngrößenbereiche (Ton, Schluff, Sand, Kies) zu erkennen. Die Heterogenität der Korngrößenverteilung lässt auf häufige Flussbettverlagerungen vor den Korrekturmaßnahmen im 19. Jahrhundert schliessen. In Bezug auf die Farbe hingegen erscheinen die drei Kerne recht homogen. Sie weisen eine braune Färbung auf, die nur leicht zwischen hell- und dunkelbraun differiert.

Die Sedimente des Kerns T 1 (Abb. 6.11), der in 350 m Entfernung vom Hauptflusslauf des Rheins gezogen wurde, werden von Kiesschichten dominiert, die sich von 126 – 200 cm unter Geländeoberkante (GOK) und von 213 – 300 cm unter GOK erstrecken. Dazwischen (200 – 213 cm unter GOK) und im Bereich von 100 – 114 cm befinden sich dünne Sandlagen. Der Bereich von 0 – 100 cm Tiefe unter GOK besteht bis 40 cm unter GOK aus Ton und bis 100 cm unter GOK aus Schluff. Der Probenahmestandort des Kerns T 1 befand sich 107 m über Normal Null (NN).

Kern T 2 (Abb. 6.11) ist fast ausschließlich, von 32 – 300 cm unter GOK, aus Sandschichten (Fein- und Mittelsand) aufgebaut. Nur bis in 32 cm Tiefe unter GOK bestehen die Sedimente hauptsächlich aus Schluff. Dieser Kern wurde in einer Entfernung von 625 m vom Rheinufer entnommen. Der Standort der Probenahme lag auf einer kleinen Kuppe 108 m über NN.

Am weitesten vom Hauptflusslauf des Rheins entfernt (1 200 m) wurde Kern T 3 gezogen (Abb. 6.11). Die oberen 30 cm des Kerns bestehen aus einer Tonlage. Die Schicht von 30 – 50 cm Tiefe unter GOK ist aus Schluff aufgebaut. Im Bereich von 50 – 170 cm Tiefe unter GOK befindet sich eine Sandlage, darunter von 170 bis in 300 cm Tiefe unter GOK eine Kiesschicht. Der Standort dieses Kerns lag wie der Standort von Kern T 1 107 m über NN.

D Zusammenfassung

Aus den granulometrischen, chemischen und mineralogischen Untersuchungen an den Sedimenten aus der Rheinaue bei Elchesheim-Illingen folgt, dass auch in älteren Ablagerungen ein positiver Zusammenhang zwischen der Carbonatfraktion und dem Korngrößenbereich 20 – 100 μm festgestellt werden kann. Die starken Schwankungen der Gehalte dieser beiden Parameter könnten auf vergangene Hochwasserereignisse unterschiedlicher Intensität hindeuten. Allerdings muss davon ausgegangen werden, dass an verschiedenen Stellen in der Aue unterschiedliche Abfolgen von Hochwasserereignissen im Sediment archiviert wurden.

6.1.4 Altersbestimmung

Die Datierungen mittels Lumineszenz-Messungen wurden durchgeführt, um Angaben über die Alter einzelner Sedimentschichten eines Kerns, der in den Rheinauen bei Elchesheim-Illingen gezogen wurde, zu erhalten.

Den in Tabelle 6.3 zusammengefassten Altern liegen die OSL-Messungen der grobkörnigen Quarz-Fraktion zugrunde (Kapitel 5.3.5). Die Sedimentlagen in 55, 86 und 110 cm Tiefe unter Geländeoberkante (GOK) weisen Alter von 620 ± 60, 440 ± 40 bzw. 580 ± 60 Jahren auf. Die Probe aus 55 cm Tiefe weist ein höheres Alter auf als die darunter liegenden Proben. In diesem Fall ist eine Altersüberschätzung aufgrund unzureichender Bleichung der Probe während einer Umlagerung sehr wahrscheinlich (Kapitel 5.3.5 und 7.3).

Für die Sedimentproben aus 197, 204, 214 und 224 cm Tiefe unter GOK wurden Alter von 850 ± 90, 1 020 ± 100, 1 050 ± 105 bzw. 830 ± 80 Jahren berechnet. Die Lagerung der 830 ± 80 Jahre alten Sedimentschicht unter älteren Sedimentschichten könnte durch Umlagerung aufgrund von Bioturbation oder aufgrund von Hydroturbation (Kapitel 5.3.5) während eines extremen Hochwasserereignisses zustande gekommen sein.

Tiefe [cm]	**Alter [a] ± 10 %**
35	n. g.
55	620
86	440
110	580
122	n. g.
141	n. g.
197	850
204	1 020
214	1 050
224	830

Tabelle 6.3: Berechnete OSL-Alter der Proben des 3 m langen Rheinkerns. Die Tiefenangaben beziehen sich auf die Probenentnahme unter Geländeoberkante. „n. g.“: Probe konnte nicht gemessen werden, da nach dem letzten Präparationsschritt zu wenig Material für die Messung vorhanden war. Messstelle: Elchesheim-Illingen.

OSL-Messungen an Proben aus 35, 122 und 141 cm Tiefe sowie der feinkörnigen Quarz-Fraktion waren nicht möglich, da nach dem Ätzen, dem letzten Präparationsschritt, zu wenig Material übrig blieb. Mit den Proben der feinkörnigen Polymineral-Fraktion wurden IRSL-Messungen durchgeführt (Kapitel 5.3.5). Die Ergebnisse der Feinkornmessungen wurden allerdings nicht für die weitere Auswertung verwendet, da die berechneten Alter deutlich höher als die der grobkörnigen Quarz-Proben waren. Dies liegt sehr wahrscheinlich daran, dass die Körner koagulierten und in der Folge als Aggregate transportiert wurden. Die Körner im Inneren des Aggregats wurden aufgrunddessen nur unzureichend gebleicht und schließlich im Alter überschätzt. Die Ergebnisse der IRSL-Messungen zeigen dennoch den gleichen Trend wie die Ergebnisse der OSL-Messungen.

6.2 Donau

6.2.1 Zusammensetzung der Schwebstoffe

Die Untersuchungen an den Schwebstoffproben der Donau wurden durchgeführt, um eine genaue Kenntnis über den zeitlichen Verlauf der chemischen Zusammensetzung der transportierten Fracht an einem weiteren Fluss, neben dem Rhein, und über eine längere Laufstrecke (140 km) zu bekommen.

Die 21 Schwebstoffproben der Donau wurden hinsichtlich ihrer chemischen Zusammensetzung mittels ED-RFA untersucht. Zusätzlich sind für diese Proben zum einen noch der bei der Probenahme jeweils herrschende Abfluss und zum anderen die Schwebstoffkonzentration bekannt. Für granulometrische oder mineralogische Analysen reichten die vorhandenen Probemengen nicht aus.

Abfluss und Schwebstoffkonzentration Während des Hochwasserereignisses im August 2005 stiegen die Abflusswerte der Donau auf 425 m^3/s bei Ulm und auf 1852 m^3/s bei Neuburg an der Donau an. Bei Normalwasserstand im September 2006 wurde bei Ulm ein Abfluss von 111 m^3/s und bei Neuburg an der Donau von 258 m^3/s gemessen. Im Januar 2006 konnte bei Ulm ein Abflusswert von 70 m^3/s und bei Neuburg an der Donau von 102 m^3/s festgestellt werden. Diese Abflusswerte markieren einen Niedrigwasserstand der Donau.

Die Schwebstoffkonzentration der Donau zeigt einen deutlichen Anstieg bei erhöhten Abflusswerten, hervorgerufen durch ein Hochwasserereignis (Abb. 3.3 auf S. 15). Die Konzentration der Schwebstofffracht liegt dann bei dem vierzig- bis achtzigfachen Wert des Normalwasserabflusses. Bei dem Hochwasserereignis im August 2005 stieg die Schwebstoffkonzentration beispielsweise bei Ulm von 6,5 mg/L auf 307 mg/L, bei Günzburg von 3,8 mg/L auf 314 mg/L und bei Neuburg an der Donau von 7,4 mg/L auf 459 mg/L an.

Chemische Zusammensetzung Mit zunehmendem Abfluss steigen auch die Gehalte an Ca, K, Sr, Rb und Ba an (Tab. 6.4). Bei Niedrigwasser weisen diese Gehalte Werte von 1,3 – 2,6 % für Ca, 5 – 11 mg/kg für Sr, 0,1 – 0,2 % für K, 1 – 4 mg/kg für Rb und 5 – 30 mg/kg für Ba auf. Bei Mittelwasser steigen die Werte auf 9,3 – 12,6 % für Ca, 43 – 90 mg/kg für Sr, 1,3 – 1,7 % für K, 22 – 32 mg/kg für Rb bzw. 23 – 144 mg/kg für Ba an und erreichen bei einem Hochwasserstand Werte von 12,6 – 16,6 % für Ca, 138 – 258 mg/kg für Sr, 1,3 – 2,5 % für K, 43 – 114 mg/kg für Rb bzw. 165 – 311 mg/kg für Ba.

Auch die Anteile der Seltenen Erdmetalle (Ce, La) nehmen mit steigendem Abfluss zu (Tab. 6.4). Von 3 – 19 mg/kg für Ce und 5 – 11 mg/kg für La bei Niedrigwasser steigen die Werte auf 5 – 94 mg/kg für Ce bzw. 5 – 35 mg/kg für La bei Mittelwasser sowie auf 34 – 102 mg/kg für Ce bzw. 5 – 51 mg/kg für La bei dem Hochwasserereignis an der Donau im August 2005. Die chalkophilen Elemente (Cu, Zn) zeigen keinen zu- oder abnehmenden Trend mit dem Abfluss

Parameter (Gehalt)	Hochwasser 25.08.2005	Mittelwasser 22.09.2005	Niedrigwasser 31.01.2006
Ca [%]	12,6 – 16,6	9,3 – 12,6	1,3 – 2,6
Sr [mg/kg]	138 – 258	43 – 90	5 – 11
K [%]	1,3 – 2,5	1,3 – 1,7	0,1 – 0,2
Rb [mg/kg]	43 – 114	22 – 32	1 – 4
Ba [mg/kg]	165 – 311	23 – 144	5 – 30
Ce [mg/kg]	34 – 102	5 – 94	3 – 19
La [mg/kg]	5 – 51	5 – 35	5 – 11
Cu [mg/kg]	29 – 133	27 – 60	8 – 32
Zn [mg/kg]	78 – 240	220 – 357	46 – 266

Tabelle 6.4: Vergleich der bei unterschiedlichen Wasserständen entlang der Donau (Berg bis Neuburg an der Donau) entnommenen Schwebstoffproben anhand ausgewählter Parameter (Minimal- und Maximalwerte).

(Tab. 6.4) und sind daher von diesem unabhängig. Die Werte der Elemente Cu und Zn liegen bei einem Hochwasser (August 2005) bei 29 – 133 mg/kg für Cu bzw. 78 – 240 mg/kg für Zn und steigen bei Mittelwasser (September 2005) auf 27 – 60 mg/kg für Cu bzw. 220 – 357 mg/kg für Zn an. Bei Niedrigwasser (Januar 2006) nehmen die Werte allerdings wieder ab und fallen auf 8 – 32 mg/kg für Cu bzw. 46 – 266 mg/kg für Zn.

Datenauswertung Um die Beziehung zwischen dem Abfluss und einzelnen chemischen Parametern herauszufinden wurde eine Faktorenanalyse durchgeführt. Dabei werden die gemessenen Variablen gemäß ihrer korrelativen Beziehungen in voneinander unabhängige Gruppen eingeteilt (Kapitel 5.4.2).

Abbildung 6.12 zeigt die Faktorladungen für die Schwebstoffanalysen der Donau. Faktor 1 enthält hohe Faktorladungen für den Abfluss sowie für Elemente, die typisch für die carbonatische Fraktion (Ca, Sr) aber auch für die Tonminerale und die Silikatfraktion (K, Rb, Ba) sind. Faktor 2 weist hohe Ladungen für chalkophile Elemente (Cu, Zn) auf. In Faktor 3 sind Elemente der oxidischen Fraktion (MnO, As) zusammengefasst. Fe und As sind sowohl Faktor 1 als auch Faktor 3 zuzuordnen. Faktor 1 allein erklärt 45,1 % der Gesamtvarianz (84,2 %).

Bei dem Hochwasser an der Donau im August 2005 waren die Anteile der Carbonatfraktion aber auch die der Tonminerale und der siliziklastischen Fraktion in der partikulären Fracht deutlich erhöht. Die Faktorenanalyse der Daten zeigt, dass die Parameter Carbonatfraktion, Tonminerale und siliziklastische Frakti-

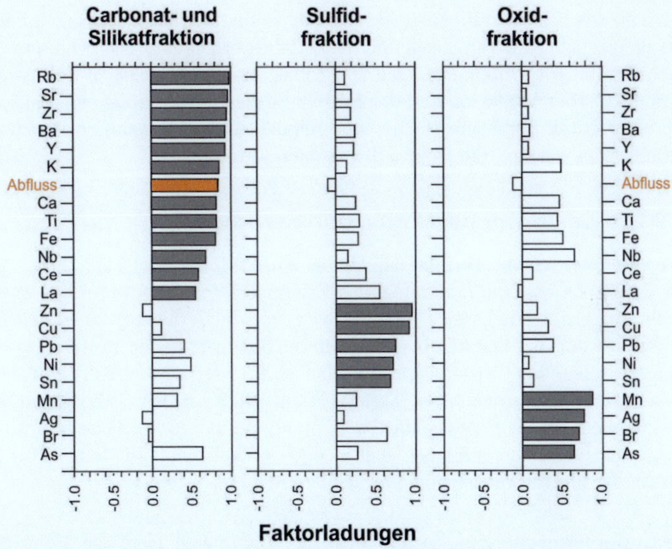

Abbildung 6.12: Faktorladungen nach Varimax-Rotation für die Schwebstoffanalysen der Donau 2005 / 2006 (n = 21). Grau: Geochemie, orange: Abfluss.

on und Abfluss positiv miteinander korrelieren. Die Sulfidfraktion und auch die Eisenoxid-Fraktion stehen in keinem Zusammenhang mit dem Abfluss.

A Schwebstoffzusammensetzung der Nebenflüsse

Die Schwebstoffe der Donau-Nebenflüsse wurden aufgrund der geringen Probenmenge nur in Bezug auf ihre chemische Zusammensetzung analysiert. Die Ergebnisse der chemischen Analysen zeigen, dass in den Schwebstoffen der rechtsseitig zufließenden Nebenflüsse Iller, Mindel und Lech der Anteil der Carbonatfraktion (Ca, Sr) bei einem Hochwasserereignis (August 2005) erhöht ist. In den Schwebstoffen der linksseitig der Donau zuströmenden Wörnitz hingegen weisen die Elemente der Sulfidfraktion (Ni, Cu, Zn, Ag) höhere Werte auf. Für alle gemessenen Elemente gilt, dass der Zustrom der Nebenflüsse eine Verringerung oder Erhöhung der Werte bewirkt, je nachdem ob die Schwebstoffe des Nebenflusses einen niedrigeren oder höheren Gehalt des jeweiligen Elements aufweisen.

B Zusammenfassung

Auch an den Schwebstoffproben der Donau ist ein deutlicher Zusammenhang zwischen einzelnen Mineralphasen und dem Abfluss erkennbar. Die Schlussfolgerung, die aufgrund von Untersuchungen an Proben des Rheins gezogen werden konnte, dass die Carbonatfraktion und der Bereich kleinerer Korngrößen im transportierten Schwebstoff bei einem Hochwasserereignis zunehmen, kann also auch auf ein anderes Flusssystem, die Donau, übertragen werden.

6.2.2 Zusammensetzung der Sedimente

Von den 262 Einzelproben des 3 m langen Auensedimentkerns der Donau wurden die chemische und die mineralogische Zusammensetzung sowie die Korngrößenverteilung ermittelt. Diese Proben sollten, wie die Sedimentproben des Rheins, Aufschluss darüber liefern, ob auch in älteren Sedimenten der positive Zusammenhang zwischen der Carbonatfraktion und einem bestimmten Korngrößenbereich wiedergefunden werden kann. Des Weiteren sollte an den Sedimentproben der Donau ebenfalls die Frage geklärt werden, ob die unterschiedliche Intensität vergangener Hochwasserereignisse sich in unterschiedlichen Gehalten dieser beiden Parameter in den Auensedimenten niederschlägt.

Granulometrische Zusammensetzung Bis in eine Tiefe von 25 cm nehmen die Anteile der Korngrößenbereiche $< 5\,\mu m$, $5-10\,\mu m$, $10-20\,\mu m$, $20-40\,\mu m$ und $40-100\,\mu m$ leicht ab, um bis in eine Tiefe von 110 cm wieder leicht zuzunehmen. Unterhalb einer Tiefe von 110 cm bleiben die Werte mit leichten Schwankungen konstant (Abb. 6.13). Die Werte der einzelnen Korngrößenbereiche schwanken über die gesamte Kernlänge zwischen 0,5 und 2 % für den Bereich $< 5\,\mu m$, zwischen 2 und 6 % für den Bereich $5-10\,\mu m$, zwischen 5 und 11 % für den Bereich $10-20\,\mu m$, zwischen 9 und 16 % für den Bereich $20-40\,\mu m$ sowie zwischen 12 und 31 % für den Bereich $40-100\,\mu m$.

Der Gehalt des Korngrößenbereichs $> 400\,\mu m$ zeigt keinen von der Tiefe abhängigen ausgeprägten Trend der Zu- oder Abnahme. In den obersten 40 cm des Kerns ist eine deutliche Abnahme von 20 auf 5 % erkennbar (Abb. 6.13). Über die restliche Kernlänge schwankt der Anteil des Korngrößenbereichs $> 400\,\mu m$ und nimmt Werte zwischen 3 und 10 % an. Damit ergeben sich mittlere Anteile von 40 – 60 % für den Bereich kleiner Korngrößen ($< 100\mu m$), 40 – 50 % für die mittlere Korngrößenfraktion ($100-400\,\mu m$) und 5 – 10 % für den Bereich grober Korngrößen ($> 400\,\mu m$).

Chemische Zusammensetzung Bis in 70 cm Tiefe steigt der Ca-Gehalt von 16 auf 23 % an (Abb. 6.14). Über die restliche Länge des Kerns schwankt der Gehalt im Bereich von 20 bis 26 % mit Minima um 20 – 21 % in 80, 180 und 235 cm Tiefe. Maxima mit rund 25 – 27 % Ca sind in 120, 155, von 185 – 215 cm und in

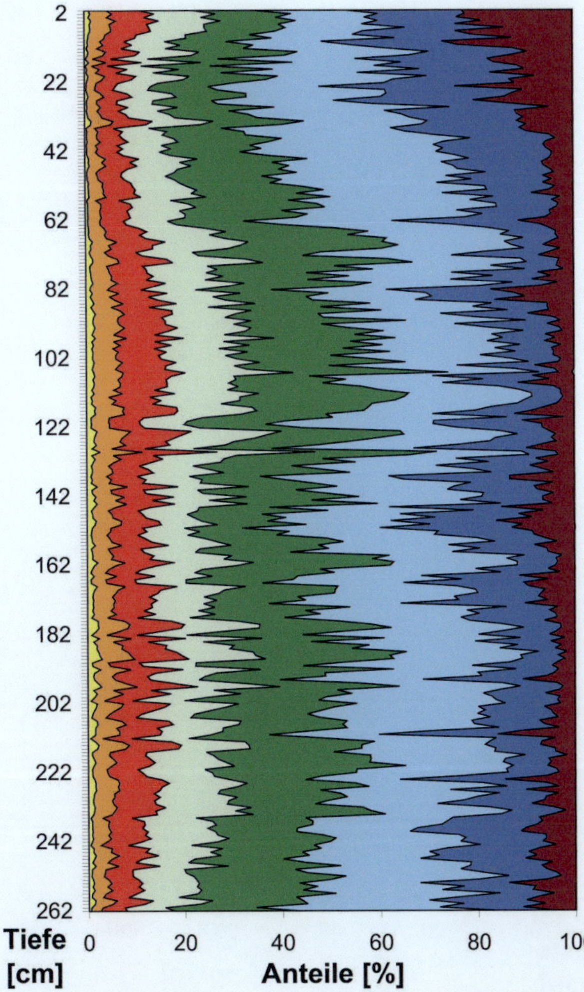

Abbildung 6.13: Verteilung der Korngrößen in Abhängigkeit von der Tiefe für die Sedimentproben der Donau 2006 (n = 262). Gelb: Korngrößenbereich (KG) < 5 μm, orange: KG 5 – 10 μm, rot: KG 10 – 20 μm, hellgrün: KG 20 – 40 μm, dunkelgrün: KG 40 – 100 μm, hellblau: KG 100 – 200 μm, dunkelblau: KG 200 – 400 μm, braun: KG > 400 μm. Messstelle: Pfatter.

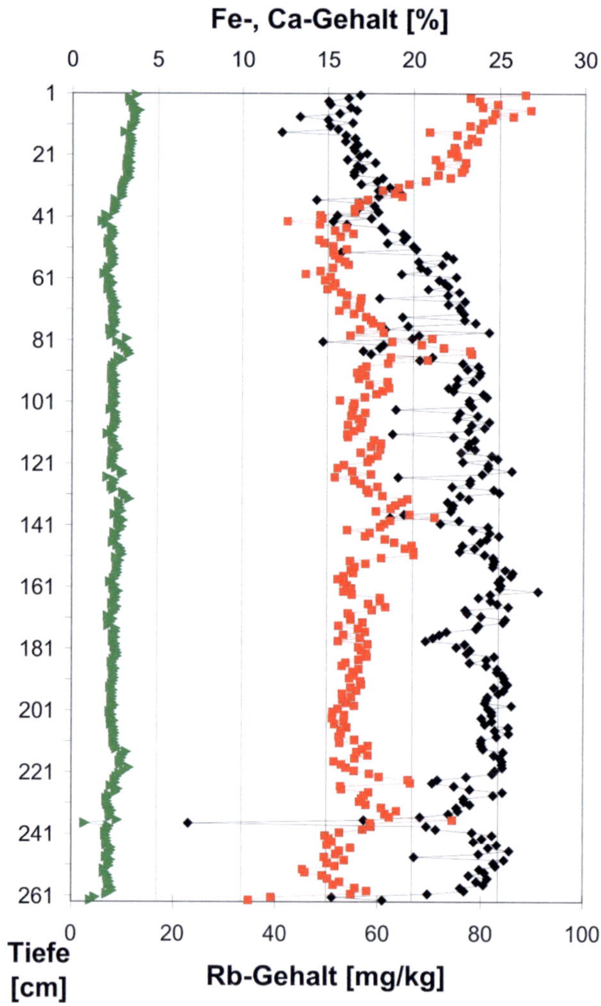

Abbildung 6.14: Verteilung der Gehalte an Ca (schwarz), Rb (rot) und Fe (grün) in Abhängigkeit von der Tiefe für die Sedimentproben der Donau 2006 (n = 262). Messstelle: Pfatter.

245 cm Tiefe zu erkennen. Der Gehalt an Rb zeigt eine deutliche Gegenläufigkeit zu den Werten des Ca-Gehalts (Abb. 6.14). Bis in 50 cm Tiefe nimmt der Rb-Gehalt von anfänglich 85 auf 50 mg/kg ab. Über die restliche Länge des Kerns zeigt der Rb-Gehalt Maxima von 60 – 65 mg/kg in 80, 140 und 235 cm Tiefe. Minima des Rb-Gehalts sind mit Werten um 50 mg/kg in 50, 120, 155 und 245 cm Tiefe festzustellen.

Die Gehalte an K als weiterem Element, neben Rb, der Tonminerale und der siliziklastischen Fraktion zeigen keinen von der Tiefe abhängigen eindeutigen Trend. Über die gesamte Kernlänge schwankt der K-Gehalt zwischen 0,9 und 1,6 %. Der Gehalt an Sr nimmt mit der Tiefe, wie der Ca-Gehalt, leicht zu und steigt von durchschnittlich 170 mg/kg im oberen Bereich auf 260 mg/kg im unteren Bereich des Kerns an. Die Elemente As und Zn hingegen nehmen mit zunehmender Tiefe leicht ab. Von 15 mg/kg für As und 260 mg/kg für Zn im oberen Bereich des Kerns sinken die Werte ab auf 5 mg/kg für As und 50 mg/kg für Zn. Die Gehalte an Fe zeigen bis in 45 cm Tiefe eine Abnahme von 4 auf 2 % und sind über die restliche Kernlänge mit 1,5 bis 3 % vertreten (Abb. 6.14).

Mineralogische Zusammensetzung Über die Länge des Kerns sind die Minerale relativ homogen verteilt und zeigen keinen von der Tiefe abhängigen eindeutigen Trend (Abb. 6.15). Die Gehalte an Quarz und Glimmer schwanken im Bereich von 20 – 25 % und die Gehalte an Plagioklas und Kali-Feldspat im Bereich von 0 – 5 %. Der Wert für den Dolomit-Gehalt bewegt sich im Bereich von 10 – 20 %, der des Calcit-Gehalts im Bereich von 10 – 15 % und der des Kaolinit-Gehalts im Bereich von 5 – 7 % (Abb. 6.15). Weitere Tonminerale außer Kaolinit wurden nicht quantifiziert.

Datenauswertung Um eine Beziehung zwischen bestimmten Korngrößenbereichen und einzelnen chemischen Parametern für die Sedimentproben der Donau herauszufinden wurde eine Faktorenanalyse durchgeführt. Bei diesem statistischen Verfahren werden die gemessenen Variablen in voneinander unabhängige Gruppen eingeteilt. Diese Einteilung erfolgt gemäß ihrer korrelativen Beziehungen (Kapitel 5.4.2).

Faktor 1 (Abb. 6.16) enthält hohe Faktorladungen für Elemente (K, Fe), die hauptsächlich in Glimmern wie Biotit und Muskovit oder in deren Alterationsprodukten, z. B. Illit, vorkommen. Ebenso können aber auch noch nicht alterierte Feldspat-Minerale zu den hohen Ladungen von Rb, Ba und dem Korngrößenbereich $> 400\,\mu m$ beitragen. Die negative Korrelation der feinen ($< 5\,\mu m$, $5 - 10\,\mu m$, $10 - 20\,\mu m$, $20 - 40\,\mu m$, $40 - 100\,\mu m$) mit den groben ($200 - 400\,\mu m$) Korngrößen spiegelt sich in Faktor 2 wider. Dieser Faktor zeigt keinen Zusammenhang mit irgendeinem chemischen oder mineralogischen Parameter.

In Faktor 3 sind Elemente der Carbonatfraktion (Ca, Sr) zusammengefasst, die hauptsächlich in Calcit und Dolomit enthalten sind. Auch die kleinen Korn-

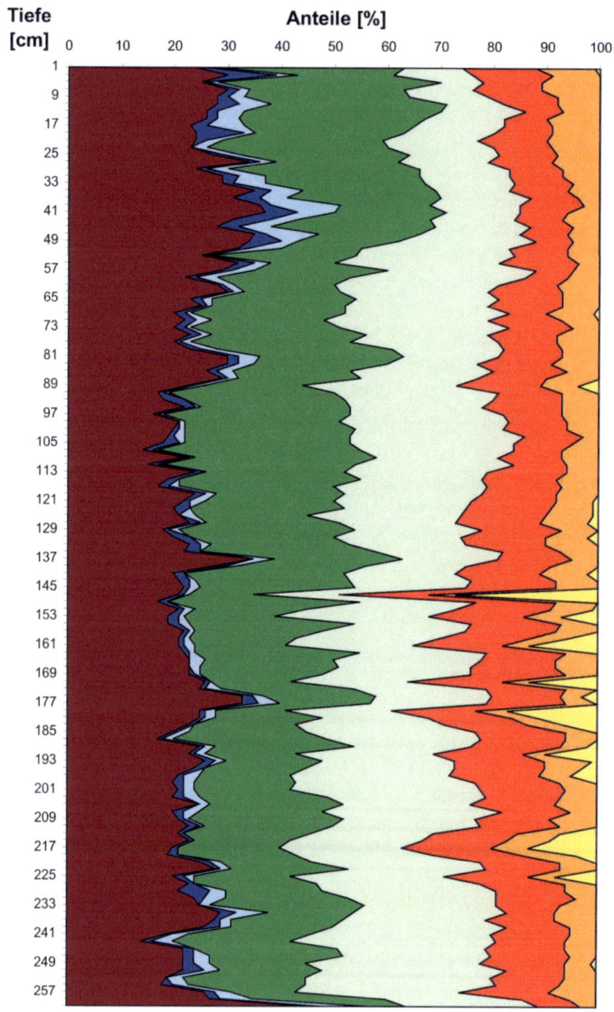

Abbildung 6.15: Verteilung der Minerale in Abhängigkeit von der Tiefe für die Sedimentproben der Donau 2006 (n = 262). Braun: Quarz, dunkelblau: Plagioklas, hellblau: Kali-Feldspat, dunkelgrün: Glimmer, hellgrün: Dolomit, rot: Calcit, orange: Kaolinit, gelb: restliche Phasen (u. a. Tonminerale, außer Kaolinit). Messstelle: Pfatter.

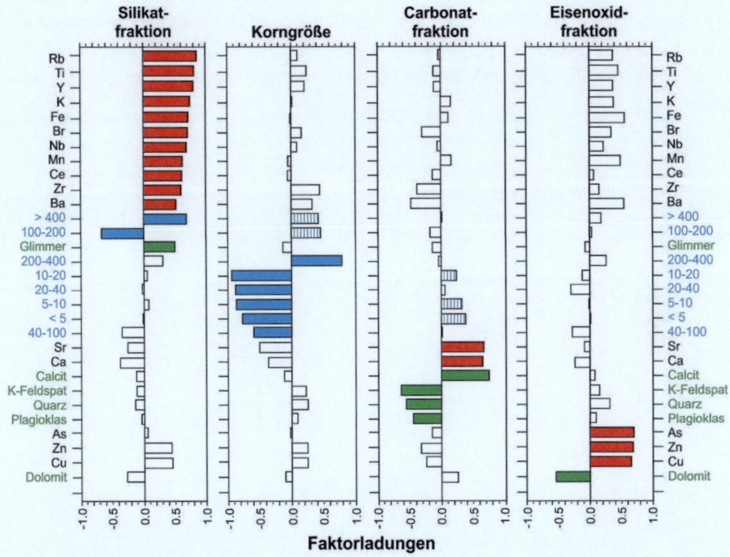

Abbildung 6.16: Faktorladungen nach Varimax-Rotation für die Sedimentanalysen der Donau 2006 (n = 262). Die Zahlenwerte entsprechen Korngrößenbereichen in μm. Rot: Geochemie, blau: Granulometrie, grün: Mineralogie.

größen zeigen eine geringe Korrelation mit Faktorladungen im Bereich von 0,2 bis 0,4. Faktor 4 weist hohe Faktorladungen für Elemente auf, die der Sulfid- oder der Eisenoxidfraktion zugerechnet werden können. Durch die vier extrahierten Faktoren werden 59,4 % der Gesamtvarianz erklärt, wovon Faktor 1 bereits mehr als ein Drittel ausmacht (21,2 %).

Fe sowie die Korngrößenbereiche 100 – 200 μm und > 400 μm können sowohl Faktor 1 als auch Faktor 4 (Fe) bzw. Faktor 2 (100 – 200 μm, > 400 μm) zugeordnet werden. Auch die Korngrößenbereiche < 5 μm, 5 – 10 μm und 10 – 20 μm können 2 Faktoren zugewiesen werden, nämlich Faktor 2 und Faktor 3.

Zusammenfassung

Aus den granulometrischen, chemischen und mineralogischen Untersuchungen an den Sedimenten aus der Donauaue folgt, wie aus den Untersuchungen an den Sedimenten aus der Rheinaue, dass auch in älteren Ablagerungen ein positiver

Zusammenhang zwischen der Carbonatfraktion und dem Bereich kleiner Korngrößen besteht. Die Schwankungen der Gehalte dieser beiden Parameter sind in den Donausedimenten weniger stark ausgeprägt als in den Rheinsedimenten, aber auch hier sind Maxima erkennbar, die auf extreme Hochwasserereignisse hindeuten.

Kapitel 7

Interpretation und Diskussion

7.1 Rezentes Hochwassersignal

Die im vorangehenden Kapitel 6 dargestellten Ergebnisse bestätigen den grundlegenden Ansatz, dass mit einer Änderung des Abflusswertes eine Änderung der Zusammensetzung der transportierten Teilchen einhergeht. Die verfrachteten Partikel sind bei höheren Abflussraten eines Hochwasserereignisses mengenmäßig mehr und weisen auch eine andere Korngrößenverteilung und chemische Zusammensetzung auf als Partikel, die bei normalem Wasserstand verfrachtet werden (Kapitel 6.1.1 und 6.2.1).

Des Weiteren zeigen die Ergebnisse, dass die chemische und granulometrische Zusammensetzung der während eines Hochwasserereignisses in der Aue sedimentierten Schwebstoffpartikel der chemischen und granulometrischen Zusammensetzung der zuvor in der Hochwasserwelle transportierten Schwebstoffteilchen entspricht (Kapitel 6.1.2).

7.1.1 Rhein

Rezentes Hochwassersignal in Schwebstoffen

Für die Ermittlung des Signals eines rezenten Hochwasserereignisses am Rhein, wurden Untersuchungen an Schwebstoffproben des Hochwassers im Februar 1999 hinsichtlich des zeitlichen Verlaufs der chemischen und granulometrischen Zusammensetzung durchgeführt. Während dieses Hochwasserereignisses stieg der Abfluss am Pegel Maxau um mehr als das Dreifache an. Die Schwebstoffkonzentration erhöhte sich auf das Sechsfache des Normalwerts.

Die Ergebnisse der chemischen und granulometrischen Analysen der Schwebstoffproben zeigen, dass die Gehalte an Ca (Abb. 7.1) und Sr sowie der Anteil des Korngrößenbereichs $20-100\,\mu$m bei steigenden Abflusswerten des Rheins ebenfalls zunehmen (Kapitel 6.1.1). Der Anteil der Carbonatfraktion und der Anteil des Korngrößenbereichs $20-100\,\mu$m sind demnach mit dem Abfluss positiv korreliert. Bei einem Hochwasserereignis sind die Vetreter der Carbonatfraktion (Ca, Sr) im transportierten Schwebstoffmaterial in größeren Anteilen vorhanden, das nun zu 35 % aus Partikeln besteht, die eine Korngröße im Bereich von 20 – 100 μm aufweisen.

Die Ergebnisse der Schwebstoffanalysen zeigen auch, dass bei erhöhten Abflusswerten die Gehalte an Rb (Abb. 7.2) und K sowie der Gehalt des Korngrößenbereichs > 200 μm in geringeren Anteilen vorhanden sind als bei niedrigen Abflusswerten (Kapitel 6.1.1). Demnach repräsentieren Rb und K die siliziklastische Fraktion, da beide Elemente mit einer gröberen Korngrößenfraktion positiv korreliert sind. Sowohl der Anteil der siliziklastischen Fraktion als auch der des Korngößenbereichs > 200 μm sind allerdings mit dem Abfluss invers korreliert. Die Vertreter der siliziklastischen Fraktion (Rb, K) sind bei einem Hochwasserereignis in geringerem Umfang im verfrachteten Schwebstoff vorhanden, der bei erhöhten Abflusswerten auch nur noch zu 10 % aus Teilchen besteht, die größer als 200 μm sind.

Es besteht also ein positiver Zusammenhang zwischen dem Abfluss des Rheins, dem Anteil der Carbonatfraktion und dem Anteil des Korngrößenbereichs 20 – 100 μm. Die hohen Gehalte an Ca, Sr und des Korngrößenbereichs 20 – 100 μm auf der einen Seite und die niedrigen Gehalte an Rb und K auf der anderen Seite können als rezentes Hochwassersignal des Rheins in Schwebstoffen interpretiert werden.

Hysterese Mit Hilfe der Hysteresekurve der Schwebstoffkonzentration wird deutlich, dass die Menge und auch die Zusammensetzung der bei einem Hochwasserereignis transportierten Schwebstoffe systematischen Änderungen unterliegen. Im Fall des Hochwassers im Februar 1999 am Rhein ist ein Wechsel von einem Kurvenverlauf im Uhrzeigersinn zu einem Verlauf gegen den Uhrzeigersinn zu erkennen (Abb.6.2 auf S. 63). Dieser Wechsel ist sehr wahrscheinlich dadurch zu erklären, dass zunächst noch leicht erodierbares Material auf der Auenfläche zur Verfügung stand. Im Verlauf des Hochwassers kam es dann aufgrund der abnehmenden Verfügbarkeit von erodierbarem Material zu einer Schwebstoffverarmung weswegen der Gehalt an Schwebstoff rasch abnahm [SB05].

Der Ablauf der Hysteresekurve lässt prinzipiell Vermutungen über das Entstehungsgebiet des Hochwassers zu. Es besteht eine große Variabilität zwischen einzelnen Hochwasserereignissen, d. h. abhängig von der Herkunft des Ereignisses kann die Kurve unterschiedlich aussehen [AM98, Ass99, PGN07]. Je nachdem ob die Wassermassen aus einem nah gelegenen oder weiter entfernten Gebiet stammen verläuft die Kurve im oder gegen den Uhrzeigersinn. Treten am Anfang der Hochwasserwelle hohe Konzentrationen des Schwebstoffgehalts auf, so verläuft die Kurve im Uhrzeigersinn. Das Hochwasser kommt in diesem Fall aus einem nahe gelegenen Gebiet. Bei einem Verlauf der Hysteresekurve gegen den Uhrzeigersinn und einem geringen Schwebstoffgehalt zu Beginn des Ereignisses hat das

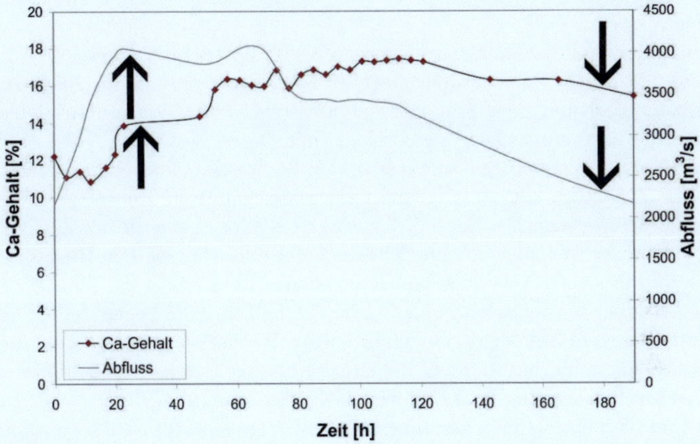

Abbildung 7.1: Verlauf des Ca-Gehalts in Abhängigkeit vom Abfluss während einer Hochwasserwelle (Februar 1999, Proben der LUBW) am Oberrhein (n = 29). Messstelle: Staustufe Iffezheim.

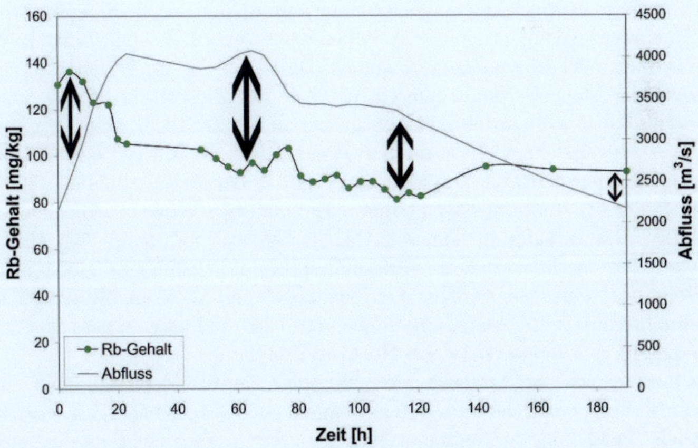

Abbildung 7.2: Verlauf des Rb-Gehalts in Abhängigkeit vom Abfluss während einer Hochwasserwelle (Februar 1999, Proben der LUBW) am Oberrhein (n = 29). Messstelle: Staustufe Iffezheim.

Hochwasser seinen Ursprung in einer vom Standort der Messung weiter entfernten Gegend.

Für das Rheinhochwasser im Februar 1999, das der Hysteresekurve in Abbildung 6.2 (auf S. 63) zugrunde liegt, bedeutet das, dass es in einem von der Staustufe Iffezheim, dem Standort der Messung, weiter entfernten Gebiet enstand. Dies wird anhand der meteorologischen Daten bestätigt [Fel99]. Ende Februar 1999 fielen ergiebige Niederschläge im Südwesten Deutschlands und in der Schweiz. Zusätzlich kam es aufgrund milder Meeresluft zu Tauwetter und in der Folge zu Schneeschmelze. Sowohl die starken Niederschläge in der Zeit vom 18. bis 21. Februar 1999 als auch die Schneeschmelze führten zu dem Hochwasser im Rhein und in seinen Nebenflüssen Ende Februar 1999.

Ist an einer Hysteresekurve kein klarer Verlauf im oder gegen den Uhrzeigersinn oder aber ein einmaliger oder mehrmaliger Wechsel von der einen zur anderen Richtung erkennbar bestand das Hochwasser aus mehreren einzelnen Wellen, die sehr wahrscheinlich aus verschiedenen Gebieten stammten. Ein solcher Verlauf kann eventuell ein Hinweis auf ein extremes Ereignis sein, das aus einem großen Herkunftsgebiet kam.

Rezentes Hochwassersignal in sedimentierten Schwebstoffen

Um Menge und Mächtigkeit der bei einem Hochwasserereignis abgelagerten Sedimente zu ermitteln, wurden während der beiden Hochwasserereignisse am Oberrhein im Jahr 2006 (März und September) mit Hilfe von Sedimentmatten frische Hochwassersedimente in den Auenbereichen von Elchesheim-Illingen (März) und Neuburgweier (September) gewonnen. Dabei wurden im Verlauf der Wasserüberdeckung Mengen von 10 g/m^2 in der Aue bei Elchesheim-Illingen und von durchschnittlich 232 g/m^2 bei Neuburgweier abgelagert. Der große Unterschied kommt sehr wahrscheinlich dadurch zustande, dass die Matten bei Elchesheim-Illingen für einen längeren Zeitraum (28 Tage) in der Aue verblieben als die Sedimentfallen bei Neuburgweier (4 Tage). Eine längere Wasserüberdeckung führt also nicht zwangsläufig zu höheren Ablagerungsraten. Es kann vielmehr durch Resuspension zu einer erneuten Aufschlämmung der Sedimente kommen, die in der Folge fort getragen werden. Aus den abgelagerten Sedimentmengen lassen sich durchschnittliche Ablagerungshöhen von 0,2 mm ableiten. Diese Mächtigkeit an Sediment repräsentiert also ein Hochwasserereignis.

In der Rheinaue bei Neuburgweier wurden an vier Standorten in unterschiedlicher Entfernung zum Rhein Proben gewonnen, sodass auch eine Aussage über die räumliche Verteilung der Sedimentmengen in der Aue gemacht werden kann. In 1,7 m Entfernung zum Rhein wurden 16,5 g/(m^2*d), in 3,6 m Entfernung 9 g/(m^2*d) frisches Sediment während des Hochwassers Ende September 2006 abgelagert (Abb. 7.3). In größerer Entfernung zum Rhein wurden die 6 – 11-fachen Mengen an frischem Sediment abgelagert. 125 m vom Rhein entfernt betrug die täglich abgelagerte Sedimentmenge 104 g/m^2 und in 175 m Entfernung 102 g/m^2. Dies

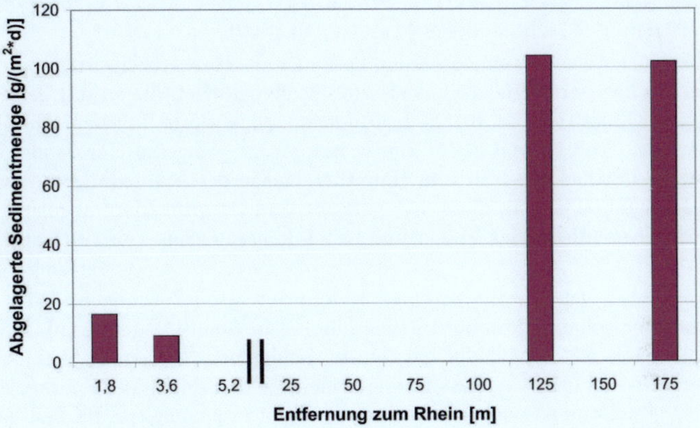

Abbildung 7.3: Durchschnittlich abgelagerte Sedimentmenge pro Quadratmeter und Tag in Abhängigkeit von der Entfernung zum Rhein (September 2006, Proben von A. Segatta). Messstelle: Neuburgweier.

hängt damit zusammen, dass in Flussnähe die Fließgeschwindigkeit noch so hoch ist, dass relativ große Mengen an Material als Schwebstoff transportiert werden können. Erst in größerer Entfernung zum Fluss sinkt die Fließgeschwindigkeit so weit ab, dass die Schwebstoffe sedimentieren können. Die Sedimentationsraten der einzelnen Standorte betrugen 0,07 kg/m^2 (1,7 m), 0,04 kg/m^2 (3,6 m), 0,42 kg/m^2 (125 m) und 0,41 kg/m^2 (175 m). Als Schlussfolgerung ergibt sich daraus, dass die Beprobung der Auensedimente in möglichst großer Entfernung von alten Flussläufen erfolgen sollte, um sicher zu gehen, dass die bei einem Hochwasserereignis abgelagerten Sedimentschichten eine möglichst große Mächtigkeit (0,4 mm für ein normales Hochwasserereignis am Rhein) aufweisen.

Die Ergebnisse der chemischen und granulometrischen Analysen zeigen, dass die während der Hochwasserereignisse 2006 (März und September) in den Rheinauen sedimentierten Schwebstoffe durchaus mit den im Rhein transportierten Schwebstoffen des Februar-Hochwassers 1999 vergleichbar sind (Kapitel 6.1.2). So weisen die Schwebstoffproben der LUBW von der Staustufe Iffezheim einen Wert von 15,4 % für den Ca-Gehalt, 250 mg/kg für den Sr-Gehalt, 1,9 % für den K-Gehalt, 78 mg/kg für den Rb-Gehalt und 35 % für den Korngrößenbereich (KG) 20 – 100 μm auf. Ähnlich verteilt sind die Gehalte dieser Parameter im Fall der sedimentierten Schwebstoffe aus der Rheinaue bei Elchesheim-Illingen (Ca: 17,4 %, Sr: 225 mg/kg, K: 1,5 %, Rb: 78 mg/kg, KG 20 – 100 μm: 28 %) zum einen und der bei Neuburgweier (Ca: 21 %, Sr: 250 mg/kg, K: 2,2 %, Rb: 76 mg/kg, KG 20 – 100 μm: 34 %) zum anderen (Tab. 6.2 auf S. 69).

Die chemische Zusammensetzung und auch die Korngrößenverteilung der bei einem Hochwasserereignis sedimentierten Schwebstoffe variieren mit der Entfernung zum Fluss (Kapitel 6.1.2). In Flussnähe abgelagerte Teilchen sind wesentlich gröber (Abb. 6.6 auf S. 67) und weisen einen geringeren Gehalt an Ca und Sr auf als Partikel, die fern vom Hauptflusslauf in der Aue sedimentiert werden [Bri03, Seg07]. Teilchen, die weiter entfernt vom Hauptflusslauf abgelagert werden, sind wesentlich feinkörniger und haben höhere Gehalte an Fe (Abb. 6.5 auf S. 67).

Es ergeben sich allerdings geringe Änderungen in der Zusammensetzung durch die unterschiedlichen Standorte (Iffezheim, Elchesheim-Illingen, Neuburgweier). Beispielsweise ist anhand der Ergebnisse der Untersuchungen an den sedimentierten Schwebstoffen des Rheins eine eindeutige Zuordnung des Spurenelements Rb zur grobkörnigen oder feinkörnigen Fraktion nicht möglich. Im Fall der groben Fraktion können hohe Rb-Gehalte durch die Anwesenheit von K-Feldspäten erklärt werden, im Fall der feinen Fraktion durch die daraus entstehenden Alterationsprodukte wie z. B. Tonminerale und andere Schichtsilikate. Jedoch sind noch weitere Untersuchungen notwendig, um eine Aussage über die Homogenität des Signals in der Aue machen zu können.

Mit Hilfe der Untersuchungen an sedimentierten Schwebstoffproben konnte gezeigt werden, dass sich die chemische und granulometrische Zusammensetzung der Schwebstoffe durch die Sedimentation im Auenbereich nicht signifikant ändert. Es kann also davon ausgegangen werden, dass die während eines Hochwasserereignisses transportierten Schwebstoffe potentielle Auensedimente sind. Diese Untersuchungen liefern den Beweis, dass zwischen einem Hochwasserereignis und dem chemischen und granulomterischen Signal im Sediment ein eindeutiger Zusammenhang besteht. Anhand der Auensedimente können also Rückschlüsse auf das Hochwasserereignis in Bezug auf Herkunft, Intensität und Ausmaß gezogen werden. Allerdings können höhere Ca-Gehalte im Sediment auch bedeuten, dass der Probenahmestandort zu dem Zeitpunkt weiter entfernt vom damaligen Flusslauf lag (Kapitel 6.1.2). Es sind folglich noch weitere Untersuchungen zu der räumlichen Variabilität des Signals notwendig.

7.1.2 Donau

Rezentes Hochwassersignal in Schwebstoffen

Die Untersuchungen an den Schwebstoffproben der Donau dienten zum einen dazu Einblick in die chemische Zusammensetzung der transportierten Fracht eines weiteren Flusses, neben dem Rhein, und Einblick in die chemische Zusammensetzung der Schwebstoffe über eine längere (140 km) Laufstrecke zu bekommen.

Zum anderen sollte die Übertragbarkeit der Herangehensweise und eine mögliche allgemeingültigere Formulierung der Ergebnisse überprüft werden.

Während des Hochwassers an der Donau im August 2005 stieg der Abfluss bis auf 1300 m^3/s am Pegel Schweizer Hof, den 12-fachen Wert des Normalwasserstands (110 m^3/s, September 2006). Dieser Faktor ist der Höchste entlang der 140 km langen Strecke Berg – Ulm – Günzburg – Donaumünster – Schweizer Hof – Marxheim – Neuburg an der Donau. In Bezug auf den Schwebstoffgehalt lag die größte Differenz zwischen dem Wert bei Normalwasser und dem Wert während des Hochwassers im August 2005 am Pegel Günzburg vor. Nach dem Hochwasserereignis im August 2005 fiel der Wert des Schwebstoffgehalts von 314 mg/L auf 3,8 mg/L bei Normalwasserstand (September 2005) ab.

Die Ergebnisse der chemischen und granulometrischen Schwebstoffanalysen zeigen an allen sieben Standorten (Berg, Ulm, Günzburg, Donaumünster, Schweizer Hof, Marxheim, Neuburg an der Donau) einen Anstieg der Carbonatfraktion bei dem Hochwasser im August 2005 verglichen mit den Mittelwasser- (September 2005) und den Niedrigwasserproben (Januar 2006) (Kapitel 6.2.1). Des Weiteren ist aber auch ein leichter Anstieg des Anteils der Tonminerale und des Anteils der siliziklastischen Fraktion bei gestiegenen Abflusswerten festzustellen, der in diesem Fall, im Gegensatz zum Rhein, aus feinkörnigen Tonmineralen besteht.

Mit Hilfe der Faktorenanalyse konnte für die Donau ein Zusammenhang zwischen der Tonfraktion, der Carbonatfraktion und der Abflussmenge festgestellt werden (Abb. 6.12 auf S. 81). So stellt Faktor 1 den „Hochwasser-Faktor“ für die Donau dar, da in diesem Faktor die Vertreter der Ton- und der Carbonatfraktion sowie die Abflussmenge hohe Faktorladungen aufweisen. Bei gestiegenen Abflusswerten, also bei einem Hochwasserereignis, sind die Gehalte an Ca und Sr (Carbonatfraktion) und die Gehalte an K und Rb, in diesem Fall Vertreter der Tonfraktion oder auch der Silikate, deutlich erhöht.

Die Faktoren 2 und 3 repräsentieren ein von der Wasserführung unabhängiges Grundsignal, das aus chalkophilen (Faktor 2) und lithophilen (Faktor 3) Elementen besteht. Beide Faktoren zeigen keinerlei Korrelation mit dem Abfluss, weswegen angenommen werden kann, dass sich die in diesen Faktoren enthaltenen Elemente vom Abfluss unabhängig verhalten. Demnach können die Auensedimentlagen mit einem hohen Gehalt an Ca und Sr sowie einem großen Anteil des Korngrößenbereichs $< 20\,\mu m$ prinzipiell mit vergangenen Extremereignissen in Verbindung gebracht werden.

Auch im Fall der Donau besteht ein positiver Zusammenhang zwischen dem Abfluss und dem Anteil der Carbonatfraktion. Der Korngrößenbereich, der positiv mit diesem beiden Parametern korreliert ist, ist für die Donau der Bereich $< 20\,\mu m$. Die hohen Gehalte an Ca und Sr können demnach auch für die Obere Donau als rezentes, geochemisches Hochwassersignal interpretiert werden. Statt der Fraktion $20 - 100\,\mu m$ (Rhein) ist im Hochwassersignal der Donau der Korngrößenbereich $< 20\,\mu m$ enthalten sowie zusätzlich die Tonfraktion.

7.1.3 Einflussfaktoren

Höhe und Intensität eines Hochwasserereignisses sind von entscheidender Bedeutung für die granulometrische und geochemische Zusammensetzung der transportierten und anschließend in der Aue abgelagerten Schwebstoffe. Darüber hinaus wird das geochemische Hochwassersignal jedoch auch von einer Reihe anderer Faktoren beeinflusst. Diese erschweren die Interpretation und die eindeutige Zuordnung der im Auensediment enthaltenen chemischen und granulometrischen Signale zu einzelnen Hochwasserereignissen.

Geologische / lithologische Beschaffenheit des Liefergebiets

Die chemische Zusammensetzung der transportierten Partikel ist vom lithologischen und geologischen Aufbau des Entstehungsgebiets des jeweiligen Hochwassers abhängig. So stammen beispielsweise die Elemente Ca und Mg vorwiegend aus Calcit und Dolomit, Na und K aus Feldspat und Glimmer, S aus Gips und Pyrit, P und F aus Apatit [Bli02]. Gips, Calcit und Tonminerale (z. B. Montmorillonit, Illit, Kaolinit) können leichter erodiert werden [Bli02] als Metamorphite, Granit oder Sandstein, deren Bestandteile deswegen nur wenig in der Flussfracht vorhanden sind.

Das Einzugsgebiet des Oberrheins (Kapitel 4.1.2) teilt sich auf in zwei varistische Massive [Wal95], den Schwarzwald und die Vogesen. Im Schwarzwald stehen hauptsächlich kristalline Gesteine, wie z. B. Quarzit, Gneis, Granit und Porphyr an. Die Vogesen stellen ein kristallines Mittelgebirge dar, das hauptsächlich aus Granit, Granitgneis und Granodiorit besteht [Wal95]. Aus der Schweiz wird der Einfluss der Kalkalpen spürbar. Kalkstein und Dolomit stehen im nördlichen Teil des Einzugsgebiets der Oberen Donau an (Kapitel 4.2), wohingegen der südliche Teil aus jungholozänen Lockersedimenten (Ton, Schluff, Mergel, Sand) [HC05] und aus den Sedimenten der Süßwassermolasse (Sandstein) aufgebaut wird [HK06].

Das Rheingeschiebe bei Basel hat infolge von Kalkstein und Dolomit einen sehr hohen Carbonatanteil, der nach Norden hin aufgrund der Zunahme von Sandstein, Quarzit und Vulkaniten im Einzugsgebiet abnimmt [GT85]. Die lithologischen Unterschiede in den Teileinzugsgebieten spiegeln sich in der mineralogischen Zusammensetzung des transportierten Schwebstoffs wider. So ist im Fall des Rheins bei einem Hochwasser, dessen Entstehungsgebiet im Schwarzwald und / oder in den Vogesen liegt, der Anteil an Quarz erhöht. Bei einem Hochwasser, das seinen Ursprung in der Schweiz hat, ist hingegen der Anteil an Calcit erhöht. Diese beiden Minerale sind gegenläufig miteinander korreliert (Abb. 7.4). Anhand ihrer Anteile kann das Gebiet, in dem das Hochwasser entstanden ist, identifiziert werden.

Es stellt sich nun aber die Frage, ob hohe Calcit-Gehalte im Sediment tatsächlich nur das Entstehungsgebiet eines Hochwassers widerspiegeln oder auch

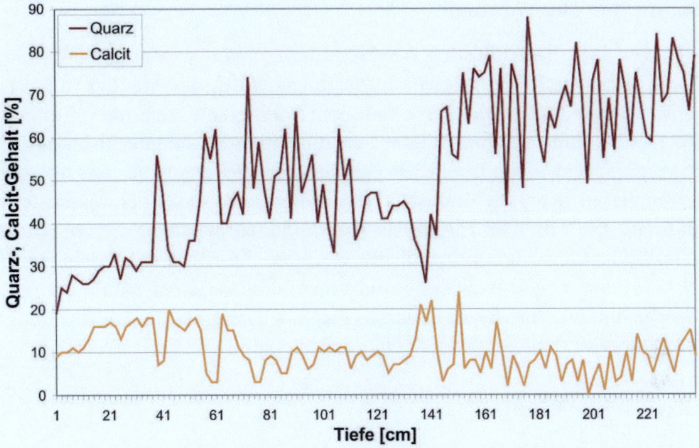

Abbildung 7.4: Anteile der Minerale Quarz und Calcit in Abhängigkeit von der Tiefe an einem 3 m langen Bohrkern aus der Rheinaue. Messstelle: Elchesheim-Illingen.

die Intensität eines Hochwasserereignisses. Aufgrund der vorliegenden Daten lässt sich diese Frage nicht eindeutig beantworten. Hierzu wäre der Vergleich zweier rezenter Hochwasserereignisse gleicher Intensität, aber aus unterschiedlichen Entstehungsgebieten kommend, notwendig. Die hohen Gehalte an Ca und Sr können also nicht nur durch intensive Hochwasserereignisse sondern auch aufgrund der Lithologie der Einzugsgebiete von Oberrhein und Oberer Donau erklärt werden.

Auf geologisch gesehen kurze Zeiträume (einige tausend Jahre) ändert sich die Lithologie des Einzugsgebiets eines Flusssystems kaum. Eine Änderung der lithologischen Beschaffenheit des Einzugsgebiets hat demnach nur einen relativ geringen Einfluss auf die Interpretation des Hochwassersignals. Es kann also davon ausgegangen werden, dass das rezente Hochwassersignal dem Signal vergangener Ereignisse entspricht.

Auswahl der Probenahmestandorte

Einen großen Einfluss auf das chemische und granulometrische Signal eines Hochwasserereignisses hat auch die Auswahl des Probenahmestandorts in der Aue. So konnte mit Hilfe der Untersuchungen an sedimentierten Schwebstoffen gezeigt werden (Kapitel 6.1.2), dass Teilchen, die in größerer Flussnähe abgelagert werden, zum einen grobkörniger sind und zum anderen einen geringeren Anteil der Carbonatfraktion aufweisen [Seg07]. Das Hochwassersignal variiert also innerhalb der Aue.

Auflösung der Beprobung

Des Weiteren hat die Auflösung der Beprobung einen wesentlichen Einfluss auf das Hochwassersignal. Wenn davon ausgegangen wird, dass die bei einem normalen Hochwasserereignis abgelagerte Sedimentmächtigkeit maximal 0,5 mm beträgt (Kapitel 6.1.2), dann beinhaltet eine 1 cm mächtige Sedimentschicht die Ablagerungen von bis zu zwanzig Hochwasserereignissen. Bei angenommenen zwei Hochwasserereignissen pro Jahr umfasst diese Schicht also das Hochwasserarchiv von zehn Jahren. Auch für das Pleistozän sind Sedimentationsraten von 1 mm/a bekannt [HHS05]. Eine Beprobungsdichte von 1 cm-Schritten entspricht nicht einer zeitlich besonders engen Auflösung und führt zu einer Verwischung der einzelnen Hochwassersignale. Für die Erfassung einzelner Ereignisse sollte die Beprobung mit einer höheren Auflösung erfolgen.

Jahreszeitlicher Einfluss

Ein weiterer Unterschied in den Signalen einzelner Hochwasserereignisse kann aufgrund saisonaler Einflüsse entstehen. Bei einem Hochwasserereignis im Winter oder Frühling kommt es häufig zu einem gemeinsamen oder zeitlich dicht aufeinander folgenden Auftreten von Niederschlag und Schneeschmelze (z. B. im Februar 1999 am Rhein). Zu dieser Jahreszeit ist noch keine Vegetation vorhanden und der Boden ist auch noch relativ kalt. Das bedeutet, dass die statt findende Verdunstung gering ist und zusätzliches Wasser oberflächig abfließt. Allerdings zeigen die Schwebstoffe des Hochwassers am Oberrhein im Februar 1999 durchaus das typische Signal mit erhöhtem Carbonatanteil und einem größerem Anteil der Kornfraktion 20 – 100 μm.

Im Sommer ist meist ergiebiger Starkregen auf einer großen Landfläche die Ursache für ein Hochwasser. An Oberrhein und Oberer Donau kommt ein sommerliches Hochwasserereignis häufig durch ein Tiefdruckgebiet zustande, das aus der Schweiz kommend über den Südwesten Deutschlands nach Norden zieht. Die chemische Zusammensetzung der Schwebstoffe ist dann durch einen höheren Anteil der Carbonatfraktion gekennzeichnet, verglichen mit der Hochwasserfracht, die im Winter transportiert wird [BfG96]. Ein saisonaler Trend ist also sehr wahrscheinlich, muss allerdings erst noch anhand weiterer Untersuchungen an Schwebstoffproben, die von Hochwasserereignissen aus verschiedenen Jahreszeiten stammen, belegt werden.

Anthropogener Einfluss

Das geochemische und granulometrische Signal eines Hochwassers wird auch durch den Menschen und seine Aktivitäten im Einzugsgebiet beeinflusst. Das Signal kann sich z. B. durch Bergbau, Landwirtschaft, industrielle Ansiedlungen und Städtebau (Versiegelung, Verdichtung, Kanalisierung) verändern. Aber auch Aktivitäten direkt am und im Fluss können einen Einfluss auf das chemische und granulometrische Signal haben. Zum einen werden beispielsweise am Rhein bei der Staustufe Iffezheim Sedimente zugegeben, um die Tiefenerosion einzudämmen. Zum anderen kann es aufgrund der Durchführung von Retentionsmaßnahmen während eines Hochwasserereignisses, z. B. im Februar 1999 am Rhein [Fel99], zu einer Veränderung des chemischen und granulometrischen Signals kommen. Um einen Teil der Wassermassen zurückzuhalten werden nun beispielsweise Polder geflutet und Wehre, die zuvor zur Entleerung geöffnet wurden, wieder geschlossen. Es ist aber davon auszugehen, dass für die Rekonstruktion vor- und frühgeschichtlicher Hochwasserereignisse dieser Faktor zu vernachlässigen ist.

7.1.4 Fazit

Das rezente Signal eines Hochwasserereignisses an Rhein und Donau ist zum einen durch einen hohen Anteil der Carbonatfraktion (Rhein) bzw. durch hohe Anteile der Carbonatfraktion und der Tonfraktion (Donau) und zum anderen durch einen hohen Anteil des Bereichs kleiner Korngrößen gekennzeichnet. Die Ähnlichkeit des Signals kommt sehr wahrscheinlich durch die geographische Nähe der beiden Flussgebiete und durch die analoge Geologie der beiden Einzugsgebiete zustande. Ein Unterschied zwischen den beiden Flüssen besteht allerdings darin, dass im Fall des Rheins ein großer Anteil des Korngrößenbereichs 20 – 100 μm für ein Hochwasser typisch ist, im Fall der Donau ist dies der Korngrößenbereich $< 20\,\mu$m.

Die Zunahme der feinen Korngrößenfraktion mit steigendem Abfluss und die entsprechende Änderung der geochemischen Zusammensetzung konnte für den Rhein anhand von drei Hochwasserereignissen (Februar 1999, März und September 2006) an drei unterschiedlichen Standorten (Iffezheim, Elchesheim-Illingen, Neuburgweier) entlang einer 20 km langen Laufstrecke bestätigt werden. Für die Donau konnte dieser Zusammenhang anhand unterschiedlicher Wasserstände (Hochwasser August 2005, Mittelwasser September 2005, Niedrigwasser Januar 2006) an sieben verschiedenen Standorten (Berg, Ulm, Günzburg, Donauwörth, Schweizer Hof, Marxheim, Neuburg an der Donau) entlang einer 140 km langen Laufstrecke gezeigt werden.

Die Tatsache, dass je größer der Abfluss eines Fließgewässers ist, desto größer sind auch die von ihm transportierten Schwebstoffe [Hju35] (Kapitel 3.2), steht nicht im Widerspruch mit der hier dargelegten Feststellung, dass Hochwasserereignisse durch einen höheren Anteil an fein partikulärem Material gekennzeichnet sind. Im Auenbereich ist vielmehr die Fließgeschwindigkeit, selbst im Vergleich zur normalen Wasserführung im Flussbett, relativ niedrig, was nach dem Diagramm von Hjulström [Hju35] zur überwiegenden Ablagerung der Feinfraktion in der Aue führt [Dor85]. Die aus den Untersuchungen an Proben von Rhein und Donau gewonnenen Daten zeigen, dass die kleinen und mittleren Korngrößenbereiche im Vergleich zu den groben Korngrößen bei einem Hochwasserereignis sehr stark zunehmen.

Durch Ablagerung im Auenbereich werden die bei einem Hochwasserereignis transportierten Schwebstoffe zu Sedimenten. Demnach entspricht das Hochwassersignal im Sediment dem Hochwassersignal im Schwebstoff. Diese Schlussfolgerung konnte mit Hilfe von sedimentierten Schwebstoffproben bestätigt werden. In der Folge bleibt abzuklären, ob das rezente Hochwassersignal der Schwebstoffe und der sedimentierten Schwebstoffe tatsächlich auch in den älteren Auensedimenten wiedergefunden werden kann.

Allerdings reicht die Mächtigkeit (0,4 mm) des während eines normalen Ereignisses am Rhein abgelagerten Materials nicht aus, um bei einer Beprobung in 1 cm-Schritten eine entsprechende Auflösung zu erreichen, die eine Unterscheidung zwischen einzelnen Hochwasserereignissen möglich macht. Für die Elbe hingegen wurden für den Zeitraum 1902 – 2006 jährlich abgelagerte Sedimentmächtigkeiten von 2,2 mm bestimmt [Hof07]. Während des Extremhochwassers im Sommer 2002 wurden in den Auengebieten der sächsischen Elbe sogar bis zu 1,5 cm mächtige Sedimentschichten abgelagert [GOBK04].

Jedoch ist bei der Beurteilung des rezenten Hochwassersignals auch auf das Entstehungsgebiet des Hochwassers, auf saisonale Schwankungen innerhalb des Flusssystems und auf den genauen Entnahmestandort in der Aue zu achten. Dabei spielen beispielsweise die Entfernung zum aktuellen Flusslauf und auch die Entfernung zu ehemaligen Flussläufen eine entscheidende Rolle. Eine genauere Aussage über das Signal eines rezenten Extremereignisses ist aufgrund der vorhandenen Daten nicht möglich, da die untersuchten Ereignisse nicht einem Extremhochwasser entsprachen. Als extrem wird ein Hochwasser am Rhein bezeichnet, das am Pegel Maxau einen Abfluss von 6 000 m^3/s aufweist [HVZ]. Ein Extremhochwasser an der Donau bringt einen Abfluss von 1 500 m^3/s am Pegel Neu Ulm / Bad Held mit sich [HVZ]. Diese Abflusswerte treten in der Regel alle 200 Jahre auf (Tab. 4.1 und 4.3).

Anhand der Untersuchungen sowohl an Schwebstoffen als auch an frisch sedimentierten Schwebstoffen konnte zum einen gezeigt werden, dass sich deren chemische und granulometrische Zusammensetzung während eines Hochwasserereignisses merklich ändert. Zum anderen bestätigen die Ergebnisse die Annahme, dass die bei einem Hochwasser transportierten und in der Aue abgelagerten Teilchen Sedimente bilden, die das chemische und granulometrische Signal vergangener Überflutungen widerspiegeln.

7.2 Paläohochwassersignal

Um zu klären, ob der positive Zusammenhang zwischen der Carbonatfraktion (Rhein) bzw. der Carbonatfraktion und der Tonfraktion (Donau) und einem bestimmten Korngrößenbereich (Rhein: 20 – 100 μm, Donau: < 20 μm) auch in den Sedimenten vergangener Hochwasserereignisse wiedergefunden werden kann, wurden in den Auenbereichen von Rhein und Donau bis zu 3 m lange Sedimentkerne gezogen. Außerdem ging es um die Beantwortung der Frage, ob sich die unterschiedliche Intensität vergangener Hochwasserereignisse in variierenden Gehalten dieser beiden Parameter in den Auensedimenten niederschlägt.

7.2.1 Rhein

Der bereits in den Schwebstoffen und sedimentierten Schwebstoffen gefundene Zusammenhang zwischen der Carbonatfraktion und dem Korngrößenbereich 20 – 100 μm (Kapitel 6.1.1 und 6.1.2) konnte auch anhand der Proben des 3 m langen Sedimentkerns aus der Rheinaue bei Elchesheim-Illingen festgestellt werden (Kapitel 6.1.3). Mit Hilfe der Faktorenanalyse lässt sich dieser Zusammenhang auch statistisch nachweisen (Abb. 6.10 auf S. 75).

Sowohl der Anteil der Carbonatfraktion als auch der Anteil des Korngrössenbereichs 20 – 100 μm nehmen bei erhöhten Abflusswerten im Schwebstoff zu. Hohe Gehalte dieser beiden Parameter im Sediment spiegeln also ein vergangenes Hochwasserereignis wider. Es ist jedoch fraglich, ob die Gehalte der Carbonatfraktion und des Korngrößenbereichs 20 – 100 μm im Sediment um so höher sind, je höher das verursachende Hochwasser war.

Es ist des Weiteren auch noch unklar, ob der Zusammenhang zwischen der Carbonatfraktion und dem Korngrößenbereich 20 – 100 μm im Sediment eine lokale Erscheinung in der Rheinaue bei Elchesheim-Illingen ist oder ob dies auch auf größere Teilstücke des Rheins und deren Auenbereiche ausgedehnt werden kann. Nach den bereits erfolgten Untersuchungen an Schwebstoffen und sedimentierten Schwebstoffen (Kapitel 6.1.1 und 6.1.2), deren Signal über eine Laufstrecke von 20 km (Iffezheim bis Neuburgweier) wiedergefunden werden kann, müsste diese Beziehung auch in Bezug auf die Auensedimente für eine größere Laufstrecke gelten.

Die Auswertung der Ergebnisse des Rheins mit Hilfe der Faktorenanalyse zeigt außerdem, dass der Anteil $< 20\,\mu$m deutlich mit dem Eisenoxidgehalt und der Korngrößenbereich $> 100\,\mu$m mit der Menge an siliziklastischen Komponenten korreliert (Abb. 6.10 auf S. 75) ist. Faktor 1, in dem die Carbonatfraktion und der Korngrößenbereich 20 – 100 μm zusammengefasst sind, kann für die Rheinsedimente als „Hochwasser-Faktor" bezeichnet werden. Faktor 3 könnte einen weiteren Hochwasser-Faktor darstellen, der das Material charakterisiert, das am weitesten vom Flussbett entfernt abgelagert wird. Dieser Faktor beinhaltet die Eisenoxidfraktion und den Korngrößenbereich $< 20\,\mu$m, beides Parameter, die bei einem Hochwasserereignis ebenfalls mit höheren Gehalten vertreten sind. Faktor 2 stellt mit hohen Faktorladungen für typische Elemente der siliziklastischen Fraktion das Grundsignal dar. Als „Schwermineral-Faktor" kann Faktor 4 bezeichnet werden, der keinerlei Bezug zu einem Korngrößenbereich hat.

Die siliziklastische Fraktion ist allochthon und bildet im Schwebstoff das chemische Grundsignal [KB95]. Auch bei den Sedimenten ist, wie bei den sedimentierten Schwebstoffen, die eindeutige Zuordnung der Elemente Rb, K und Ba zu einer Fraktion nur schwer möglich. In Verbindung mit der gröberen Kornfraktion erscheint eine Zuordnung zu den Feldspäten sinnvoller, in Assoziation mit der Feinstfraktion gehören diese Elemente eher zur Tonmineralfraktion.

Die mineralogischen Untersuchungen lassen eine Gegenläufigkeit der Minerale Quarz und Calcit erkennen (Abb. 7.4), was auf das Überwiegen von Hochwasserereignissen entweder aus dem Schwarzwald (Quarz) oder aus der Schweiz (Calcit) schließen lässt. Dieser Zusammenhang ist sehr wahrscheinlich ein Störfaktor, der eine Zuordnung eines hohen Ca-Gehalts zu einem extremen Ereignis erschwert. Der Ca-Gehalt steigt je nach Intensität des Ereignisses an, wobei bei einem Hochwasser, das in der Schweiz entstanden ist, der Ca-Gehalt einen noch höheren Wert aufweist. Auch eine veränderte Geologie im Einzugsgebiet kann durch den Aufschluss anderer geologischer Formationen zu Änderungen in der chemischen Zusammensetzung der erodierten und transportierten Fracht führen, ist aber in den Zeiträumen, die im Rahmen der vorliegenden Arbeit betrachtet werden, unwahrscheinlich.

Dynamik der Flussbettverlagerung

Die über mehrere Jahrhunderte ablaufende Verlagerung von Flussschlingen ist in Form der Korngrößensortierung im Boden niedergeschrieben. Der Erosionswiderstand des Substrats spielt bei diesen Verlagerungsvorgängen eine wesentliche Rolle und auch die Vorgeschichte der fließenden Welle, von der die erodierende und anlagernde Wirkung durchlaufender Wellen abhängt [Ger88]. In Auengebieten kommt es kleinräumig zu starken Variationen der Korngrößenverteilung [GS92]: Schluff-, Sand- oder Tonlinsen sind üblich und erschweren die räumliche Generalisierung der Bodenart aus Bodenprofilen, Bohrstockeinschlägen und Sondierungen.

Aufgrund des durch die Aue gelegten Transekts (Abb. 6.11 auf S. 76) und mit Hilfe der Abbildungen 7.5 und 7.6 kann eine Annahme über die Dynamik des Rheins am Untersuchungsstandort bei Elchesheim-Illingen gemacht werden. Zwar gilt diese Aussage im Fall der Abbildungen 7.5 und 7.6 nur für den Zeitraum von 1838 bis 1986, vermittelt aber dennoch einen Eindruck über den Zustand vor und nach den von Tulla geplanten Korrekturmaßnahmen.

Im Jahr 1838 (Abb. 7.5) beschreibt der Rhein in Höhe von Elchesheim-Illingen eine Schlinge in Richtung der Ortschaft und verläuft entlang des aktuellen Hochwasserdeichs. Der heutige Probenahmestandort befindet sich bereits zu dieser Zeit in einem Auengebiet, das damals allerdings zu Frankreich gehört [Kar51]. Der derzeitige Altarm entlang des Deichs ist im Jahr 1838 das aktive Bett des Hauptflusslaufs [Hon85a].

Abbildung 7.6 vermittelt einen Eindruck des Zustands der Rheinaue bei Elchesheim-Ilingen nach den durchgeführten Korrekturmaßnahmen wie er heute auch noch vorzufinden ist. Der Rhein fließt durch das anthropogen vorgegebene Bett, der alte Flusslauf wurde zum Altarm und der einstige Altarm verlandete.

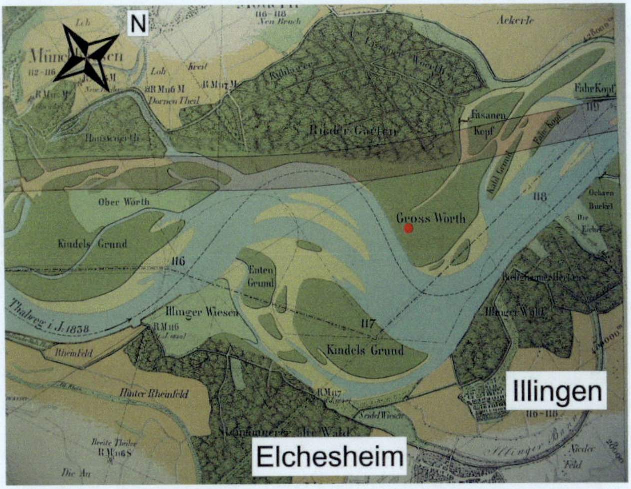

Abbildung 7.5: Verlauf des Rheins bei der Ortschaft Elchesheim-Illingen im Jahr 1838 [Kar51].

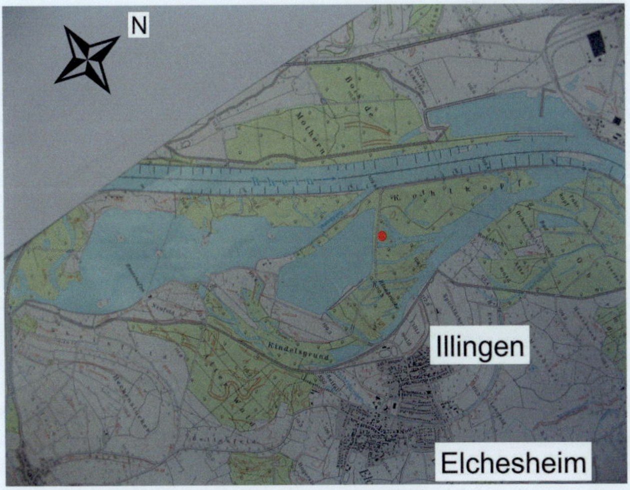

Abbildung 7.6: Verlauf des Rheins bei der Ortschaft Elchesheim-Illingen im Jahr 1986 [Kar86].

Kurz nach den Maßnahmen gibt es allerdings den Stausee der Kieswerke noch nicht [Kar75].

Der rote Punkt in den Abbildungen 7.5 und 7.6 kennzeichnet den Probenahmestandort des 3 m langen Kerns in den Rheinauen bei Elchesheim-Illingen. Das schmale hellrote Band in Abbildung 7.5 zeigt das von Tulla geplante Flussbett an, das der Rhein heute durchfließt. In Abbildung 7.6 beträgt die Entfernung des Probenahmestandorts zum Flusslauf 850 m, in Abbildung 7.5 hingegen nur etwa 200 – 300 m.

Durch die Flussregulierungsmaßnahme nimmt die Entfernung der Probenahmestelle in der Rheinaue bei Elchesheim-Illingen vom Flussbett des Rheins zu (Abb. 7.5 und 7.6). Dadurch würde es prinzipiell zu einer Zunahme der Feinfraktion und der Carbonatfraktion kommen (Kapitel 6.1.2). Anhand Abbildung 7.7 ist aber erkennbar, dass der Ca-Gehalt in den jüngeren Sedimenten (0 – 15 cm Tiefe) eher abnimmt. Wenn die Annahme zugrunde gelegt wird, dass in einem Jahrzehnt 1 cm Sediment abgelagert wird (Kapitel 7.1.3), dann entsprechen die oberen 15 cm dem Sediment, das nach Durchführung der Regulierungsmaßnahmen im 19. Jahrhundert abgelagert wurde. Die Abnahme des Ca-Gehalt kann sowohl mit einer geringer gewordenen Anzahl an Hochwasserereignissen nach der Durchführung der Korrekturmaßnahmen als auch mit der größer gewordenen Entfernung zum Flusslauf erklärt werden.

Die höheren Gehalte an Ca im Bereich von 15 – 65 cm Tiefe deuten auf eine größere Entfernung des Flussbetts zum Probenahmestandort hin oder auf eine Zunahme der Frequenz bezüglich Hochwasserereignissen. Die Abnahme des Ca-Gehalts im Bereich von 65 – 135 cm Tiefe hingegen deutet auf eine Annäherung des Probenahmestandorts an das Flussbett hin oder auf eine Abnahme der Häufigkeit größerer Hochwasserereignisse. Unterhalb von 135 cm Tiefe deutet die generelle Zunahme des Ca-Gehalts in der Kieslage daraufhin, dass die Zunahme des Ca-Gehalts in 70 cm Tiefe wohl nur eine größere Entfernung zum Flussbett widerspiegelt.

Auch die graphische Darstellung der Kerne des Transekts (Abb. 6.11 auf S. 76) zeigt eine relativ heterogene Verteilung der Korngrößen im Bereich der Aue bei Elchesheim-Illingen. Dies lässt auf häufige Flussbettverlagerungen vor den Korrekturmaßnahmen im 19. Jahrhundert schließen. Die Kenntnis über ehemalige Flussläufe des beprobten Flusses ist von grosser Bedeutung, weil sich zu der Zeit, da sich in einem bestimmten Bereich der Flusslauf befand, dort keine Auensedimente ablagern konnten. Wenn also davon ausgegangen wird, dass eine Kieslage ein altes Flussbett markiert, ist es günstiger für den Standort der Kernentnahme einen Punkt in der Aue auszuwählen, an dem sich erst in größerer Tiefe eine Kieslage befindet.

Aufgrund der Kieslagen in 130 cm (Kern T 1) bzw. 170 cm Tiefe (Kern T 3) kann angenommen werden, dass sowohl der Standort des Kerns T 1 als auch der Standort des Kerns T 3 früher einmal im aktiven Flussbett lagen. Die Sandlage im Kern T 1 läßt die Vermutung zu, dass der Standort nachdem er im Flussbett

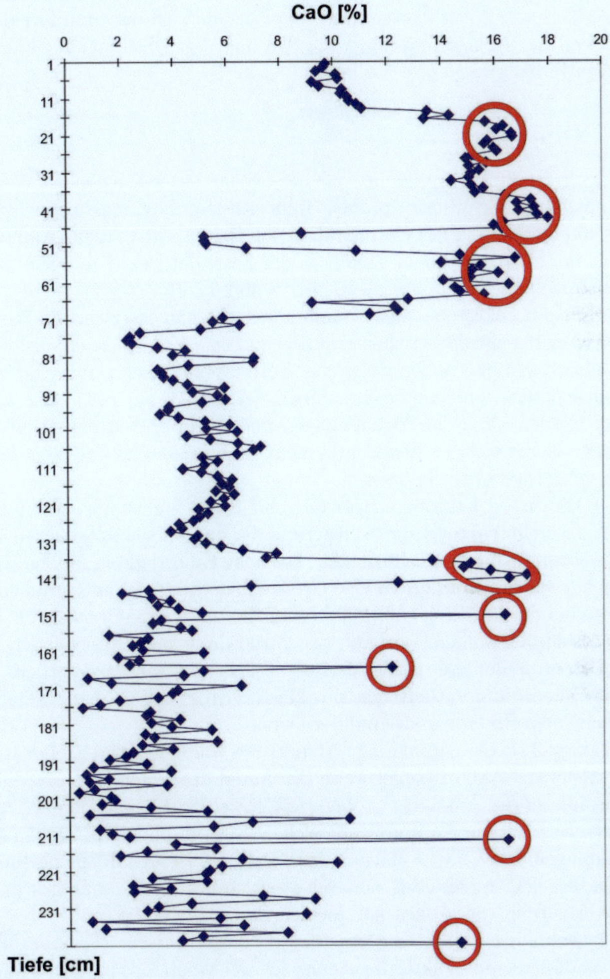

Abbildung 7.7: Verteilung des Gehalts an Ca in Abhängigkeit von der Tiefe für die Sedimentproben des Rheins 2006 (n = 240). Die roten Kreise markieren Sedimentlagen mit hohen Ca-Gehalten, die auf eine Zunahme der Häufigkeit von Hochwasserereignissen hindeuten können. Messstelle: Elchesheim-Illingen.

lag, auch wieder dem Auenbereich angehörte, um dann wieder im Flussbett zu liegen zu kommen. Nach diesen Annahmen befand sich der Standort des Kerns T 2 während der Ablagerungsdauer der 3 m mächtigen Sedimente zu keiner Zeit im aktiven Flussbett.

7.2.2 Donau

Auch für die Obere Donau konnte anhand der bei unterschiedlichen Wasserständen entnommenen Schwebstoffproben ein positiver Zusammenhang zwischen dem Abfluss und dem Anteil der Carbonatfraktion festgestellt werden (Kapitel 6.2.1). Aufgrund der Sedimentproben konnte in der Folge der Bezug zu einem bestimmten Korngrößenbereich erkannt werden (Kapitel 6.2.2).

Mit Hilfe der Faktorenanalyse konnte für die Donau einerseits ein Zusammenhang zwischen der siliziklastischen Fraktion und dem Korngrößenbereich $> 200\,\mu m$ festgestellt werden und andererseits eine Korrelation zwischen der Carbonatfraktion und dem Korngrößenbereich $< 20\,\mu m$ (Abb. 6.16 auf S. 87). Es kann also vermutet werden, dass die Sedimentlagen mit einem großen Anteil an Ca oder des Korngrößenbereichs $< 20\,\mu m$ mit einem vergangenen Extremereignis in Verbindung gebracht werden können.

Die extrahierten Faktoren (Abb. 6.16 auf S. 87) stehen für unterschiedliche Prozesse. So stellt Faktor 1 die Ablagerung der groben siliziklastischen Fraktion (Quarz, Feldspat, Biotit, Muskovit) dar. Die hohe Faktorladung für den Korngrössenbereich $> 400\,\mu m$ kann durch eine Größenüberschätzung der Glimmer (Biotit, Muskovit) bei der Messung zu erklären sein. Diese Minerale weisen eine eher flache, fast zweidimensionale Form auf, was dazu führen kann, dass bei den Messungen am Lasergranulometer die Größen der Teilchen überschätzt werden. Faktor 1 bildet mit der in ihm enthaltenen siliziklastischen Fraktion sehr wahrscheinlich ein permanentes Hintergrundsignal der Donau.

An Faktor 2 ist die gegenläufige Ablagerung von feiner und grober Kornfraktion zu erkennen. Wenn beispielsweise der Anteil des feinen Korngrößenbereichs zunimmt, nimmt der Anteil des groben Bereichs aufgrund mangelnder Transportkapazität ab. Auch die Korngrößenbereiche $> 400\,\mu m$ und $100 - 200\,\mu m$ sind mit Faktorladungen von 0,43 ($> 400\,\mu m$) bzw. 0,46 ($100 - 200\,\mu m$) in diesem Faktor enthalten und tragen demnach zu der Aussage bei, dass dieser Faktor die gegenläufige Ablagerung von großen und kleinen Partikeln erklärt.

Die gegenläufige Ablagerung von toniger / siliziklastischer Fraktion und Carbonatfraktion ist durch Faktor 3 gekennzeichnet. Wenn also aufgrund eines stärkeren Hochwasserereignisses die Carbonatfraktion zunimmt, nimmt der Anteil der tonigen / siliziklastischen Fraktion ab. Faktor 3 kann demnach als „Hochwasser-Faktor“ bezeichnet werden. Allerdings sind hierbei auch die Ergebnisse zu beachten, die die Schwebstoffanalysen geliefert haben. Diese besagen, dass bei einem Hochwasserereignis neben dem Anteil der Carbonatfraktion auch der Anteil der tonigen / siliziklastischen Fraktion zunimmt. Wahrscheinlich ist, dass die tonige / siliziklastische Fraktion im Fall der Donau zum größten Teil aus feinkörnigen Tonpartikeln besteht und deren Anteil bei dem Hochwasserereignis im August 2005 deswegen ebenfalls anstieg.

Faktor 4 repräsentiert die Sulfid- und Eisenoxidfraktion. Es ist keinerlei Trend mit dem Abfluss erkennbar. Eventuell handelt es sich auch hier, wie im Fall der tonigen / siliziklastischen Fraktion in Faktor 1, um einen weiteren Teil des permanenten Hintergrundsignals.

Ein Unterschied zwischen den Hochwassersignalen von Rhein und Donau besteht in der Zuordnung der Elemente Fe und Mn zu den einzelnen Mineralfraktionen (Abb. 6.10 auf S. 75 und Abb. 6.16 auf S. 87). Im Falle des Rheins sind diese Elemente zusammen mit kleinen Korngrößen in dem Faktor der Eisenoxidfraktion enthalten, was auf Minerale wie Limonit und Hämatit hindeutet. Im Falle der Donau hingegen korrelieren die Elemente Fe und Mn positiv mit gröberen Korngrößen, was auf Minerale wie Magnetit oder auch auf Fe-haltige Silikate wie Amphibole hindeutet. Fe und Mn sind dann eher der siliziklastischen Fraktion zuzurechnen.

Der im Auenbereich der Donau entnommene Kern zeigt eine einheitlichere Verteilung der Minerale als der Kern, der in der Rheinaue gezogen wurde. Dies ist sehr wahrscheinlich auf eine homogene Lithologie des Einzugsgebietes zurückzuführen oder aber eventuell auch auf einen stabileren Flussbettverlauf. Auch an der Donau ist der Anteil an Calcit bei einer Überschwemmung deutlich erhöht. Allerdings sind in Abhängigkeit von der Tiefe keine ausgeprägten Peaks des Ca-Gehalts zu erkennen (Abb. 6.14 auf S. 84). Das lässt den Schluss zu, dass in den letzten Jahren in diesem Bereich keine wesentliche Änderung in der Häufigkeit der Hochwasserereignisse statt gefunden hat.

In dem Bereich der obersten 90 cm des Kerns ist ein kleiner Peak zu erkennen, der eventuell mit durchgeführten Flussregulierungsmaßnahmen zusammenhängt, die dann einen veränderten Flussbettverlauf und in der Folge eine veränderte Korngrößenverteilung der abgelagerten Schwebstoffe bewirkten. Mit Hilfe von Datierungen des Sediments wäre nun abzugleichen, ob diese Vermutung zutrifft. Bekannt ist, dass im Jahr 1880 die Korrekturmaßnahmen zwischen Ulm und Kelheim bereits abgeschlossen waren.

Auch im Fall der Donau ist noch unklar, ob der Zusammenhang zwischen der Carbonatfraktion und dem Korngrößenbereich $< 20\,\mu$m im Sediment eine lokale Erscheinung in der Donauaue bei Pfatter ist oder ob sich diese Beziehung auch an anderen Standorten in der Donauaue wiederfinden lässt. Aufgrund der bereits durchgeführten Untersuchungen an Schwebstoffen, deren chemisches und granulometrisches Signal über eine Laufstrecke von 140 km (Berg bis Neuburg an der Donau) konstant blieb, müsste diese Beziehung auch für Auensedimente auf einer größeren Laufstrecke gelten.

7.2.3 Fazit

Der positive Zusammenhang zwischen der Carbonatfraktion und einem Bereich feiner Korngrößen kann nicht nur in Schwebstoffen, sondern auch im Auensediment von Rhein und Donau wiedergefunden werden. Im Fall des Rheins besteht die positive Korrelation mit dem Bereich $20 - 100\,\mu m$, im Fall der Donau mit dem Bereich $< 20\,\mu m$. Hohe Werte dieser Parameter markieren demnach eine Sedimentlage, die potentiell während eines extremen Hochwasserereignisses abgelagert wurde.

Um diese Überlegung zu verifizieren wäre es eine Möglichkeit, jüngere Sedimentlagen des Rheins zu datieren, die sowohl hohe Gehalte an Ca als auch hohe Gehalte des Korngrößenbereichs $20 - 100\,\mu m$ aufweisen (Kapitel 7.3). Da die für ein Hochwasserereignis ermittelten Sedimentationsraten (0,4 mm) recht gering sind (Kapitel 7.1.1), kann eine Korrelation der Häufigkeit an Hochwasserereignissen, die innerhalb eines Zeitraums von 10 Jahren statt gefunden haben, mit dem Ca-Gehalt in den 1 cm mächtigen Schichten eventuell eine Aussage über den Zusammenhang zwischen dem Ca-Gehalt und der Anzahl an stattgefundenen Ereignissen gemacht werden (Abb. 7.9 und Kapitel 7.3).

Das Paläohochwassersignal entspricht also dem rezenten Signal. Zudem ist das chemische und granulometrische Signal über einen längeren Zeitraum stabil, da Druck- und Temperaturverhältnisse in den abgelagerten Sedimenten nicht ausreichen, um diagenetische Prozesse wie Verdichtung und Entwässerung [MM04] statt finden zu lassen.

Im Rahmen dieser Arbeit wurden die Sedimentkerne in 1 cm-Schritten beprobt. Dieser Abstand ist für eine erste Übersicht gut geeignet [Cur95], für die Trennung und Darstellung einzelner Ereignisse aber deutlich zu groß. Um den Ansatz auf eine größere Fläche zu übertragen ist es notwendig, zum einen weitere Transekte durch die Aue zu legen und zum anderen mit Hilfe von Luftbildern alte Flussschlingen zu identifizieren und diese Kenntnisse in die Bewertung der Ergebnisse einfließen zu lassen.

7.3 Datierung

Bei der Datierung der Sedimente ging es um die Verifikation der Methode, also um die Beantwortung der Fragen: Sind einzelne Sedimentlagen mittels OSL-Messungen zu datieren? Und sind tatsächlich außergewöhlich hohe Anteile der Carbonatfraktion und des Korngrößenbereichs $20 - 100\,\mu m$ mit einem extremen Hochwasserereignis am Rhein korreliert?

Die datierten Sedimentlagen des Kerns aus den Rheinauen bei Elchesheim-Illingen weisen in einer Tiefe von 55 – 110 cm Sedimentationsalter zwischen 440 und 620 Jahren auf (Tab. 7.1). Der Bereich von 197 – 224 cm Tiefe wurde zwischen 850 und 1050 Jahren vor heute abgelagert (Tab. 7.1). Damit eignet sich der obere

Bereich für die Verifikation des Ansatzes besser, da dieser Zeitraum in Bezug auf Hochwasserereignisse in historischen Dokumenten [Hon85b, Sch00a] ausführlicher erfasst ist.

Werden zunächst einmal die berechneten Alter ohne Berücksichtigung der 10 %-igen Ungenauigkeit der OSL-Datierungen betrachtet, so könnte die Lage in 55 cm Tiefe von dem Hochwasser des Jahres 1389 stammen [Hon85b, Sch00a]. Die Sedimentschicht in 86 cm Tiefe würde demnach aus dem Jahr 1566 datieren und die Lage in 110 cm Tiefe aus dem Jahr 1423. Als Bezugspunkt wurde das Jahr 2005 angenommen.

Tiefe [cm]	**Alter [ka] ± 10 %**	**Bemerkung**
35	n.g.	
55	620	Altersüberschätzung ?
86	440	
110	580	
122	n.g.	
141	n.g.	
197	850	
204	1 020	
214	1 050	
224	830	Altersunterschätzung ?

Tabelle 7.1: Berechnete und interpretierte OSL-Alter der Proben des 3 m langen Rheinkerns. Die Tiefenangaben beziehen sich auf die Probenentnahme unter Geländeoberkante. „n.g.“: Probe konnte nicht gemessen werden, da nach dem letzten Präparationsschritt zu wenig Material für die Messung vorhanden war. Messstelle: Elchesheim-Illingen.

Während der Umlagerung der Mineralkörner durch ein Hochwasserereignis kann es allerdings vorkommen, dass die für die Datierung mittels Lumineszenzmessungen notwendige Bleichung nicht vollständig erfolgt. Dies führt bei den Datierungen zu einer Altersüberschätzung (Tab. 7.1). Demnach könnte es sich bei dem berechneten Alter von 620 Jahren für die Sedimentlage in 55 cm Tiefe auch um eine jüngere Schicht handeln und damit auch um ein etwas jüngeres Hochwasser. Bei Proben, die aus dem Auenbereich der Elbe stammen, konnte beispielsweise ein Sockelbetrag von 300 – 800 Jahren im Falle des Quarzes nachgewiesen werden [Fuchs 2007, freundliche mündl. Kommunikation].

Aufgrund von Bioturbation und im Auenbereich auch aufgrund von Hydroturbation kann ebenfalls eine Durchmischung des Sediments erfolgen und damit eine Verwischung des Lumineszenzsignals. Durch derartige Vorgänge kommt es häufig zu einer Altersunterschätzung, da ältere Sedimente mit jüngeren vermischt werden. Dies könnte eventuell für die Schicht in 224 cm Tiefe zutreffen. Hier findet nach einer chronologischen Abfolge (850 a, 1 020 a, 1 050 a) ein Sprung hin zu jüngeren Altern statt.

Die Datierung der Kieslage ergab, dass diese Ablagerung ungefähr 1 000 Jahre alt ist und einen vertikalen Gradienten aufweist (Tab. 6.3 auf S. 78). Sie entspricht demnach sehr wahrscheinlich einem ehemaligen Flussbett des Rheins und ist natürlichen Ursprungs. Diese Ergebnisse lassen die Vermutung zu, dass der Rhein vor 1 000 Jahren an der Stelle des Probenahmestandorts in der Aue von Elchesheim-Illingen floss.

Mit Hilfe dieser Abbildungen ist eine Verfikation des Ansatzes möglich. Die Sedimentlage in 55 cm Tiefe weist einen Ca-Gehalt von 14,0 %, einen Anteil des Korngrößenbereichs 20 – 100 μm von 55,0 % und ein Alter von 620 Jahren auf. In den Archiven [Hon85b, Sch00a, HVZ] sind Hinweise darauf vorhanden, dass es im Jahr 1389 ein extremes Hochwasser am Oberrhein gegeben hat (Tab. 7.2). Die Sedimentlagen in 86 und 110 cm Tiefe zeigen einen Ca-Gehalt von 3,62 bzw. 5,11 %, Anteile des Korngrößenbereichs 20 – 100 μm von 0,44 bzw. 1,46 % und Alter von 440 bzw. 580 Jahren. In den Archiven werden die in diesen Jahren auftretenden Hochwasser als ein etwas stärkeres (1565, 86 cm Tiefe) und ein normales Ereignis (1425, 110 cm Tiefe) erwähnt (Tab. 7.2). Aufrund der 10%-igen Ungenauigkeit der Daten könnte es sich bei den datierten Sedimentschichten auch um Ablagerungen anderer Hochwasserereignisse handeln.

Jahr	**Ca-Gehalt [%]**	**KG 20 – 100 μm [%]**	**Bemerkung**
1565	3,62	0,44	normales Hochwasser
1423	5,11	1,46	stärkeres Hochwasser
1385	14,0	55,0	extremes Hochwasser

Tabelle 7.2: Historische Hochwasserereignisse [Hon85b, Sch00a, HVZ] unterschiedlicher Intensität am Oberrhein, identifiziert anhand von OSL-Datierungen und aufgrund der Gehalte typischer Parameter (Ca, KG 20 – 100 μm) im Sediment. KG = Korngrößenbereich. Messstelle: Elchesheim-Illingen.

Die Abbildungen 7.8 und 7.9 zeigen historisch bekannte Hochwasserereignisse am Oberrhein für den Zeitraum von 1206 bis 2007 [Hon85b, Sch00a, HVZ]. Vor dem Jahr 1300 sind Nachrichten über Hochwasser nur spärlich vorhanden, weswegen die Abbildungen in diesem Bereich sehr wahrscheinlich unvollständig sind. Die Darstellungen geben einen Überblick über weitere außer der im Rahmen dieser Arbeit beprobten Hochwasserereignisse am Oberrhein. Ein extremes Hochwasser tritt am Rhein etwa alle 200 Jahre auf, mit einem Wasserstand von 10 m und einem Abfluss von rund 6 000 m^3/s [HVZ].

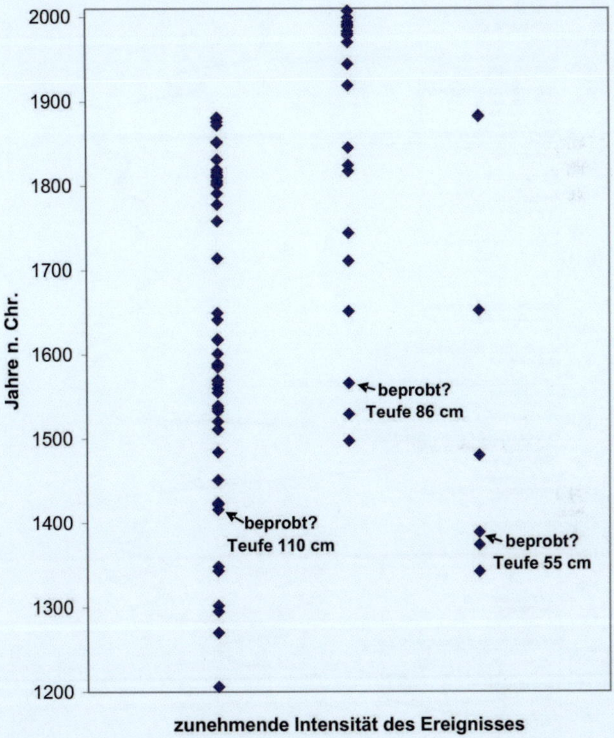

Abbildung 7.8: Historisch bekannte Hochwasserereignisse unterschiedlicher Intensität am Oberrhein von 1206 – 2007 [Hon85b, Sch00a, HVZ].

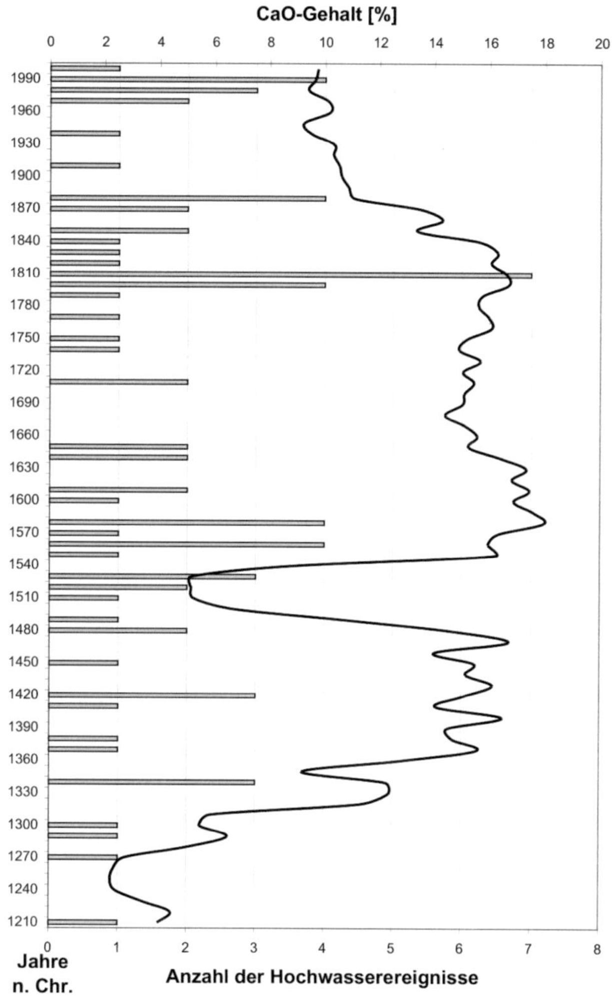

Abbildung 7.9: Korrelation historisch bekannter Hochwasserereignisse am Oberrhein von 1206 – 2007 (grüne Balken, über 10 Jahre integriertes Signal) [Hon85b, Sch00a, HVZ] mit dem Ca-Gehalt (schwarze Linie) im Auensediment des Rheins bei Elchesheim-Illingen (n = 240).

In Abbildung 7.9 wird die Tatsache berücksichtigt, dass eine Zeitspanne von ungefähr 10 Jahren notwendig ist, damit aufgrund von regelmäßig wiederkehrenden Überschwemmungen 1 cm Sediment in der Aue abgelagert wird. Die Ca-Gehalte wurden nur für 1 cm mächtige Sedimentschichten bestimmt, weshalb die innerhalb von 10 Jahren auftretenden Hochwasserereignisse in einem Wert zusammengefasst und gegen den Ca-Gehalt aufgetragen wurden. Eine schwache Korrelation zwischen den bekannten Hochwasserereignissen eines Jahrzehnts und dem Ca-Gehalt ist aufgrund von Abbildung 7.9 zu erkennen. Ein Anstieg des Ca-Gehalts deutet auf eine Zunahme an Hochwasserereignissen hin.

Allerdings ist bei der Beurteilung der Korrelation dieser beiden Parameter (Ca-Gehalt, Anzahl der Hochwasserereignisse) zu beachten, dass es sich bei den in historischen Archiven dokumentierten Ereignissen in der Vielzahl der Fälle um Hochwasser handelt, die intensiver sind als die jährlich wiederkehrenden Überschwemmungen. Hinzu kommt, dass bei einem extremem Hochwasserereignis größere Sedimentmächtigkeiten als die angenommenen 0,5 mm abgelagert werden. Außerdem sind, wie bereits erwähnt, Nachrichten über Hochwasser vor dem Jahr 1300 nur sehr spärlich vorhanden. Dadurch weist die Abbildung 7.9 in dem Zeitraum davor sehr wahrscheinlich Lücken auf.

Die Ergebnisse der Analysen zeigen, dass bekannte historische Hochwasserereignisse [Hon85b, Sch00a, HVZ] aufgrund der chemischen und granulometrischen Signatur in Sedimentschichten zum einen und der Datierung mittels OSL-Messungen zum anderen annäherungsweise identifiziert werden können. Demnach kann der Gedankenansatz, ob aufgrund chemischer und granulometrischer Merkmale in Auensedimenten auf extreme Hochwasserersignisse geschlossen werden kann, bedingt bestätigt werden. Mit Hilfe weiterer Proben wäre dann eine Rekonstruktion bisher noch unbekannter Hochwasserereignisse möglich, die zeitlich weit früher statt gefunden haben.

Eine besondere Schwierigkeit für die vorliegende Arbeit stellt allerdings die Ungenauigkeit der Datierungen dar. Die Proben wurden jeweils über einen recht großen Tiefenbereich genommen, dessen Sedimente sehr wahrscheinlich nicht nur von einem einzigen Ereignis stammen. Somit konnte nur ein durchschnittliches Alter berechnet werden. Bessere Ergebnisse erreicht man, wenn die datierte Sedimentlage eine möglichst geringe Mächtigkeit aufweist. Dann ist allerdings darauf zu achten, dass ausreichend Probenmaterial vorhanden ist.

Durch unzureichende Bleichung der Mineralkörner kann es zudem zu einer Altersüberschätzung und durch die Umlagerung des Materials zu einer Altersumkehr kommen. Bei der Probenauswahl für die Datierung sollte der Anteil der Carbonatfraktion stärker beachtet werden, um so Sedimentlagen, die einen hohen Anteil derselben aufweisen, zu untersuchen. Auf diese Weise sollte die Wahrscheinlichkeit, vergangene Extremereignisse zu beproben, höher sein.

Weitere Probleme für die OSL-Datierungen an Sedimenten können sich durch zu wenig Probenmaterial und durch ungünstige Gehalte an organischem Material und Quarz ergeben. Wenn das Sediment einen zu großen Gehalt an organischem

Material und einen zu kleinen Gehalt (< 30 %) an Quarz aufweist, werden die Messungen wesentlich komplizierter.

7.4 Schlussfolgerung

Anhand von Schwebstoffen und sedimentierten Schwebstoffen konnte zum einen das rezente Hochwassersignal am Oberrhein und an der Oberen Donau charakterisiert werden. Das Signal setzt sich aus der Carbonatfraktion (Rhein) bzw. der Carbonat- und der Tonfraktion (Donau) und einem Bereich kleiner Korngrößen zusammen. Zum anderen konnte mit Hilfe der sedimentierten Schwebstoffproben gezeigt werden, dass die bei einem Hochwasserereignis transportierten Teilchen durch die Ablagerung in der Aue ihr chemisches und granulometrisches Signal nicht ändern. Um ein einzelnes Hochwasserereignis zu erfassen, muss allerdings die Beprobung mit einer höheren Auflösung durchgeführt werden.

Die Untersuchungen an Sedimentkernen aus den Auenbereichen von Oberrhein und Oberer Donau zeigen, dass es durchaus Sedimentschichten gibt, in denen der Carbonatgehalt und auch der Anteil kleinerer Teilchen erhöht ist. Das rezente Hochwassersignal kann also in den Schichten der Auensedimente wiedergefunden werden (Abb. 7.10). Das alte Hochwassersignal entspricht somit dem rezenten Signal. Allerdings ist aufgrund der Tatsache, dass die Auensedimente fast ausschließlich aus Partikeln gebildet werden, die durch ein Hochwasserereignis eingetragen werden, eine Unterscheidung zwischen einzelnen kleineren Ereignissen in den Sedimentkernen nahezu ausgeschlossen. Eine Unterscheidung zwischen einem normalen und einem extremen Hochwasserereignis hingegen ist aufgrund der chemischen und der granulometrischen Zusammensetzung der Sedimente prinzipiell möglich.

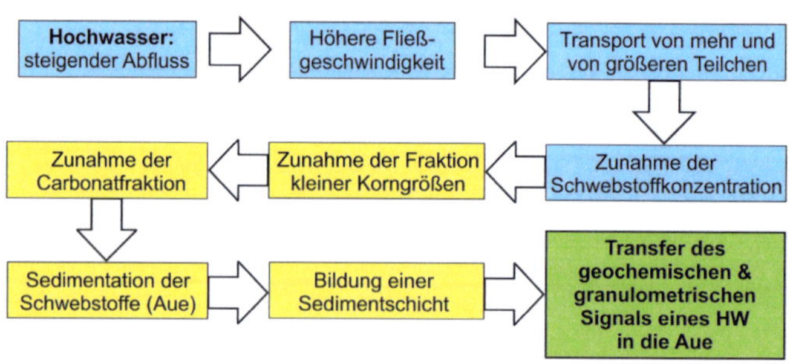

Abbildung 7.10: Schlussfolgerung – Erweiterte Argumentationskette. Aufgrund theoretischer Grundlagen (blau) wurden Untersuchungen durchgeführt, deren Ergebnisse (gelb) zu der Schlussfolgerung (grün) führten, dass Hochwasserereignisse in der Aue konserviert werden.

Die Verlässlichkeit der Carbonatfraktion als Anzeiger für ein Hochwasserereignis ist durch weitere Untersuchungen an Schwebstoffen zu klären. Auch der genaue Zusammenhang zwischen dem Ausmaß eines Hochwassers und der Höhe des Ca-Gehalts muss noch eingehender analysiert werden. Unterschiedliche Bereiche der kleineren Korngrößen korrelieren mit dem Ca-Gehalt je nach Intensität und Herkunft des Hochwassers. Unterschiede in der Mineralzusammensetzung bei nur wenig geänderter Korngrößenverteilung ergeben sich ebenfalls durch unterschiedliche Entstehungsgebiete einzelner Hochwasserereignisse. So bringt ein Rheinhochwasser aus dem Schwarzwald ein deutliches Quarz-Signal mit sich, ein Rheinhochwasser aus der Schweiz hingegen ein Calcit-Signal. Die Hochwasserereignisse der Donau sind durch die Alpen und die Schwäbische Alb gekennzeichnet, allerdings war aufgrund der durchgeführten Untersuchungen eine getrennte Charakterisierung des Hochwassersignals dieser Gebiete nicht möglich. Ein Vergleich zwischen zwei Flüssen ist immer schwierig, da jedes Fließgewässer einzigartig ist [LKH05].

Das Alter der Sedimentschichten und folglich das Alter der geochemischen und granulometrischen Signale, die auf extreme Überflutungen hindeuten, kann innerhalb einer Fehlerspanne von $\pm$ 10 % mit Hilfe von Lumineszenz-Messungen datiert werden. Somit können prinzipiell Informationen über die Häufigkeit von extremen Hochwasserereignissen weit über historische Aufzeichnungen hinaus erhalten werden. Gleichwohl sind noch weitere Untersuchungen sowohl an Schwebstoffen als auch an Sedimenten notwendig, insbesondere aussagekräftigere Datierungen, bevor dieser Ansatz als effektives Werkzeug zur Rekonstruktion von Paläohochwasserereignissen genutzt werden könnte.

Die vorgestellten Ergebnisse veranschaulichen, dass sich aus der geochemisch-mineralogischen Zusammensetzung von Auensedimenten zum einen und einer systematischen und detaillierten Untersuchung der Korngrößenverteilung zum anderen aufschlussreiche Einblicke in das Auftreten vergangener Hochwasserereignisse ergeben können (Tab. 7.2). Aufgrund der erhaltenen Ergebnisse und Daten sowohl vom Rhein als auch von der Donau konnte die Theorie des Arbeitsansatzes für beide Flusssysteme bestätigt werden, indem ein Zusammenhang zwischen dem Auftreten eines Hochwasserereignisses und der Änderung der chemischen und granulometrischen Zusammensetzung des abgelagerten Auensediments nachgewiesen werden konnte (Abb. 7.10).

Allerdings variiert das Signal zum einen von Fluss zu Fluss aufgrund des unterschiedlichen Einzugsgebiets und zum anderen innerhalb eines Auengebiets mit zunehmender Entfernung vom Flusslauf. Des Weiteren hat auch das Entstehungsgebiet eines Hochwasserereignisses Einfluss auf das chemische und granulometrische Signal. Unter den Voraussetzungen, dass das Hochwassersignal zum einen konstant ist und zum anderen im Sediment keinen weiteren Einflussfaktoren (Standort in der Aue, Saisonalität) unterliegt, könnte die Methode zur Identifikation von Hochwasserereignissen benutzt werden. Inwieweit die im Rahmen der vorliegenden Arbeit gewonnenen Erkenntnisse dann tatsächlich zur Rekonstruktion noch unbekannter Hochwasserereignisse herangezogen werden können, bleibt noch mit Hilfe weiterer Untersuchungen genauer abzuklären.

Die durchgeführten Untersuchungen lassen leider weder einen Rückschluss auf den Einfluss des Menschen auf heutige Hochwasser noch eine Beurteilung des angeblich außergewöhnlichen Charakters heutiger Ereignisse zu. Dazu wären zum einen Proben von weiteren Hochwasserereignissen nötig und zum anderen ausführlichere Kenntnisse über die Intensität historischer Ereignisse. Aufgrund historischer Daten (Abb. 7.8) ist lediglich eine leichte Tendenz hin zu stärkeren Hochwasserereignissen in den letzten Jahrzehnten erkennbar.

7.5 Ausblick

Im Laufe der Arbeit traten Fragen auf, die bei zukünftigen Untersuchungen berücksichtigt werden sollten: Welchen Einfluss hat eine geänderte Landnutzung auf das Hochwassersignal? Welche Auswirkungen haben der Gewässerausbau und die Wasserkraftnutzung auf die Zusammensetzung der transportierten Schwebstoffe? Wie groß ist der anthropogene Einfluss auf die Schwebstofffracht des untersuchten Flusses? Wie wirken sich Geschiebezugaben wie z. B. am Rhein unterhalb der Staustufe Iffezheim auf die abgelagerten Sedimente aus? Dabei ist zu beachten, dass natürliche und anthropogen beeinflußte hydrologische Änderungen meist gemeinsam auftreten, weswegen gar nicht oder nur sehr schwer zwischen ihnen unterschieden werden kann [PIWvdP06].

Um die aufgetauchten Fragen beantworten zu können, wäre es sinnvoll zunächst weitere Schwebstoffproben von aktuellen Hochwasservorkommen unterschiedlicher Intensität zu nehmen. So könnte ein Bezug zwischen dem Ausmaß eines Ereignisses und den Eigenschaften seines Signals hergestellt werden. Des Weiteren könnte der positive Zusammenhang zwischen dem Abfluss und dem Anteil der Carbonatfraktion im Schwebstoff für einen noch größeren Laufabschnitt geprüft werden. Es sollte dann möglich sein, die innerhalb einer Hochwasserwelle auftretenden sowie die mit den Jahreszeiten und den jeweiligen Entstehungsgebieten einhergehenden Änderungen zu erkennen. Allerdings sind diese Probenahmen sehr schlecht planbar und die Wahrscheinlichkeit auf diese Weise ein extremes Ereignis beproben zu können recht gering.

Abbildungsverzeichnis

Tabellenverzeichnis

Literaturverzeichnis

[AA98] ADAMIEC, G. und M. AITKEN: *Dose-rate conversion factors: Update.* Ancient TL, 16:38–50, 1998.

[Ahn03] AHNERT, F.: *Einführung in die Geomorphologie.* Ulmer, Stuttgart, 2003. 477 S.

[Ait98] AITKEN, M.J.: *An Introduction to Optical Dating – The Dating of Quaternary Sediments by the Use of Photon-Stimulated Luminescence.* Oxford University Press, Oxford, 1998. 267 S.

[Alb03] ALBARÈDE, F.: *Geochemistry – An Introduction.* Cambridge University Press, Cambridge, 2003. 248 S.

[All65] ALLEN, J.R.L.: *A Review of the Origin and Characteristics of recent alluvial Sediments.* Sedimentology, 5:89–191, 1965.

[AM98] ASSELMAN, N.E.M. und H. MIDDELKOOP: *Temporal Variability of contemporary Floodplain Sedimentation in the Rhine-Meuse Delta, The Netherlands.* Earth Surface Processes and Landforms, 23:595–609, 1998.

[Ass99] ASSELMAN, N.E.M.: *Suspended sediment dynamics in a large drainage basin: the River Rhine.* Hydrological Processes, 13:1437–1450, 1999.

[Bac90a] BACKHAUS, D.: *Ergebnisse chemischer und biologischer Langzeituntersuchungen an der oberen Donau bis Ulm.* In: Landesanstalt für Umweltschutz Baden-Württemberg (Hrsg.): Beiträge zur Limnologie von Rhein, Neckar, Donau. Beitrag 4, 1990.

[Bac90b] BACKHAUS, D.: *Zur Limnologie der deutschen Donaustrecke.* In: Landesanstalt für Umweltschutz Baden-Württemberg (Hrsg.): Beiträge zur Limnologie von Rhein, Neckar, Donau. Beitrag 3, 1990.

[Bak87] BAKER, V.R.: *Paleoflood hydrology and extraordinary flood events.* Journal of Hydrology, 96:79–99, 1987.

[Bak88] BAKER, V.R.: *Flood Geomorphology.* Wiley, New York, 1988. 503 S.

[Bak89] BAKER, V.R.: *Magnitude and Frequency of Palaeofloods.* In: K. Beven und P. Carling (Eds.): Floods – Hydrological, Sedimentological and Geomorphological Implications, Wiley, New York, Seiten 171–183, 1989.

[Bak00] BAKER, V.R.: *Paleoflood Hydrology and the Estimation of Extreme Floods.* In: E.E. Wohl (Ed.): Inland Flood Hazards – Human, Riparian and Aquatic Communities, Cambridge University Press, Cambridge, Seiten 359–377, 2000.

[Bak03] BAKER, V.R.: *Palaeofloods and Extended Discharge Records.* In: K.J. Gregory und G. Benito (Eds.): Palaeohydrology – Understanding Global Change, Wiley, New York, Seiten 307–323, 2003.

[Bak06] BAKER, V.R.: *Paleoflood hydrology in a global context.* Catena, 66:161–168, 2006.

[BBLS00] BROWN, S.L., P.R. BIERMAN, A. LINI und J. SOUTHON: *10 000 yr record of extreme hydrologic events.* Geology, 28:335–338, 2000.

[BCL+03] BARRIENDOS, M., D. COEUR, M. LANG, M.C. LLASSAT, R. NAULET, F. LEMAITRE und A. BARRERA: *Stationarity analysis of historical flood series in France and Spain (14th – 20th century).* Natural Hazards and Earth System Sciences, 3:583–592, 2003.

[Bee90] BEEGER, H.: *Staustufen, Polder und kein Ende: Die Ausbaumaßnahmen am Oberrhein von Tulla bis heute.* Mitteilungen der Pollichia, 77:55–72, 1990.

[Ben95] BENDA, L. (HRSG.): *Das Quartär Deutschlands.* Gebrüder Borntraeger, Berlin, Stuttgart, 1995. 408 S.

[Ber90] BERGER, G.: *Effectiveness of natural zeroing of the thermoluminescence in sediments.* Journal of Geophysical Research, 95:12375–12397, 1990.

[Ber00a] BERNER, U. (HRSG.): *Klimafakten: der Rückblick – ein Schlüssel für die Zukunft.* Schweizerbart, Stuttgart, 2000. 238 S.

[Ber00b] BERNHARDT, C.: *Die Rheinkorrektion – Die Umgestaltung einer Kulturlandschaft im Übergang zum Industriezeitalter.* Der Bürger im Staat, 2:76–81, 2000.

[BEW04] Belz, J., H. Engel und H. Weber: *Die Donau und ihr Einzugsgebiet – Fortschreibung der Abflussregime-Auswertungen der Donaumonographie.* Kurzberichte HW 48, 2:80–83, 2004.

[BfG96] BfG: *Konzentrationen, Transporte und Frachten von Wasserinhaltsstoffen im Rhein und seinen Nebenflüssen während des Hochwassers im Januar 1995.* Deutsche Kommission zur Reinhaltung des Rheins – Bundesanstalt für Gewässerkunde (BfG), Koblenz, 1996. 52 S.

[BH95] Buch, M.W. und K. Heine: *Fluvial geomorphodynamics in the Danube River valley and tributary river systems near Regensburg during the Upper Quaternary – theses, questions and conclusions.* Zeitschrift für Geomorphologie, 100:53–64, 1995.

[BK92] Brown, A.G. und M. Keough: *Palaeochannels, Palaeolandsurfaces and the three-dimensional Reconstruction of Floodplain Environmental Change.* In: P.A. Carling und G.E. Petts (Eds.): Lowland Floodplain Rivers – Geomorphological Perspectives, Wiley, New York, Seiten 185–202, 1992.

[BKPP83] Baker, V.R., R.C. Kochel, P.C. Patton und G. Pickup: *Palaeohydrologic analysis of Holocene flood slack-water sediments.* Special Publications, International Association of Sedimentologists, 6:229–239, 1983.

[BL90] Baumgartner, A. und H.-J. Liebscher: *Allgemeine Hydrologie – Quantitative Hydrologie.* Gebrüder Borntraeger, Berlin, Stuttgart, 1990. 673 S.

[Blü02] Blümel, W.D.: *20 000 Jahre Klimawandel und Kulturgeschichte – von der Eiszeit in die Gegenwart.* Wechselwirkungen – Jahrbuch aus Lehre und Forschung der Universität Stuttgart, Seiten 1–35, 2002.

[BLB+04] Benito, G., M. Lang, M. Barriendos, M.C. Llasat, F. Francés, T. Ouarda, V.R. Thorndycraft, Y. Enzel, A. Bardossy, D. Coeur und B. Bobée: *Use of Systematic, Palaeoflood and Historical Data for the Improvement of Flood Risk Estimation. Review of Scientific Methods.* Natural Hazards, 31:623–643, 2004.

[Bli02] Bliefert, C.: *Umweltchemie.* Wiley-VCH, Weinheim, 2002. 468 S.

[BMSS94] Barsch, D., R. Mäusbacher, G. Schukraft und A. Schulte: *Hochwasserdynamik und Sedimenttransport – Meßmethodik in einem Einzugsgebiet mittlerer Größe (Elsenz / Kraichgau).* In: D. Barsch (Hrsg.): Messungen in fluvialen Systemen – Feld- und Labormethoden zur Erfassung des Wasser- und Stoffhaushaltes, Springer, Berlin, Heidelberg, Seiten 71–100, 1994.

[BMU04] BMU: *Flussgebietseinheit Donau – Deutsches Donaugebiet – Nationaler Bericht 2004 – Deutschland.* Bundesministerium für Umwelt, Naturschutz und Reaktorsicherheit (BMU), Berlin, Bonn, 2004. 25 S.

[Bog74] Bogárdi, J.L.: *Sediment Transport in Alluvial Streams.* Akadémiai Kiadó, Budapest, 1974. 826 S.

[Bor99] Bortz, J.: *Statistik für Sozialwissenschaftler.* Springer, Berlin, Heidelberg, 1999. 836 S.

[BPP92] Berger, G.W., B.J. Pillans und A.S. Palmer: *Dating loess up to 800 ka by thermoluminescence.* Geology, 20:403–406, 1992.

[Bra99] Bradley, R.S.: *Paleoclimatology – Reconstructing Climates of the Quaternary.* Academic Press, San Diego, 1999. 613 S.

[Bri03] Bridge, J.S.: *Rivers and Floodplains – Forms, Processes and Sedimentary Record.* Blackwell Publishing, 2003. 491 S.

[Bro96a] Bronstert, A.: *Änderung der Hochwassercharakteristiken – Stand der Forschung.* Tagungsband Klimaänderung und Wasserwirtschaft, 56a:185–201, 1996.

[Bro96b] Bronstert, A.: *River Flooding in Germany: Influences by Climate Change?* Physics and Chemistry of the Earth, 5–6:445–450, 1996.

[Bro96c] Brownlow, A.H.: *Geochemistry.* Prentice-Hall International, London, 1996. 583 S.

[BSGS07] Bürger, K., J. Seidel, R. Glaser und D. Sudhaus: *Extreme floods of the 19th century in southwest Germany.* La Houille Blanche, 1:67–73, 2007.

[BSnSM+03] Benito, G., A. Sopeña, Y. Sánchez-Moya, M.J. Machado und A. Pérez-González: *Palaeoflood record of the Tagus River (Central Spain) during the Late Pleistocene and Holocene.* Quaternary Science Reviews, 22:1737–1756, 2003.

[Bur67] Burz, J.: *Verteilung der Schwebstoffe in offenen Gerinnen.* Symposium on River Morphology, IAHS Publications, 75:279–296, 1967.

[CB81] COSTA, J.E. und V.R. BAKER: *Surficial Geology – Building with the Earth.* Wiley, New York, 1981. 498 S.

[Coh03] COHEN, A.S.: *Paleolimnology – The History and Evolution of Lake Systems.* Oxford University Press, Oxford, 2003. 500 S.

[CPC96] CAISSIE, D., T.L. POLLOCK und R.A. CUNJAK: *Variation in stream water chemistry and hydrograph separation in a small drainage basin.* Journal of Hydrology, 178:137–157, 1996.

[CSBB07] COYNEL, A., J. SCHÄFER, G. BLANC und C. BOSSY: *Scenario of particulate trace metal and mettaloid transport during a major flood event inferred from transient geochemical signals.* Applied Geochemistry, 22:821–836, 2007.

[Cur95] CURR, R.H.F.: *Magnitude and Frequency of Fluvial Sediment Transport Determined from Recent Lake Sediment Cores.* In: I.D.L. Foster, A.M. Gurnell und B.W. Webb (Eds.): Sediment and Water Quality in River Catchments, Wiley, Chichester, Seiten 107–119, 1995.

[DCF+07] DANKERS, R., O.B. CHRISTENSEN, L. FEYEN, M. KALAS und A. DE ROO: *Evaluation of very high-resolution climate model data for simulating flood hazards in the Upper Danube Basin.* Journal of Hydrology, 347:319–331, 2007.

[DE01] DISSE, M. und H. ENGEL: *Flood Events in the Rhine Basin: Genesis, Influences and Mitigation.* Natural Hazards, 23:271–290, 2001.

[Dis91] DISTER, E.: *Folgen des Oberrheinausbaus und Möglichkeiten der Auen-Renaturierung.* Laufener Seminarbeitrag, 4:115–123, 1991.

[Dis04] DISSE, M.: *Hochwasser im Rheineinzugsgebiet: Ursachen und Konsequenzen.* Zeitschrift für Geomorphologie, 135:51–67, 2004.

[Don00] DONGUS, H.: *Die Oberflächenformen Südwestdeutschlands – Geomorphologische Erläuterungen zu Topographischen und Geologischen Übersichtskarten.* Gebrüder Borntraeger, Berlin, Stuttgart, 2000. 189 S.

[Dor85] DORER, H.: *Hochwasser und Sedimente.* Wasserbau-Mitteilungen der Technischen Hochschule Darmstadt, 24:107–115, 1985.

[DP01] DEUTSCH, M. und K.-H. PÖRTGE: *Historische Hochwasserinformationen – Möglichkeiten und Grenzen ihrer Auswertung.* ATV-DVWK Tagungsband: Hochwasser – Niedrigwasser – Risiken, 140:23–38, 2001.

[DR] DK-Rhein. Deutsche Kommission zur Reinhaltung des Rheins, Zugriff am 19.11.2007. `http://www.dk-rhein.de` .

[DVW86] DVWK: *DVWK Regeln – Schwebstoffmessungen.* Parey, Hamburg, Berlin, Band 125, 1986. 46 S.

[DVW96] DVWK: *DVWK Schriften – Hydrogeochemische Stoffsysteme, Teil I.* Parey, Hamburg, Berlin, Band 110, 1996. 288 S.

[DVW98] DVWK: *DVWK Schriften – Hydrogeochemische Stoffsysteme, Teil II.* Parey, Hamburg, Berlin, Band 117, 1998. 397 S.

[DVW99] DVWK: *DVWK Schriften – Methoden zur Erkundung, Untersuchung und Bewertung von Sedimentablagerungen und Schwebstoffen in Gewässern.* Kommissionsvertrieb Wirtschafts- und Verlagsgesellschaft Gas und Wasser mbH, Bonn, Band 128, 1999. 418 S.

[EB85] Ely, L.L. und V.R. Baker: *Reconstructing paleoflood hydrology with slackwater deposits: Verde River, Arizona.* Physical Geography, 5:103–126, 1985.

[EEBW07] Eberle, J., B. Eitel, W.D. Blümel und P. Wittmann: *Deutschlands Süden vom Erdmittelalter zur Gegenwart.* Spektrum Akademischer Verlag, Heidelberg, Berlin, 2007. 188 S.

[Ehl94] Ehlers, J.: *Allgemeine und historische Quartärgeologie.* Enke, Stuttgart, 1994. 358 S.

[Els05] Elsner, T.: *SUMAD – Morphologische Untersuchungen der Donaustrecke von der Staustufe Vohburg bis zur Donaubrücke der B 299 in Neustadt an der Donau.* Universität der Bundeswehr, München, 2005. 123 S.

[Eng97] Engel, H.: *Fortschreibung der Monographie des Rheingebietes für die Zeit 1971–1990.* Internationale Kommission für die Hydrologie des Rheingebietes (KHR), Bericht Nr. I-15, 1997. 39 S.

[Fau03] Faupl, P.: *Historische Geologie.* Facultas Universitätsverlag, Wien, 2003. 271 S.

[Fel99] Fell, E.: *Hochwasser im Rheingebiet – Februar/März und Mai 1999.* Landesamt für Wasserwirtschaft Rheinland-Pfalz, Mainz, 1999.

[FGK+94] Finnern, H., W. Grottenthaler, D. Kühn, W. Pälchen, W.-G. Schraps und H. Sponagel (Red.): *Bodenkundliche Kartieranleitung.* Schweizerbart, Stuttgart, 1994. 392 S.

[Fle66] FLEMING, S.: *Study of thermoluminescence of crystalline extracts from pottery.* Archaeometry, 9:170–173, 1966.

[FPS05] FORTE, F., L. PENNETTA und R.O. STROBL: *Historic records and GIS applications for flood risk analysis in the Salento peninsula (southern Italy).* Natural Hazards and Earth System Sciences, 5:833–844, 2005.

[FSZ05] FUCHS, M., J. STRAUB und L. ZÖLLER: *Residual luminescence signals of recent river flood sediments: A comparison between quartz and feldspar of fine- and coarse-grain sediments.* Ancient TL, 23:25–30, 2005.

[Fuc01] FUCHS, M.: *Die OSL-Datierung von Archäosedimenten zur Rekonstruktion anthropogen bedingter Sedimentumlagerung – Geoarchäologische Untersuchungen im Becken von Phlious, NE-Peloponnes, Griechenland.* ibidem, Stuttgart, 2001. 179 S.

[GAB+05] GLASER, R., B. AMMANN, A. BRAUER, O. HEIRI, J. JACOBEIT, A.F. LOTTER, J. LUTERBACHER, M. MAISCH, M. MAGNY, C. PFISTER, W. TINNER, H. VEIT und H. WANNER: *Paleoclimate within the River Rhine catchment during holocene and historic times.* Erdkunde – Archiv für wissenschaftliche Geographie, 59:251–275, 2005.

[GBB99] GLASER, R., U. BEYER und C. BECK: *Die Temperaturentwicklung in Mitteleuropa seit dem Jahr 1000 auf der Grundlage quantifizierter historischer Quellentexte.* Tübinger Geographische Studien, 125:23–46, 1999.

[GBS03] GLASER, R., C. BECK und H. STANGL: *Zur Temperatur- und Hochwasserentwicklung der letzten 1 000 Jahre in Deutschland.* DWD – Klimastatusbericht, Seiten 55–67, 2003.

[Gep85] GEPP, J. (HRSG.): *Auengewässer als Ökozellen.* Grüne Reihe des Bundesministeriums für Gesundheit und Umweltschutz, Wien, Band 4, 1985. 322 S.

[Ger85] GERHARD, H.: *Historische Hochwasser am Oberrhein.* Wasserbau-Mitteilungen der Technischen Hochschule Darmstadt, 24:5–9, 1985.

[Ger88] GERKEN, B.: *Auen – verborgene Lebensadern der Natur.* Rombach, Freiburg, 1988. 132 S.

[GG91] GEYER, O.F. und M.P. GWINNER: *Geologie von Baden-Württemberg.* Schweizerbart, Stuttgart, 1991. 482 S.

[GHP93] GUIOT, J., S.P. HARRISON und I.C. PRENTICE: *Reconstruction of Holocene Precipitation Patterns in Europe Using Pollen and Lake-Level Data.* Quaternary Research, 40:139–149, 1993.

[GJ74] GLOVER, B.J. und P. JOHNSON: *Variations in the natural chemical concentration of river water during flood flows, and the lag effect.* Journal of Hydrology, 22:303–316, 1974.

[GJDS02] GLASER, R., J. JACOBEIT, M. DEUTSCH und H. STANGL: *Hochwässer als historisches Phänomen.* Rundgespräche der Kommission für Ökologie „Katastrophe oder Chance? Hochwasser und Ökologie", 24:15–30, 2002.

[Gla90] GLASER, R.: *Die Temperaturverhältnisse in Württemberg in der frühen Neuzeit.* Zeitschrift für Agrargeschichte und Agrarsoziologie, 38:129–144, 1990.

[Gla01] GLASER, R.: *Klimageschichte Mitteleuropas – 1 000 Jahre Wetter, Klima, Katastrophen.* Wissenschaftliche Buchgesellschaft, Darmstadt, 2001. 227 S.

[GOBK04] GELLER, W., K. OCKENFELD, M. BÖHME und A. KNÖCHEL: *Schadstoffbelastung an der Elbe nach dem Elbe-Hochwasser 2002.* UFZ – Umweltforschungszentrum Lepzig-Halle GmbH, 2004.

[Gol54] GOLDSCHMIDT, V.M.: *Geochemistry.* Oxford University Press, Oxford, 1954. 730 S.

[Gou98] GOUDIE, A. (HRSG.): *Geomorphologie – Ein Methodenbuch für Studium und Praxis.* Springer, Berlin, Heidelberg, 1998. 645 S.

[GS92] GALLUSSER, W.A. und A. SCHENKER: *Die Auen am Oberrhein: Ausmaß und Perspektiven des Landschaftswandels am südlichen und mittleren Oberrhein seit 1800.* Birkhäuser, Basel, 1992. 192 S.

[GS03] GLASER, R. und H. STANGL: *Historical floods in the Dutch Rhine Delta.* Natural Hazards and Earth System Sciences, 3:605–613, 2003.

[GS04] GLASER, R. und H. STANGL: *Eine kurze Geschichte des Klimas und der Katastrophen.* Marburger Geographische Schriften, 140:68–85, 2004.

[GSSE02] GREENBAUM, N., U. SCHWARTZ, A.P. SCHICK und Y. ENZEL: *Paleofloods and the Estimation of Long Term Transmission Losses and Recharge to the Lower Nahal Zin Alluvial Aquifer, Negev*

Desert, Israel. Water Science and Application – Ancient Floods, Modern Hazards: Principles and Applications of Paleoflood Hydrology, 5:311–328, 2002.

[GT85] GÖLZ, E. und M. TIPPNER: *Korngrößen, Abrieb und Erosion am Oberrhein.* Deutsche Gewässerkundliche Mitteilungen, 29:115–122, 1985.

[Hac57] HACK, J.T.: *Studies of longitudinal stream profiles in Virginia and Maryland.* U.S. Geological Survey Professional Paper 294-B, Seiten 1–97, 1957.

[Han93] HANTKE, R.: *Flussgeschichte Mitteleuropas – Skizzen einer Erd-, Vegetations- und Klimageschichte der letzten 40 Millionen Jahre.* Enke, Stuttgart, 1993. 459 S.

[HC05] HÖLTING, B. und W.G. COLDEWEY: *Hydrogeologie – Einführung in die allgemeine und angewandte Hydrogeologie.* Spektrum Akademischer Verlag, Heidelberg, 2005. 326 S.

[Hei56] HEIDEL, S.G.: *The Progressive Lag of Sediment Concentration with Flood Waves.* Transactions, American Geophysical Union, 37, 1:56–66, 1956.

[Hel99] HELLMANN, H.: *Qualitative Hydrologie – Wasserbeschaffenheit und Stoff-Flüsse.* Gebrüder Borntraeger, Berlin, Stuttgart, 1999. 468 S.

[HHP93] HUNTLEY, D.J., J.T. HUTTON und J.R. PRESCOTT: *The stranded beach-dune sequence of South-east Southaustralia: A test of thermoluminescence dating, 0 – 800 ka.* Quaternary Science Reviews, 12:1–20, 1993.

[HHS05] HAIMBERGER, R., A. HOPPE und A. SCHÄFER: *High-resolution seismic survey on the Rhine River in the northern Upper Rhine Graben.* International Journal of Earth Sciences, 94:657–668, 2005.

[Hin71] HINRICH, H.: *Schwebstoffgehalt und Schwebstofffracht der Haupt- und einiger Nebenflüsse in der Bundesrepublik Deutschland.* Deutsche Gewässerkundliche Mitteilungen, 5:113–129, 1971.

[Hju35] HJULSTRÖM, F.: *Studies of the morphological activity of rivers as illustrated by the River Fyris.* Bulletin of the Geological Institute, University of Uppsala, 25:221–527, 1935.

[HK06] HENNINGSEN, D. und G. KATZUNG: *Einführung in die Geologie Deutschlands.* Spektrum Akademischer Verlag, Heidelberg, Berlin, 2006. 234 S.

[HND] HND. Hochwassernachrichtendienst Bayern, Zugriff am 28.11.2007. `http://www.hnd.bayern.de/` .

[Hof87] HOFFMANN, F.: *Geologie und Entstehungsgeschichte des Rheinfalls.* Neujahrsblatt der Naturforschenden Gesellschaft Schaffhausen, 39:10–19, 1987.

[Hof99] HOFMANN, J.: *Aufbau und Auswertung von Jahrringchronologien zur Erforschung von historischen Waldzuständen und -entwicklungen.* Tübinger Geographische Studien, 125:91–101, 1999.

[Hof07] HOFACKER, A.: *Abschätzung von Sedimentationsraten anhand von geochemischen Tracern und Geländehöhenvergleichen – Eine Studie im Vorland der Mittleren Elbe.* Diplomarbeit, Universität Karlsruhe (TH), unveröffentlicht, 2007. 157 S.

[Hon85a] HONSELL, M.: *Die Korrektion des Oberrheins von der Schweizer Grenze unterhalb Basel bis zur Großherzoglich Hessischen Grenze unterhalb Mannheim, insbesondere der Badische Anteil an dem Unternehmen, Atlas.* G. Braun´sche Hofbuchdruckerei, Karlsruhe, 1885.

[Hon85b] HONSELL, M.: *Die Korrektion des Oberrheins von der Schweizer Grenze unterhalb Basel bis zur Großherzoglich Hessischen Grenze unterhalb Mannheim, insbesondere der Badische Anteil an dem Unternehmen, Textband.* G. Braun´sche Hofbuchdruckerei, Karlsruhe, 1885.

[HPK02] HOUSE, P.K., P.A. PEARTHREE und J.E. KLAWON: *Historical Flood and Paleoflood Chronology of the Lower Verde River, Arizona: Stratigraphic Evidence and Related Uncertainties.* Water Science and Application – Ancient Floods, Modern Hazards: Principles and Applications of Paleoflood Hydrology, 5:267–293, 2002.

[HVZ] HVZ. Hochwasser-Vorhersage-Zentrale Baden-Württemberg, Zugriff am 19.10. und 28.11.2007. `http://www.hvz.baden-wuerttemberg.de/` .

[IKS] IKSR. Internationale Kommission zum Schutz des Rheins, Zugriff am 16.05.2007. `http://www.iksr.org/` .

[IKS01] IKSR: *Atlas der Überschwemmungsgefährdung und möglichen Schäden bei Extremhochwasser am Rhein.* Internationale Kommission zum Schutz des Rheins (IKSR), Koblenz, 2001. 42 S.

[JEJ02] JARRETT, R.D. und J.F. ENGLAND JR.: *Reliability of Paleostage Indicators for Paleoflood Studies.* Water Science and Application – Ancient Floods, Modern Hazards: Principles and Applications of Paleoflood Hydrology, 5:91–109, 2002.

[Jou96] JOUSSAUME, S.: *Klima: gestern – heute – morgen.* Springer, Berlin, Heidelberg, New York, 1996. 140 S.

[JPH05] JÜRGING, P. und H. PATT (HRSG.): *Fließgewässer- und Auenentwicklung – Grundlagen und Erfahrungen.* Springer, Berlin, Heidelberg, 2005. 523 S.

[Kar51] KARTE: *Carte über den Lauf des Rheins von Basel bis Lauterburg längs der badisch-französischen Grenze nach dem Zustand des Stromes vom Jahr 1838.* Oberdirection des Wasser- und Strassenbaues, Karlsruhe, 1851.

[Kar75] KARTE: *Carte über den Lauf des Rheins von Basel bis Lauterburg längs der badisch-elsaessischen Grenze nach dem Zustand des Stromes vom Jahr 1872.* Oberdirection des Wasser- und Strassenbaues, Karlsruhe, 1875.

[Kar86] KARTE: *Topographische Karte 1 : 25 000, Blatt 7015 Rheinstetten.* Landesvermessungsamt Baden-Württemberg, Karlsruhe, 1986.

[KB88] KOCHEL, R.C. und V.R. BAKER: *Paleoflood analysis using slackwater deposits.* In: V.R. Baker (Ed.): Flood Geomorphology, Wiley, New York, Seiten 357–376, 1988.

[KB95] KRAUSKOPF, K.B. und D.K. BIRD: *Introduction to Geochemistry.* McGraw-Hill, New York, 1995. 647 S.

[KBF+93] KALWEIT, H., W. BUCK, K. FELKEL, H. GERHARD, J. VAN MALDE, K.-R. NIPPES, B. PLOEGER und W. SCHMITZ: *Der Rhein unter der Einwirkung des Menschen: Ausbau, Schiffahrt, Wasserwirtschaft.* Internationale Kommission für die Hydrologie des Rheingebietes (KHR), Bericht Nr. I-11, 1993. 260 S.

[KEEB96] KALE, V.S., L.L. ELY, Y. ENZEL und V.R. BAKER: *Palaeo and historical flood hydrology, Indian Peninsula.* In: J. Branson, A.G. Brown und K.J. Gregory (Eds.): Global Continental Changes: The Context of Palaeohydrology, The Geological Society Special Publications, London, Seiten 155–163, 1996.

[Ker92] KERN, K.: *Restoration of Lowland Rivers: the German Experience.* In: P.A. Carling und G.E. Petts (Eds.): Lowland Floodplain Rivers –

Geomorphological Perspectives, Wiley, Chichester, Seiten 279–297, 1992.

[Ker94] KERN, K.: *Grundlagen naturnaher Gewässergestaltung – Geomorphologische Entwicklung von Fließgewässern.* Springer, Berlin, Heidelberg, New York, 1994. 256 S.

[KGS02] KITE, J.S., T.W. GEBHARDT und G.S. SPRINGER: *Slackwater Deposits As Paleostage Indicators In Canyon Reaches Of The Central Appalachians: Reevaluation After The 1996 Cheat River Flood.* Water Science and Application – Ancient Floods, Modern Hazards: Principles and Applications of Paleoflood Hydrology, 5:257–266, 2002.

[Kle96] KLEEBERG, H.-B.: *Hochwassertrends in Deutschland.* Tagungsband Klimaänderung und Wasserwirtschaft, 56a:155–167, 1996.

[KMH02] KLEEBERG, H.-B. und G. MEON (HRSG.): *Hochwassermanagement – Gefährdungspotentiale und Risiko der Flächennutzung.* Hydrologische Wissenschaften – Fachgemeinschaft in der ATV-DVWK, Hennef, Heft 02.02, 2002. 189 S.

[Kni98] KNIGHTON, D.: *Fluvial Forms and Processes – A new Perspective.* Arnold, New York, 1998. 383 S.

[Kra97] KRAMAR, U.: *Advances in Energy-Dispersive X-Ray Fluorescence.* Journal of Geochemical Exploration 58, 1:1–39, 1997.

[KRS94] KUNTZE, H., G. ROESCHMANN und G. SCHWERDTFEGER: *Bodenkunde.* Ulmer, Stuttgart, 1994. 424 S.

[KSJ99] KOS, T.J.M., H. SCHEMMER und A. JAKOB: *Feststoffmessungen zum Vergleich von Messgeräten und Messmethoden im Rhein, 10.-12. März 1998.* Internationale Kommission für die Hydrologie des Rheingebietes (KHR), Bericht Nr. I-18, 1999. 49 S.

[KWH74] KILCHENMANN, A. und A. WIRTHMANN (HRSG.): *Beiträge zu Methodik und Methoden der Geomorphologie – Mit regionalen Beispielen aus der südlichen Vorderpfalz und aus dem nördlichen Elsaß.* Selbstverlag des Geographischen Instituts der Universität Karlsruhe (TH), Heft 6, 1974. 107 S.

[Lan96] LANG, A.: *Die Infrarot-Stimulierte-Lumineszenz als Datierungsmethode für holozäne Lössderivate – Ein Beitrag zur Chronometrie kolluvialer, alluvialer und limnischer Sedimente in Südwestdeutschland.* Selbstverlag des Geographischen Instituts der Universität Heidelberg, Heft 103, 1996. 137 S.

[Les98] LESER, H. (HRSG.): *Diercke-Wörterbuch Allgemeine Geographie.* Deutscher Taschenbuch Verlag, München, 1998. 1037 S.

[LfU05] LFU: *Geotope im Regierungsbezirk Freiburg.* Landesanstalt für Umweltschutz Baden-Württemberg (LfU), Karlsruhe, 2005. 393 S.

[Lie67] LIEPOLT, R. (HRSG.): *Limnologie der Donau – Eine monographische Darstellung.* Schweizerbart, Stuttgart, 1967.

[LKH05] LINK, F.-G. und A. KOHLER (HRSG.): *Donau, der europäische Fluss – Auenentwicklung und Wasserpflanzen als Bioindikatoren.* Wissenschaftliche Verlagsgesellschaft mbH, Stuttgart, 2005. Beiträge der Akademie für Natur- und Umweltschutz Baden-Württemberg, Band 40.

[LMW91] LEWIN, J., M.G. MACKLIN und J.C. WOODWARD: *Late Quaternary Fluvial Sedimentation in the Voidomatis Basin, Epirus, Northwest Greece.* Quaternary Research, 35:103–115, 1991.

[LWM64] LEOPOLD, L.B., M.G. WOLMAN und J.P. MILLER: *Fluvial Processes in Geomorphology.* Freeman and Company, San Francisco, 1964. 522 S.

[MA98] MIDDELKOOP, H. und N.E.M. ASSELMAN: *Spatial Variability of Floodplain Sedimentation at the Event Scale in the Rhine-Meuse Delta, The Netherlands.* Earth Surface Processes and Landforms, 23:561–573, 1998.

[Man02] MANIAK, U.: *Hochwasser und Überschwemmungen – Übersicht und Probleme einschließlich Rückstau, Sturmflut und Starkregen.* In: H.-B. Kleeberg und G. Meon (Hrsg.): Hochwassermanagement – Gefährdungspotentiale und Risiko der Flächennutzung, Hydrologische Wissenschaften – Fachgemeinschaft in der ATV-DVWK, Hennef, Seiten 5–23, 2002.

[MB83] MÜLLER-BECK, H.: *Urgeschichte in Baden-Württemberg.* Konrad Theiss Verlag, Stuttgart, 1983. 545 S.

[MBTG03] MUDELSEE, M., M. BÖRNGEN, G. TETZLAFF und U. GRÜNEWALD: *No upward trend in the occurrence of extreme floods in central Europe.* Nature, 425:166–168, 2003.

[MBTG04] MUDELSEE, M., M. BÖRNGEN, G. TETZLAFF und U. GRÜNEWALD: *Extreme floods in central Europe over the past 500 years: Role of cyclone pathway „Zugstrasse Vb“.* Journal of Geophysical Research, 109:D23101, 2004.

[McD68] McDougall, D.J.: *Thermoluminescence of geological Materials.* Academic Press, London, New York, 1968. 678 S.

[Mer06] Merz, B.: *Hochwasserrisiken: Grenzen und Möglichkeiten der Risikoabschätzung.* Schweizerbart, Stuttgart, 2006. 334 S.

[MM04] Murawski, H. und W. Meyer: *Geologisches Wörterbuch.* Spektrum Akademischer Verlag, Heidelberg, Berlin, 2004. 262 S.

[MOM07] Miller, J.R. und S.M. Orbock Miller: *Contaminated Rivers – A Geomorphological-Geochemical Approach to Site Assessment and Remediation.* Springer, Dordrecht, 2007. 418 S.

[Mus69] Musall, H.: *Die Entwicklung der Kulturlandschaft der Rheinniederung zwischen Karlsruhe und Speyer vom Ende des 16. bis zum Ende des 19. Jahrhunderts.* Selbstverlag des Geographischen Instituts der Universität Heidelberg, Heft 22, 1969. 279 S.

[Not06] Nott, J.: *Extreme Events – A Physical Reconstruction and Risk Assessment.* Cambridge University Press, Cambridge, 2006. 297 S.

[OB03] Ockenfeld, K. und M. Böhme: *Elbe-Hochwasser 2002.* BMBF-Verbundprojekt, UFZ Leipzig/Halle, 2003. 125 S.

[OcC03] OcCC: *Extremereignisse und Klimaänderung.* Organe consultatif sur le changement climatique (OcCC) – Beratendes Organ für Fragen der Klimaänderung, Bern, 2003. 88 S.

[OCM98] Olley, J., G. Caitcheon und A. Murray: *The distribution of apparent dose as determined by optically stimulated luminescence in small aliquots of fluvial quartz: Implications for dating young sediments.* Quaternary Geochronology (Quaternary Science Reviews), 17:1 033–1 040, 1998.

[OGC02] O´Connor, J.E., G.E. Grant und J.E. Costa: *The Geology and Geography of Floods.* Water Science and Application – Ancient Floods, Modern Hazards: Principles and Applications of Paleoflood Hydrology, 5:359–385, 2002.

[Par03] Parise, M.: *Flood history in the karst environment of Castellana-Grotte (Apulia, southern Italy).* Natural Hazards and Earth System Sciences, 3:593–604, 2003.

[Pat01] Patt, H.: *Hochwasser-Handbuch – Auswirkungen und Schutz.* Springer, Berlin, Heidelberg, New York, 2001. 593 S.

[Pet84] PETTS, G.E.: *Impounded Rivers – Perspectives for ecological Management.* Wiley, Chichester, New York, 1984. 326 S.

[Pet89] PETTS, G.E.: *Historical Analysis of Fluvial Hydrosystems.* In: G.E. Petts, H. Möller und A.L. Roux (Eds.): Historical Change of large alluvial Rivers: Western Europe, Wiley, Chichester, Seiten 1–18, 1989.

[Pfi01] PFISTER, C.: *Klimawandel in der Geschichte Europas.* Österreichische Zeitschrift für Geschichtswissenschaften, 12:7–43, 2001.

[Pfl82] PFLUG, R.: *Bau und Entwicklung des Oberrheingrabens.* Wissenschaftliche Buchgesellschaft, Darmstadt, Erträge der Forschung, Band 184, 1982. 145 S.

[PG06] PANSU, M. und J. GAUTHEYROU: *Handbook of Soil Analysis – Mineralogical, Organic and Inorganic Methods.* Springer, Berlin, Heidelberg, New York, 2006. 993 S.

[PGN07] PETELET-GIRAUD, E. und P. NEGREL: *Geochemical flood deconvolution in a Mediterranean catchment (Hérault, France) by Sr isotopes, major and trace elements.* Journal of Hydrology, 337:224–214, 2007.

[PIWvdP06] PINTER, N., B.S. ICKES, J.H. WLOSINSKI und R.R. VAN DER PLOEG: *Trends in flood stages: Contrasting results from the Mississippi and Rhine River systems.* Journal of Hydrology, 331:554–566, 2006.

[PMB02] PICKUP, G., A. MARKS und M. BOURKE: *Paleoflood Reconstruction on Floodplains Using Geophysical Survey Data And Hydraulic Modeling.* Water Science and Application – Ancient Floods, Modern Hazards: Principles and Applications of Paleoflood Hydrology, 5:47–60, 2002.

[PMH01] PLATE, E.J. und B. MERZ (HRSG.): *Naturkatastrophen – Ursachen, Auswirkungen, Vorsorge.* Schweizerbart, Stuttgart, 2001. 475 S.

[PPP93] PATTON, P.C., G. PICKUP und D.M. PRICE: *Holocene Paleofloods of the Ross River, Central Australia.* Quaternary Research, 40:201–212, 1993.

[PR00] POTT, R. und D. REMY: *Gewässer des Binnenlandes.* Ulmer, Stuttgart, 2000. 255 S.

[PRW02] PAINE, J.L., J.S. ROWAN und A. WERRITTY: *Reconstructing historic floods using sediments from embanked flood plains: a case study of the River Tay in Scotland.* The Sructure, Function and Management Implications of Fluvial Sedimentary Systems, IAHS Publications, 276:211–218, 2002.

[PS03] PRESS, F. und R. SIEVER: *Allgemeine Geologie – Einführung in das System Erde.* Spektrum Akademischer Verlag, Heidelberg, Berlin, 2003. 723 S.

[RB02] RICO, M. und G. BENITO: *Assessment of floods in a small mountain stream (Spanish Pyrenees).* International Conference on Flood Estimation, Seiten 203–209, 2002.

[RdC98] REIMANN, C. und P. DE CARITAT: *Chemical Elements in the Environment – Factsheets for the Geochemist and Environmental Scientist.* Springer, Berlin, Heidelberg, 1998.

[Reg99] REGIERUNGSPRÄSIDIUM, KARLSRUHE: *Landschaften und Böden im Regierungsbezirk Karlsruhe.* Schweizerbart, Stuttgart, 1999. 96 S.

[Rei86] REICHELT, G.: *Laßt den Rhein leben! – Strom im Spannungsfeld zwischen Ökologie und Ökonomie.* Girardet, Berlin, 1986. 110 S.

[Rho98] RHODES, M.J.: *Introduction to Particle Technology.* Wiley, Chichester, Weinheim, 1998. 320 S.

[RHW79] ROSE, A.W., H.E. HAWKES und J.S. WEBB: *Geochemistry in Mineral Exploration.* Academic Press, London, 1979. 657 S.

[Riv] RIVERNET. European Rivers Network, Zugriff am 08.05.2007. `http://www.rivernet.org/danube/danube_d.htm` .

[Rot00] ROTHE, P.: *Erdgeschichte – Spurensuche im Gestein.* Wissenschaftliche Buchgesellschaft, Darmstadt, 2000. 240 S.

[Rot06] ROTHE, P.: *Die Geologie Deutschlands – 48 Landschaften im Portrait.* Wissenschaftliche Buchgesellschaft, Darmstadt, 2006. 240 S.

[RSF+03] RICKEN, W., T. STEUBER, H. FREITAG, M. HIRSCHFELD und B. NIEDENZU: *Recent and historical discharge of a large European river system – oxygen isotopic composition of river water and skeletal aragonite of Unionidae in the Rhine.* Palaeogeography, Palaeoclimatology, Palaeoecology, 193:73–86, 2003.

[Rut87] RUTTE, E.: *Rhein, Main, Donau: wie – wann – warum sie wurden. Eine geologische Geschichte.* Thorbecke, Sigmaringen, 1987. 154 S.

[SB89] SMITH, R.F. und J. BOARDMAN: *The Use of Soil Information in the Assessment of the Incidence and Magnitude of Historical Flood Events in Upland Britain.* In: K. Beven und P.A. Carling (Eds.): Floods – Hydrological, Sedimentological and Geomorphological Implications, Wiley, New York, Seiten 185–197, 1989.

[SB05] SCHWOERBEL, J. und H. BRENDELBERGER: *Einführung in die Limnologie.* Elsevier, München, 2005. 340 S.

[Sch73a] SCHÄFER, W.: *Der Oberrhein, sterbende Landschaft?* Natur und Museum, Frankfurt, 1973. Bericht der Senckenbergischen Naturforschenden Gesellschaft, Band 103, Heft 1.

[Sch73b] SCHÄFER, W.: *Der Oberrhein, sterbende Landschaft?* Natur und Museum, Frankfurt, 1973. Bericht der Senckenbergischen Naturforschenden Gesellschaft, Band 103, Heft 3.

[Sch74a] SCHÄFER, W.: *Der Oberrhein, sterbende Landschaft?* Natur und Museum, Frankfurt, 1974. Bericht der Senckenbergischen Naturforschenden Gesellschaft, Band 104, Heft 11.

[Sch74b] SCHÄFER, W.: *Der Oberrhein, sterbende Landschaft?* Natur und Museum, Frankfurt, 1974. Bericht der Senckenbergischen Naturforschenden Gesellschaft, Band 104, Heft 12.

[Sch77] SCHUMM, S.A.: *The Fluvial System.* Wiley, New York, 1977. 338 S.

[Sch84] SCHMIDT, K.-H.: *Der Fluß und sein Einzugsgebiet.* Franz Steiner, Wiesbaden, 1984. 108 S.

[Sch92] SCHÖNWIESE, C.-D.: *Klima im Wandel – Tatsachen, Irrtümer, Risiken.* Deutsche Verlags-Anstalt, Stuttgart, 1992. 223 S.

[Sch95] SCHULTE, A.: *Hochwasserabfluß, Sedimenttransport und Gerinnebettgestaltung an der Elsenz im Kraichgau.* Selbstverlag des Geographischen Instituts der Universität Heidelberg, Heft 98, 1995. 202 S.

[Sch96] SCHMIDT, K.-H.: *Messung und Bewertung der zeitlichen und räumlichen Variabilität des Schwebstofftransportes.* Heidelberger Geographische Arbeiten, 104:352–372, 1996.

[Sch00a] SCHMIDT, M.: *Hochwasser und Hochwasserschutz in Deutschland vor 1850 – Eine Auswertung alter Quellen und Karten.* Oldenbourg-Industrieverlag, München, 2000. 330 S.

[Sch00b] SCHÖNWIESE, C.-D.: *Praktische Statistik für Meteorologen und Geowissenschaftler.* Gebrüder Borntraeger, Berlin, Stuttgart, 2000. 298 S.

[Sch03] SCHÖNBORN, W.: *Lehrbuch der Limnologie.* Schweizerbart, Stuttgart, 2003. 588 S.

[Sch05] SCHÖNWIESE, C.-D.: *Globale und regionale Klimaänderungen im Industriezeitalter – Beobachtungsindizien und Ursachen.* In: Bayerische Akademie der Wissenschaften – Kommission für Ökologie (Hrsg.): Klimawandel im 20. und 21. Jahrhundert, Band 28, München, Seiten 17–32, 2005.

[Sch06] SCHAUBERGER, V.: *Das Wesen des Wassers.* AT Verlag, Baden und München, 2006. 374 S.

[SDG97] SCHWARTZ, R., J. DUWE und A. GRÖNGRÖFT: *Einsatz von Kunstrasenmatten als Sedimentfallen zur Bestimmung des Stoffeintrags in Auen und Marschen.* Mitteilungen der Deutschen Bodenkundlichen Gesellschaft 85, 1:353–356, 1997.

[Seg07] SEGATTA, A.: *Bewertung von Sedimentablagerungen nach einem Hochwasser im Bereich der Rheinaue bei Neuburgweier.* Diplomarbeit, Universität Karlsruhe (TH), unveröffentlicht, 2007. 118 S.

[SGJ+01] STURM, K., R. GLASER, J. JACOBEIT, M. DEUTSCH, R. BRÁZDIL, C. PFISTER, J. LUTERBACHER und H. WANNER: *Hochwasser in Mitteleuropa seit 1500 und ihre Beziehung zur atmosphärischen Zirkulation.* Petermanns Geographische Mitteilungen, 145/6:14–23, 2001.

[Sim95] SIMM, D.J.: *The Rates and Patterns of Overbank Deposition on a Lowland Floodplain.* In: I.D.L. Foster, A.M. Gurnell und B.W. Webb (Eds.): Sediment and Water Quality in River Catchments, Wiley, Chichester, Seiten 247–264, 1995.

[SL04] SAINT-LAURENT, D.: *Palaeoflood hydrology: an emerging science.* Progress in Physical Geography, 28:531–543, 2004.

[SLJG05] SPREAFICO, M., C. LEHMANN, A. JAKOB und A. GRASSO: *Feststoffbeobachtung in der Schweiz – Ein Tätigkeitsbericht der Landeshydrologie.* Berichte des BWG (Bundesamt für Wasser und Geologie), Serie Wasser, Nr. 8, Bern, 2005. 100 S.

[SLS+96] SPREAFICO, M., C. LEHMANN, H. SCHEMMER, M. BURGDORFFER und T.L. KOS: *Feststoffbeobachtung im Rhein – Beschreibung der Messgeräte und Messmethoden.* Internationale Kommission für die Hydrologie des Rheingebietes (KHR), Bericht Nr. II-11, 1996. 106 S.

[Spr02] SPRINGER, G.S.: *Caves and Their Potential Use in Paleoflood Studies.* Water Science and Application – Ancient Floods, Modern Hazards: Principles and Applications of Paleoflood Hydrology, 5:329–343, 2002.

[SR91] SCHRÖDER, P. und P. REY: *Fließgewässernetz Rhein und Einzugsgebiet: Milieu, Verbreitung und Austauschprozesse der Wirbellosenfauna zwischen Bodensee und Taubergießen.* Institut für Angewandte Hydrobiologie, Konstanz, 1991. 274 S.

[SR00] SPÄTH, V. und A. REIF: *Auenwälder am Oberrhein – Ihre Geschichte, ihre Nutzung, ihre Zukunft.* Der Bürger im Staat, 2:99–105, 2000.

[SS89] SCHEFFER, F. und P. SCHACHTSCHABEL: *Lehrbuch der Bodenkunde.* Enke, Stuttgart, 1989. 494 S.

[Sta77] STATHAM, I.: *Earth Surface Sediment Transport.* Claredon Press, Oxford, 1977. 184 S.

[Sta01] STANLEY, S.M.: *Historische Geologie.* Spektrum Akademischer Verlag, Heidelberg, Berlin, 2001. 710 S.

[Sta03] STARKEL, L.: *Palaeohydrology of Central Europe.* In: K.J. Gregory und G. Benito (Eds.): Palaeohydrology – Understanding Global Change, Wiley, New York, Seiten 77–104, 2003.

[SW98] SMITH, K. und R. WARD: *Floods – Physical Processes and Human Impacts.* Wiley, Chichester, 1998. 382 S.

[Sym84] SYMADER, W.: *Raumzeitliches Verhalten gelöster und suspendierter Schwermetalle – Eine Untersuchung zum Stofftransport in Gewässern der Nordeifel und Niederrheinischen Bucht.* Steiner, Wiesbaden, 1984. Erdkundliches Wissen, Heft 67.

[SZ06] STROBL, T. und F. ZUNIC: *Wasserbau: Aktuelle Grundlagen – Neue Entwicklungen.* Springer, Berlin, Heidelberg, 2006. 604 S.

[TBR+05] THORNDYCRAFT, V.R., G. BENITO, M. RICO, A. SOPEÑA, Y. SÁNCHEZ-MOYA und A. CASAS: *A long-term flood discharge record derived from slackwater flood deposits of the Llobregat River, NE Spain.* Journal of Hydrology, 313:16–31, 2005.

[TKH96] TITTIZER, T. und F. KREBS (HRSG.): *Ökosystemforschung: Der Rhein und seine Auen – eine Bilanz.* Springer, Berlin, Heidelberg, 1996. 468 S.

[Tru84] TRUNKÓ, L.: *Karlsruhe und Umgebung : nördlicher Schwarzwald, südlicher Kraichgau, Rheinebene, Ostrand des Pfälzer Waldes und die Nordvogesen.* Borntraeger, Berlin, 1984. 227 S.

[Tuc96] TUCKER, M. (HRSG.): *Methoden der Sedimentologie.* Enke, Stuttgart, 1996. 366 S.

[UH01] UHLMANN, D. und W. HORN: *Hydrobiologie der Binnengewässer – ein Grundriss für Ingenieure und Naturwissenschaftler.* Ulmer, Stuttgart, 2001. 528 S.

[UNE93] UNESCO: *Die Donau und ihr Einzugsgebiet – eine hydrologische Monographie, Band 1 & 2.* Regionale Zusammenarbeit der Donauländer im Rahmen des Internationalen Programms der UNESCO, 1993.

[UNE99] UNESCO: *Die Donau und ihr Einzugsgebiet – eine hydrologische Monographie, Folgeband V/2: Paläogeographie der Donau und ihres Einzugsgebietes.* Regionale Zusammenarbeit der Donauländer im Rahmen des Internationalen Programms der UNESCO, 1999.

[VBBMH07] VOGT, J., D. BURGER, T.K. BUTTSCHARDT und A. MEGERLE (HRSG.): *Karlsruhe – Stadt und Region: Ein landeskundlicher Führer zu bekannten und weniger bekannten Exkursionszielen.* Regionalwissenschaftlicher Fachverlag, Karlsruhe, 2007. 272 S.

[Wal95] WALTER, R.: *Geologie von Mitteleuropa.* Schweizerbart, Stuttgart, 1995. 566 S.

[WBKD00] WREN, D.G., B.D. BARKDOLL, R.A. KUHNLE und R.W. DERROW: *Field Techniques for Suspended-Sediment Measurement.* Journal of Hydraulic Engineering, 2:97–104, 2000.

[Wet] WETTERZENTRALE. Wetterzentrale – Chronik, Zugriff am 19. und 27.11.2007. `http://www.wetterzentrale.de/cgi-bin/wetterchronik/home.pl` .

[Wie00] WIECHMANN, H.: *Die bodensystematische Kennzeichnung von Auenböden.* In: K. Friese (Hrsg.): Stoffhaushalt von Auenökosystemen – Böden und Hydrologie, Schadstoffe, Bewertungen, Springer, Berlin, Heidelberg, Seiten 19–25, 2000.

[Wil88] WILLIAMS, G.P.: *Paleofluvial estimates from dimensions of former channels and meanders.* In: V.R. Baker (Ed.): Flood Geomorphology, Wiley, New York, Seiten 321–334, 1988.

[Wil89] WILLIAMS, G.P.: *Sediment Concentration versus Water Discharge during single hydrologic Events in Rivers.* Journal of Hydrology, 111:89–106, 1989.

[Wil97] WILHELM, F.: *Hydrogeographie – Grundlagen der Allgemeinen Hydrogeographie.* Westermann, Braunschweig, 1997. 225 S.

[WJ94] WAYTHOMAS, C.F. und R.D. JARRETT: *Flood geomorphology of Arthurs Rock Gulch, Colorado: paleoflood history.* Geomorphology, 11:15–40, 1994.

[WM89] WALLING, D.E. und P.W. MOOREHEAD: *The particle size characteristics of fluvial suspended sediment: an overview.* Hydrobiologica 176/177, 176:125–149, 1989.

[WO02] WALLING, D.E. und P.N. OWENS: *The role of flood plain sedimentation in catchment sediment and contaminant budgets.* The Sructure, Function and Management Implications of Fluvial Sedimentary Systems, IAHS Publications, 276:407–416, 2002.

[Woh00] WOHL, E.E.: *Inland Flood Hazards.* In: E.E. Wohl (Ed.): Inland Flood Hazards – Human, Riparian and Aquatic Communities, Cambridge University Press, Cambridge, Seiten 3–36, 2000.

[WvK04] WINTERWERP, J.C. und W.G.M. VAN KESTEREN: *Introduction to the Physics of cohesive Sediment in the marine Environment.* Elsevier, Amsterdam, 2004. Developments in Sedimentology, 56.

[WZ89] WAGNER, G.A. und L. ZÖLLER: *Neuere Datierungsmethoden für geowissenschaftliche Forschungen – Unter besonderer Berücksichtigung der Thermolumineszenz.* Geographische Rundschau, 41, 9:507–512, 1989.

[YJ02] YANOSKY, T.M. und R.D. JARRETT: *Dendrochronologic Evidence for the Frequency and Magnitude of Paleofloods.* Water Science and Application – Ancient Floods, Modern Hazards: Principles and Applications of Paleoflood Hydrology, 5:77–89, 2002.

[Zaw97] ZAWADA, P.K.: *Palaeoflood hydrology: method and application in flood-prone southern Africa.* South African Journal of Science, 93:111–132, 1997.

[Zaw00] ZAWADA, P.K.: *Slackwater Sediments and Paleofloods – Their significance for Holocene Paleoclimatic Reconstruction and Flood Prediction.* The Cenozoic of Southern Africa, 40:198–206, 2000.

[Zep04] ZEPP, H.: *Geomorphologie.* Schöningh, Paderborn, München, Wien, Zürich, 2004. 354 S.

[Zim71] ZIMMERMAN, D.: *Thermoluminescence dating using fine grains from pottery.* Archaeometry, 13:29–52, 1971.

Anhang

Im Anhang sind die Haupt- und Spurenelementzusammensetzung der Schwebstoff- und der Sedimentproben von Rhein und Donau sowie die den Abbildungen zugrunde liegenden Faktorenmatrizes tabellarisch zusammengestellt. Des Weiteren sind hier die Korngrößenverteilung und die mineralogische Zusammensetzung der Sedimentproben von Rhein und Donau sowie die Daten der Lumineszenzmessungen vom Rhein als Tabellen zu finden.

Überblick

Rhein

Zusammensetzung der Schwebstoffe

Tabelle 8.1: Granulometrische Zusammensetzung der Schwebstoffe des Rheins 1999 (Proben der LUBW), der Zeitpunkt der Entnahme sowie die Schwebstoffgehalte. Die Zahlenwerte in der Kopfzeile entsprechen Korngrößenbereichen in μm. Messstelle: Staustufe Iffezheim.

Probe	< 5 [%]	5–10 [%]	10–20 [%]	20–40 [%]	40–100 [%]	100–200 [%]	200–400 [%]	> 400 [%]
9901	2,5	9,2	14,6	17,3	16,6	15,0	11,9	12,9
9902	2,2	8,3	13,4	15,8	16,4	16,5	13,6	13,9
9903	2,2	8,0	12,2	15,1	16,8	18,0	15,2	12,6
9904	3,1	10,2	14,8	17,7	19,1	18,0	10,8	6,3
9905	4,5	12,7	16,8	17,1	16,4	13,6	9,5	9,5
9906	4,2	12,5	17,0	17,9	17,9	15,4	9,1	6,0
9907	2,3	7,1	10,8	14,9	19,2	23,1	15,1	7,6
9912	2,8	8,4	11,8	13,9	18,3	23,1	13,8	7,9
9913	3,0	9,2	13,2	15,8	21,2	23,2	9,5	4,8
9914	3,5	9,9	13,4	15,6	21,1	21,8	9,3	5,6
9915	3,0	9,0	12,5	15,2	22,2	22,2	9,6	6,2
9916	3,8	10,7	14,3	16,5	22,3	20,4	7,9	4,1
9917	3,4	9,3	12,6	14,4	20,0	21,3	10,6	8,4
9918	4,0	10,7	14,0	16,0	22,4	20,2	6,7	5,9
9919	3,1	8,3	11,1	13,2	19,4	22,1	13,0	9,9
9920	3,3	9,0	11,6	13,5	20,2	23,7	11,8	6,8
9921	4,6	12,0	15,5	18,0	24,7	17,8	5,4	2,0
9922	4,5	11,2	13,9	16,3	23,9	19,1	6,7	4,4
9923	4,0	10,5	13,5	15,1	21,2	19,5	8,8	7,6
9924	3,9	10,3	12,7	14,0	21,1	23,4	9,8	4,9
9925	5,1	12,1	14,3	15,1	20,5	19,1	8,0	5,9
9926	3,3	8,5	11,1	13,2	20,6	21,5	10,7	11,1
9927	4,0	11,0	14,8	16,5	21,7	19,2	7,6	5,2
9928	3,4	10,4	15,2	17,0	19,2	19,0	9,6	6,2
9929	3,0	9,5	14,6	16,5	18,3	17,9	9,9	10,3
9930	3,0	9,6	14,4	16,4	18,5	19,6	11,1	7,6
9931	2,2	7,2	11,8	15,5	16,1	17,8	15,3	14,2
9932	1,9	6,3	9,8	11,3	11,1	14,7	18,6	26,5
9933	2,4	8,1	12,6	14,8	14,4	12,4	13,0	22,3

Fortsetzung von Tabelle 8.1:

Probe	Datum	Uhrzeit	Stunden [h]	Schwebstoffgehalt [mg/L]
9901	20.02.1999	16:00	0	37
9902	20.02.1999	20:00	4	53
9903	21.02.1999	00:30	8,5	72
9904	21.02.1999	04:00	12	215
9905	21.02.1999	09:00	17	126
9906	21.02.1999	12:00	20	112
9907	21.02.1999	15:00	23	133
9912	22.02.1999	16:00	48	86
9913	22.02.1999	21:00	53	110
9914	23.02.1999	01:00	57	145
9915	23.02.1999	05:00	61	152
9916	23.02.1999	09:00	65	144
9917	23.02.1999	13:00	69	172
9918	23.02.1999	17:00	73	173
9919	23.02.1999	21:00	77	184
9920	24.02.1999	01:00	81	163
9921	24.02.1999	05:00	85	137
9922	24.02.1999	09:00	89	183
9923	24.02.1999	13:00	93	162
9924	24.02.1999	17:00	97	186
9925	24.02.1999	21:00	101	184
9926	25.02.1999	01:00	105	126
9927	25.02.1999	05:00	109	129
9928	25.02.1999	09:00	113	130
9929	25.02.1999	13:00	117	112
9930	25.02.1999	17:00	121	100
9931	26.02.1999	15:00	143	49
9932	27.02.1999	13:30	165,5	32
9933	28.02.1999	14:00	190	23

Tabelle 8.2: Chemische Zusammensetzung der Schwebstoffe des Rheins 1999 (Proben der LUBW) sowie die Abflusswerte. Messstelle: Staustufe Iffezheim.

Probe	**Abfluss** [m^3/s]	**K_2O** [%]	**CaO** [%]	**TiO_2** [%]	**MnO** [%]	**Fe_2O_3** [%]	**Ni** [ppm]	**Cu** [ppm]	**Zn** [ppm]
9901	2158	2,65	12,2	0,45	0,08	3,71	41	49	178
9902	2519	2,59	11,1	0,47	0,08	4,00	46	48	178
9903	2969	2,52	11,4	0,46	0,07	3,97	42	51	173
9904	3409	2,42	10,8	0,47	0,07	3,91	38	41	165
9905	3809	2,37	11,6	0,45	0,07	3,97	39	36	156
9906	3963	2,19	12,3	0,41	0,06	3,56	42	29	141
9907	4050	2,12	13,9	0,41	0,06	3,62	45	43	140
9912	3866	1,82	14,4	0,39	0,07	3,60	47	31	136
9913	3885	1,86	15,8	0,37	0,08	3,57	46	32	125
9914	3955	1,87	16,4	0,37	0,06	3,42	49	33	120
9915	4046	1,87	16,3	0,34	0,06	3,27	35	32	119
9916	4082	1,89	16,0	0,36	0,07	3,48	47	32	127
9917	4026	1,81	16,0	0,37	0,07	3,49	40	28	127
9918	3816	2,02	16,8	0,43	0,07	3,95	46	42	141
9919	3565	1,80	15,9	0,38	0,07	3,84	46	35	134
9920	3446	1,64	16,6	0,36	0,07	3,56	48	30	117
9921	3432	1,62	16,8	0,34	0,06	3,41	38	27	119
9922	3435	1,70	16,6	0,34	0,06	3,41	49	36	113
9923	3407	1,72	17,0	0,35	0,06	3,43	48	33	117
9924	3428	1,67	16,8	0,34	0,07	3,25	42	22	107
9925	3428	1,64	17,3	0,34	0,07	3,38	44	39	112
9926	3403	1,64	17,3	0,34	0,07	3,45	45	32	112
9927	3389	1,60	17,3	0,33	0,08	3,32	38	36	105
9928	3358	1,60	17,4	0,33	0,07	3,24	44	30	111
9929	3269	1,58	17,4	0,33	0,08	3,27	44	29	115
9930	3200	1,58	17,3	0,34	0,07	3,21	39	25	97
9931	2830	1,87	16,3	0,36	0,06	3,44	47	43	144
9932	2480	1,95	16,3	0,37	0,07	3,34	43	37	133
9933	2170	1,86	15,4	0,36	0,06	3,36	41	36	143

Fortsetzung von Tabelle 8.2:

Probe	As [ppm]	Br [ppm]	Rb [ppm]	Sr [ppm]	Y [ppm]	Zr [ppm]	Nb [ppm]	Mo [ppm]	Ag [ppm]
9901	26	28	131	262	23	111	10	3	1
9902	25	27	136	254	24	114	10	3	2
9903	26	27	132	246	23	109	10	3	2
9904	20	24	123	240	23	120	10	3	1
9905	18	26	122	239	21	107	11	3	1
9906	17	23	107	229	18	98	9	3	1
9907	16	23	105	244	22	113	11	3	1
9912	16	15	103	221	21	89	6	3	1
9913	14	16	99	244	20	91	8	3	1
9914	16	13	95	248	19	93	8	3	1
9915	14	14	93	250	19	87	8	3	1
9916	17	15	97	256	20	95	9	3	1
9917	14	14	94	249	21	95	8	3	1
9918	18	15	100	246	21	86	8	3	1
9919	16	14	103	243	20	85	10	3	1
9920	13	12	91	242	21	85	8	3	1
9921	13	13	89	243	20	80	7	3	1
9922	12	12	90	251	19	78	6	3	2
9923	14	12	91	254	20	82	8	3	1
9924	12	12	86	253	20	82	7	3	1
9925	12	10	89	254	20	82	8	3	1
9926	12	13	89	255	20	79	8	3	1
9927	14	12	85	256	19	84	7	3	1
9928	12	14	81	251	20	84	8	3	1
9929	11	14	84	248	19	86	7	3	1
9930	13	13	82	252	20	94	7	3	1
9931	13	20	95	261	19	92	8	3	1
9932	15	18	94	272	21	101	6	3	1
9933	15	20	93	256	20	95	8	3	2

Fortsetzung von Tabelle 8.2:

Probe	Cd [ppm]	Sn [ppm]	Sb [ppm]	Cs [ppm]	Ba [ppm]	La [ppm]	Ce [ppm]	Pb [ppm]
9901	1	7	3	14	546	26	68	38
9902	1	9	1	14	721	30	77	42
9903	1	8	3	13	672	41	68	41
9904	1	7	2	8	659	39	64	43
9905	1	8	3	3	508	23	68	42
9906	1	9	2	3	436	29	89	36
9907	1	5	2	3	398	31	61	36
9912	1	7	1	3	420	32	76	41
9913	1	7	1	3	360	32	66	35
9914	1	6	2	3	318	26	54	30
9915	1	5	1	3	312	31	53	31
9916	1	6	1	3	301	15	63	34
9917	1	6	1	3	316	29	57	31
9918	1	6	3	3	330	33	81	32
9919	1	6	2	3	336	31	54	35
9920	1	5	1	3	291	19	57	33
9921	1	4	1	5	293	38	56	31
9922	1	4	1	3	289	33	47	32
9923	1	6	3	3	283	35	47	32
9924	1	6	2	3	279	16	46	29
9925	1	6	2	3	282	39	62	25
9926	1	5	3	3	289	34	48	28
9927	1	5	1	3	282	22	55	24
9928	1	5	1	3	269	26	41	28
9929	1	5	2	3	285	28	57	33
9930	1	6	1	3	298	32	51	29
9931	1	6	2	3	299	25	58	36
9932	1	6	2	7	303	31	63	36
9933	1	6	1	5	313	32	58	38

Zusammensetzung der sedimentierten Schwebstoffe

Tabelle 8.3: Chemische und granulometrische Zusammensetzung der sedimentierten Schwebstoffe des Rheins 2006 (März). Die Zahlenwerte in der Kopfzeile entsprechen Korngrößenbereichen in μm. Messstelle: Elchesheim-Illingen.

Probe	K_2O [%]	CaO [%]	TiO_2 [%]	MnO [%]	Fe_2O_3 [%]	Ni [ppm]	Cu [ppm]	Zn [ppm]	As [ppm]
TR106	1,71	32,3	0,34	0,39	3,13	55	39	147	20
MR106	1,50	16,3	0,27	0,10	2,57	34	25	87	15
MR206	1,55	20,2	0,28	0,07	2,76	30	29	106	12
MR306	1,68	19,6	0,33	0,08	3,21	50	37	148	15
MR406	1,26	13,7	0,22	0,05	2,06	26	16	38	12

Probe	Br [ppm]	Rb [ppm]	Sr [ppm]	Y [ppm]	Zr [ppm]	Nb [ppm]	Mo [ppm]	Ag [ppm]
TR106	11	93	181	19	88	6	3	1
MR106	4	76	259	19	113	6	3	1
MR206	5	78	265	18	112	7	3	1
MR306	8	95	231	19	110	7	3	1
MR406	4	62	277	15	120	5	3	1

Probe	Cd [ppm]	Sn [ppm]	Sb [ppm]	Ba [ppm]	La [ppm]	Ce [ppm]	Pb [ppm]
TR106	1	6	1	293	14	38	368
MR106	1	6	1	320	27	38	42
MR206	1	5	1	277	26	61	51
MR306	1	7	1	295	23	42	73
MR406	1	6	1	298	26	68	20

Probe	<5 [%]	5–10 [%]	10–20 [%]	20–40 [%]	40–100 [%]	100–200 [%]	200–400 [%]	>400 [%]
TR106	1,5	7,5	13,5	14,9	13,7	12,6	14,0	22,3
MR106	0,7	3,7	7,2	10,1	13,1	18,2	19,5	27,6
MR206	1,1	4,9	11,1	16,2	14,3	12,5	13,5	26,5
MR306	1,7	6,8	11,5	14,2	14,6	14,5	15,0	21,8
MR406	1,1	5,4	10,6	14,1	16,1	17,9	20,3	14,5

Tabelle 8.4: Chemische und granulometrische Zusammensetzung der sedimentierten Schwebstoffe des Rheins 2006 (September, Proben von A. Segatta) sowie die Entfernung der Entnahmestelle zum Rhein. Die Zahlenwerte in der Kopfzeile entsprechen Korngrößenbereichen in μm. Messstelle: Neuburgweier.

Probe	K_2O [%]	CaO [%]	TiO_2 [%]	MnO [%]	Fe_2O_3 [%]	Ni [ppm]	Cu [ppm]	Zn [ppm]	As [ppm]
MRA-01	1,99	24,7	0,30	0,05	1,93	37	55	495	9
MRA-02	2,06	20,0	0,33	0,06	2,35	39	39	1030	9
MRA-03	2,16	18,5	0,32	0,06	2,55	43	44	984	8
MRA-04	1,70	29,6	0,19	0,04	1,77	55	81	2320	8
MRA-06	2,53	18,4	0,42	0,08	3,61	47	57	559	12
MRA-07	2,52	18,3	0,39	0,07	3,58	56	57	344	13
MRA-08	2,48	19,4	0,41	0,09	3,53	50	46	394	11
MRA-09	2,58	18,5	0,39	0,09	3,49	56	44	241	12

Probe	Br [ppm]	Rb [ppm]	Sr [ppm]	Y [ppm]	Zr [ppm]	Nb [ppm]	Mo [ppm]	Ag [ppm]
MRA-01	24	65	267	13	128	4	4	2
MRA-02	18	68	256	17	150	5	3	0
MRA-03	20	68	235	15	109	6	2	1
MRA-04	31	37	279	6	58	2	6	1
MRA-06	28	95	243	18	98	9	2	1
MRA-07	26	90	243	18	91	7	2	1
MRA-08	24	91	251	19	99	7	3	1
MRA-09	25	91	243	20	99	7	2	1

Probe	Cd [ppm]	Sn [ppm]	Sb [ppm]	Ba [ppm]	La [ppm]	Ce [ppm]	Pb [ppm]	Entfernung [m]
MRA-01	0	6	5	254	24	42	28	1,7
MRA-02	0	5	0	287	22	55	21	1,7
MRA-03	1	9	0	293	26	58	25	3,6
MRA-04	1	13	5	249	9	30	32	3,6
MRA-06	0	8	2	309	31	52	33	125
MRA-07	1	8	3	301	26	61	54	125
MRA-08	0	8	1	298	34	57	31	175
MRA-09	1	8	2	294	32	54	31	175

Fortsetzung von Tabelle 8.4:

Probe	**< 5** [%]	**5–10** [%]	**10–20** [%]	**20–40** [%]	**40–100** [%]	**100–200** [%]	**200–400** [%]	**> 400** [%]
MRA-01	0,3	1,6	3,4	6,2	14,2	26,1	23,0	25,3
MRA-02	0,5	2,5	4,9	9,9	22,7	25,6	16,1	17,8
MRA-03	1,7	6,6	11,4	17,7	21,7	15,9	11,7	13,3
MRA-04	0,6	2,7	4,9	8,8	16,3	22,5	18,0	26,2
MRA-06	3,3	10,7	16,4	19,5	19,4	15,3	8,5	6,9
MRA-07	3,8	11,8	17,4	19,4	17,6	13,2	7,6	9,3
MRA-08	4,3	12,5	17,2	19,3	17,6	13,9	8,2	7,0
MRA-09	5,9	15,5	20,7	22,5	20,2	10,7	4,5	0,0

Zusammensetzung der Sedimente

3 m langer Kern

Tabelle 8.5: Granulometrische Zusammensetzung der Sedimente des 3 m langen Rheinkerns 2006 sowie die Tiefe der Sedimentschichten. Die Zahlenwerte in der Kopfzeile entsprechen Korngrößenbereichen in μm. Messstelle: Elchesheim-Illingen.

Probe	**< 5** [%]	**5–10** [%]	**10–20** [%]	**20–40** [%]	**40–100** [%]	**100–200** [%]	**200–400** [%]	**> 400** [%]	**Tiefe** [cm]
RL240	0,4	2,4	4,9	7,8	12,0	23,2	25,4	23,9	1
RL239	0,7	3,4	6,2	8,9	13,2	21,6	23,3	22,8	2
RL238	0,7	3,5	6,6	9,9	16,1	25,6	22,0	15,7	3
RL237	1,1	5,2	9,6	13,9	19,2	23,1	17,1	10,9	4
RL236	0,6	3,0	5,7	8,9	13,3	20,3	26,3	22,0	5
RL235	0,7	3,7	7,0	10,7	16,9	24,7	21,8	14,6	6
RL234	1,0	4,4	7,8	10,8	14,9	20,3	21,4	19,5	7
RL233	0,6	3,0	5,2	7,3	11,0	21,2	27,0	24,7	8
RL232	0,7	3,4	6,3	9,3	12,3	18,2	23,3	26,5	9
RL231	1,7	6,2	9,8	12,1	14,0	16,6	17,8	21,9	10
RL230	1,8	6,6	10,5	12,5	13,4	14,2	17,1	23,9	11
RL229	2,4	9,9	17,6	22,7	24,0	13,1	6,0	4,4	12
RL228	4,0	13,5	20,7	24,0	21,1	9,4	4,1	3,3	13
RL227	1,5	5,7	10,0	13,5	15,6	19,6	19,5	14,7	14
RL226	5,3	16,0	22,5	22,9	20,2	10,2	3,1	0,0	15
RL225	1,5	6,0	10,9	15,2	18,7	19,3	14,3	14,1	16
RL224	2,4	7,9	13,1	16,5	18,3	16,5	12,3	13,0	17
RL223	1,2	4,8	8,7	11,8	14,6	23,4	22,5	13,1	18
RL222	1,1	4,4	8,3	12,6	20,6	28,6	17,6	6,9	19
RL221	2,0	7,0	12,9	17,8	21,0	21,1	13,1	5,2	20
RL220	2,4	8,7	15,9	21,5	25,6	20,1	4,9	1,0	21
RL219	0,9	3,6	6,5	9,2	15,3	31,6	24,1	8,9	22
RL218	1,1	4,4	8,3	12,0	17,5	28,8	20,0	7,9	23
RL217	1,1	4,2	7,8	11,2	16,5	27,8	20,9	10,6	24
RL216	0,7	3,7	8,0	15,0	36,2	25,9	5,2	5,3	25
RL215	0,7	3,0	6,1	9,9	16,0	31,9	23,6	8,8	26
RL214	0,9	3,8	7,4	11,9	18,1	27,6	20,2	10,1	27
RL213	0,7	3,4	7,2	12,6	21,9	34,0	16,9	3,3	28
RL212	1,3	5,4	11,0	18,6	27,9	24,7	8,7	2,4	29
RL211	0,6	2,9	6,4	12,0	26,8	34,7	12,9	3,8	30

Fortsetzung auf der nächsten Seite

Probe	< 5 [%]	5–10 [%]	10–20 [%]	20–40 [%]	40–100 [%]	100–200 [%]	200–400 [%]	> 400 [%]	Tiefe [cm]
RL210	0,5	2,4	5,6	10,8	27,5	37,8	12,1	3,5	31
RL209	0,7	3,7	8,3	15,7	29,5	30,7	9,0	2,5	32
RL208	0,5	2,7	6,7	13,5	27,8	37,8	9,8	1,2	33
RL207	0,5	2,5	6,2	12,2	26,3	37,0	12,6	2,9	34
RL206	1,4	5,8	12,0	21,6	32,3	20,0	4,3	2,5	35
RL205	0,6	2,8	6,9	14,1	29,7	34,1	9,5	2,4	36
RL204	0,7	3,6	8,6	17,8	35,4	26,0	5,3	2,6	37
RL203	0,9	4,3	9,8	20,0	34,6	23,2	4,7	2,6	38
RL202	0,9	3,8	8,5	16,5	32,2	27,4	6,7	3,9	39
RL201	0,7	3,3	7,5	14,5	32,1	31,9	7,6	2,5	40
RL200	0,9	3,8	8,2	15,4	31,3	29,8	7,9	2,8	41
RL199	0,7	3,4	7,7	14,7	31,1	30,3	8,5	3,5	42
RL198	0,8	3,9	8,8	18,8	37,9	23,2	4,0	2,6	43
RL197	0,7	3,6	8,4	19,9	38,6	21,4	4,0	3,3	44
RL196	0,6	3,2	7,5	17,2	38,3	27,4	3,9	1,9	45
RL195	0,8	3,7	8,2	18,0	32,8	23,3	9,2	3,9	46
RL194	0,1	1,0	3,0	7,9	18,0	42,6	22,5	5,1	47
RL193	0,7	2,9	5,7	10,4	10,7	26,5	35,3	7,8	48
RL192	0,1	0,7	1,2	2,8	1,3	33,3	51,1	9,5	49
RL191	0,1	0,7	1,0	2,2	0,7	31,2	56,6	7,4	50
RL190	0,0	0,3	0,7	2,5	2,8	42,5	44,7	6,5	51
RL189	0,2	1,2	3,2	7,0	19,1	49,0	19,0	1,4	52
RL188	0,3	1,7	4,7	10,5	27,8	43,0	9,7	2,3	53
RL187	1,4	6,0	12,6	23,8	39,1	14,8	1,2	1,2	54
RL186	0,7	3,6	9,3	20,1	34,7	25,5	5,1	1,1	55
RL185	0,9	4,5	10,8	24,2	38,8	16,7	2,1	2,0	56
RL184	0,5	2,8	7,6	18,7	40,0	24,5	3,6	2,5	57
RL183	0,6	3,2	8,3	18,8	38,6	25,6	3,4	1,6	58
RL182	0,4	2,2	6,6	16,4	36,9	30,0	5,4	2,1	59
RL181	0,5	2,6	6,8	14,8	34,9	33,8	6,0	0,7	60
RL180	0,7	3,5	8,2	19,0	39,9	22,2	3,8	2,7	61
RL179	0,2	1,3	4,3	9,6	33,1	44,1	6,0	1,3	62
RL178	0,6	2,8	7,5	16,0	35,0	28,8	5,2	4,1	63
RL177	0,7	3,4	7,9	19,0	36,2	24,2	5,6	3,2	64
RL176	0,3	1,2	3,2	7,4	13,6	51,1	21,7	1,5	65
RL175	0,7	3,2	6,8	14,1	23,4	26,3	17,5	8,0	66
RL174	0,3	1,3	3,6	8,4	26,8	47,2	11,1	1,3	67

Fortsetzung auf der nächsten Seite

Probe	< 5 [%]	5–10 [%]	10–20 [%]	20–40 [%]	40–100 [%]	100–200 [%]	200–400 [%]	> 400 [%]	Tiefe [cm]
RL173	0,4	1,9	5,0	10,8	28,7	41,7	10,3	1,2	68
RL172	0,2	1,1	3,6	8,9	27,7	35,5	12,4	10,6	69
RL171	0,3	1,0	1,9	3,4	5,1	23,9	44,6	19,9	70
RL170	0,1	0,4	0,7	1,5	2,3	24,4	46,2	24,3	71
RL169	0,1	0,4	0,9	1,5	3,7	23,5	41,4	28,5	72
RL168	0,1	0,4	0,7	1,5	2,0	30,8	46,0	18,6	73
RL167	0,0	0,3	0,4	0,9	0,4	20,5	50,5	27,1	74
RL166	0,0	0,2	0,3	0,9	0,6	17,9	49,9	30,2	75
RL165	0,0	0,0	0,0	0,8	0,3	19,1	54,3	25,6	76
RL164	0,0	0,0	0,1	0,7	0,4	16,8	50,8	31,2	77
RL163	0,0	0,1	0,1	0,5	0,1	21,2	54,3	23,7	78
RL162	0,4	1,2	1,8	2,5	2,7	25,4	48,9	17,2	79
RL161	0,6	1,5	2,1	3,0	3,6	21,2	39,0	29,0	80
RL160	1,2	4,6	8,6	14,8	24,4	26,6	14,4	5,4	81
RL159	1,2	4,1	6,5	9,7	12,2	23,5	32,9	9,8	82
RL158	0,1	0,6	0,9	1,8	1,2	18,8	48,5	28,2	83
RL157	0,0	0,2	0,2	1,2	0,9	25,6	50,8	21,1	84
RL156	0,0	0,0	0,1	0,7	0,2	17,9	53,5	27,7	85
RL155	0,0	0,0	0,0	0,3	0,1	24,1	54,8	20,7	86
RL154	0,0	0,0	0,0	0,4	0,1	23,0	51,7	24,8	87
RL153	0,0	0,0	0,0	0,7	0,4	29,6	50,4	19,0	88
RL152	0,0	0,2	0,4	1,8	2,9	39,1	44,2	11,5	89
RL151	0,0	0,0	0,1	1,0	0,2	31,3	51,1	16,3	90
RL150	0,0	0,2	0,4	1,6	0,5	32,3	48,8	16,2	91
RL149	0,0	0,0	0,0	1,1	0,3	40,0	51,4	7,3	92
RL148	0,0	0,0	0,0	0,9	0,7	37,9	47,8	12,7	93
RL147	0,0	0,0	0,0	0,5	0,1	23,5	53,0	23,0	94
RL146	0,0	0,0	0,0	0,7	0,1	24,4	51,0	23,9	95
RL145	0,0	0,0	0,0	0,6	0,1	28,4	54,1	16,8	96
RL144	0,0	0,0	0,0	0,8	0,1	30,2	53,9	15,0	97
RL143	0,0	0,3	0,4	1,4	1,0	35,9	45,9	15,1	98
RL142	0,0	0,0	0,3	1,5	1,9	48,3	43,3	4,7	99
RL141	0,0	0,0	0,1	1,2	0,7	43,3	46,7	8,1	100
RL140	0,0	0,2	0,2	1,3	0,5	41,3	48,3	8,2	101
RL139	0,0	0,0	0,1	1,3	0,3	40,3	52,8	5,3	102
RL138	0,0	0,0	0,1	1,0	0,0	36,6	53,8	8,6	103
RL137	0,0	0,0	0,0	0,9	0,5	45,4	48,5	4,8	104

Fortsetzung auf der nächsten Seite

Probe	< 5 [%]	5–10 [%]	10–20 [%]	20–40 [%]	40–100 [%]	100–200 [%]	200–400 [%]	> 400 [%]	Tiefe [cm]
RL136	0,0	0,0	0,1	0,9	1,4	50,9	43,1	3,7	105
RL135	0,1	0,1	0,6	1,8	4,2	50,8	36,2	6,3	106
RL134	0,0	0,1	0,3	1,4	5,6	43,7	37,6	11,3	107
RL133	0,0	0,4	0,7	2,1	3,5	38,6	44,3	10,5	108
RL132	0,0	0,0	0,1	1,2	1,9	41,9	45,8	9,2	109
RL131	0,0	0,0	0,2	1,3	0,2	37,0	50,2	11,2	110
RL130	0,0	0,0	0,0	1,0	0,1	34,8	53,0	11,1	111
RL129	0,0	0,1	0,1	0,9	0,1	33,3	55,7	9,7	112
RL128	0,0	0,0	0,0	0,6	0,0	38,5	53,0	7,9	113
RL127	0,0	0,0	0,0	0,9	0,1	36,6	53,0	9,4	114
RL126	0,0	0,0	0,0	0,7	0,1	39,3	52,0	7,9	115
RL125	0,0	0,0	0,0	0,8	0,3	34,8	50,8	13,2	116
RL124	0,0	0,0	0,0	0,5	0,0	32,0	56,2	11,3	117
RL123	0,0	0,0	0,0	0,3	0,0	41,2	53,3	5,2	118
RL122	0,0	0,0	0,1	0,8	0,4	44,3	49,6	4,8	119
RL121	0,0	0,0	0,0	0,7	0,0	34,4	52,2	12,7	120
RL120	0,0	0,0	0,1	1,0	0,4	40,0	48,9	9,6	121
RL119	0,0	0,1	0,1	0,8	0,1	33,0	54,6	11,4	122
RL118	0,0	0,0	0,3	0,5	0,0	30,8	51,7	17,1	123
RL117	0,1	0,3	0,4	1,6	0,2	34,9	52,6	10,0	124
RL116	0,0	0,0	0,0	0,5	0,0	30,8	51,0	17,7	125
RL115	0,0	0,0	0,0	0,4	0,0	25,5	50,4	23,6	126
RL114	0,0	0,0	0,0	0,0	0,0	24,4	54,8	20,8	127
RL113	0,0	0,0	0,0	0,2	0,0	28,9	51,4	19,6	128
RL112	0,1	0,2	0,3	1,0	0,1	28,2	47,5	22,5	129
RL111	0,0	0,3	0,7	2,0	0,5	30,6	48,2	17,8	130
RL110	0,1	0,4	0,9	2,7	0,8	38,7	48,9	7,6	131
RL109	0,0	0,0	0,0	0,3	0,1	34,3	50,6	14,7	132
RL108	0,0	0,1	0,6	2,4	3,0	47,5	42,1	4,2	133
RL107	0,3	1,4	3,0	6,6	9,3	40,1	31,9	7,5	134
RL106	0,2	0,6	1,0	2,3	4,1	41,1	39,1	11,7	135
RL105	0,4	2,2	6,0	14,7	26,4	29,6	15,5	5,2	136
RL104	0,4	2,1	6,9	18,0	44,4	25,7	1,0	1,6	137
RL103	0,3	1,6	5,0	12,0	39,8	34,2	3,1	4,0	138
RL102	0,6	2,9	7,7	19,0	37,1	23,1	5,9	3,8	139
RL101	1,7	6,1	12,4	22,6	30,8	16,3	4,0	6,0	140
RL100	1,4	4,9	11,0	20,1	24,0	18,1	9,4	11,1	141

Fortsetzung auf der nächsten Seite

Probe	< 5 [%]	5–10 [%]	10–20 [%]	20–40 [%]	40–100 [%]	100–200 [%]	200–400 [%]	> 400 [%]	Tiefe [cm]
RL99	1,1	3,9	7,2	11,2	13,1	12,7	25,2	25,6	142
RL98	0,7	2,6	5,2	8,8	10,2	12,1	24,4	36,1	143
RL97	0,2	0,7	1,4	2,4	5,9	15,2	36,5	37,8	144
RL96	0,2	0,6	1,1	1,9	1,8	13,9	46,9	33,7	145
RL95	0,4	1,0	1,2	2,2	1,7	21,9	42,9	28,7	146
RL94	0,3	0,9	1,3	2,3	1,5	28,4	38,7	26,7	147
RL93	0,4	1,5	3,2	6,0	5,3	22,9	34,6	26,1	148
RL92	0,5	1,8	4,0	6,4	4,5	18,9	30,6	33,4	149
RL91	0,1	0,4	1,1	2,9	5,3	28,7	40,6	21,0	150
RL90	0,1	0,7	1,2	2,4	5,2	33,6	35,1	21,8	151
RL89	0,0	0,2	0,3	0,7	1,5	10,4	12,4	74,5	152
RL88	0,0	0,2	0,3	0,6	1,0	8,6	10,3	79,1	153
RL87	0,1	0,2	0,4	0,7	1,6	7,3	7,3	82,4	154
RL86	0,1	0,3	0,5	0,8	1,9	6,6	6,1	83,7	155
RL85	0,1	0,4	0,6	1,0	2,1	6,0	7,3	82,5	156
RL84	0,1	0,3	0,5	0,9	1,6	4,1	5,1	87,4	157
RL83	0,1	0,4	0,6	0,9	1,4	2,8	5,2	88,6	158
RL82	0,1	0,3	0,6	0,8	1,4	2,7	4,9	89,1	159
RL81	0,1	0,2	0,4	0,7	1,3	2,4	6,7	88,2	160
RL80	0,0	0,1	0,2	0,4	0,8	1,7	5,6	91,1	161
RL79	0,1	0,2	0,4	0,5	0,5	1,8	9,1	87,5	162
RL78	0,0	0,1	0,2	0,2	0,4	1,3	4,6	93,3	163
RL77	0,0	0,1	0,2	0,4	0,9	2,1	4,6	91,5	164
RL76	0,0	0,1	0,2	0,4	0,6	1,7	4,6	92,4	165
RL75	0,0	0,1	0,2	0,4	0,8	2,1	5,2	91,2	166
RL74	0,0	0,1	0,2	0,3	0,1	1,7	5,0	92,1	167
RL73	0,0	0,1	0,2	0,3	0,7	1,8	3,9	92,9	168
RL72	0,0	0,0	0,1	0,2	0,4	1,3	4,1	93,9	169
RL71	0,0	0,1	0,2	0,3	0,6	2,1	6,0	90,7	170
RL70	0,0	0,1	0,1	0,2	0,4	1,3	3,4	94,4	171
RL69	0,0	0,1	0,2	0,3	0,4	1,8	5,9	91,4	172
RL68	0,0	0,1	0,1	0,2	0,5	1,7	4,7	92,8	173
RL67	0,0	0,1	0,2	0,4	0,8	3,3	9,9	85,3	174
RL66	0,0	0,1	0,2	0,3	0,8	2,5	7,4	88,7	175
RL65	0,0	0,1	0,2	0,4	0,6	2,9	8,9	86,8	176
RL64	0,0	0,0	0,0	0,1	0,4	1,3	4,5	93,8	177
RL63	0,1	0,4	0,6	0,9	1,0	2,7	5,0	89,3	178

Fortsetzung auf der nächsten Seite

Probe	< 5 [%]	5–10 [%]	10–20 [%]	20–40 [%]	40–100 [%]	100–200 [%]	200–400 [%]	> 400 [%]	Tiefe [cm]
RL62	0,3	0,8	1,1	1,6	2,0	5,2	9,2	79,8	179
RL61	1,0	2,1	2,8	4,0	3,8	15,3	16,8	54,3	180
RL60	0,6	1,3	1,6	2,3	1,9	18,7	24,4	49,2	181
RL59	1,0	2,4	3,0	4,6	4,8	26,9	34,5	22,8	182
RL58	0,3	0,8	1,1	1,8	2,3	6,7	10,7	76,4	183
RL57	0,2	0,5	0,8	1,4	1,8	5,1	7,1	83,1	184
RL56	0,1	0,5	0,7	1,1	1,5	5,1	10,3	80,7	185
RL55	0,4	1,2	1,7	2,8	4,4	11,1	12,2	66,3	186
RL54	0,2	0,6	0,8	1,1	1,6	4,6	11,1	80,1	187
RL53	0,3	0,9	1,3	1,7	1,1	3,8	13,0	77,9	188
RL52	0,1	0,2	0,3	0,4	0,3	1,6	8,8	88,4	189
RL51	0,1	0,3	0,4	0,4	0,5	2,5	15,3	80,6	190
RL50	0,1	0,3	0,4	0,4	0,6	2,8	10,9	84,5	191
RL49	0,0	0,1	0,2	0,1	0,0	0,5	7,1	91,9	192
RL48	0,0	0,1	0,1	0,1	0,3	1,8	11,4	86,2	193
RL47	0,0	0,0	0,2	0,2	0,4	2,0	11,0	86,2	194
RL46	0,0	0,0	0,1	0,2	0,7	1,6	9,4	88,0	195
RL45	0,0	0,1	0,2	0,1	0,4	1,2	4,6	93,4	196
RL44	0,0	0,1	0,1	0,0	0,4	1,0	6,0	92,3	197
RL43	0,0	0,1	0,2	0,3	0,5	1,2	6,5	91,1	198
RL42	0,0	0,0	0,1	0,1	0,2	0,6	3,3	95,8	199
RL41	0,0	0,0	0,1	0,1	0,2	0,8	3,6	95,2	200
RL40	0,1	0,1	0,1	0,2	0,6	2,8	6,4	89,8	201
RL39	0,1	0,1	0,1	0,2	0,4	3,1	6,7	89,3	202
RL38	0,0	0,0	0,1	0,1	0,2	1,0	2,5	96,0	203
RL37	0,1	0,2	0,2	0,4	0,9	3,9	9,4	84,9	204
RL36	0,1	0,2	0,2	0,3	0,7	3,2	6,9	88,5	205
RL35	0,1	0,2	0,2	0,4	0,4	2,6	9,5	86,6	206
RL34	0,1	0,2	0,3	0,4	0,6	3,6	10,8	83,9	207
RL33	0,1	0,3	0,5	0,7	1,0	6,0	16,4	75,0	208
RL32	0,1	0,3	0,3	0,5	0,6	7,4	20,2	70,6	209
RL31	0,2	0,5	0,6	0,7	1,0	7,5	22,0	67,6	210
RL30	0,2	0,3	0,4	0,5	0,4	3,7	13,8	80,8	211
RL29	0,3	0,5	0,7	1,0	1,5	5,9	20,8	69,3	212
RL28	0,1	0,2	0,2	0,3	0,4	3,1	9,1	86,6	213
RL27	0,1	0,1	0,2	0,2	0,3	2,6	8,2	88,3	214
RL26	0,0	0,1	0,1	0,2	0,2	3,0	9,1	87,3	215

Fortsetzung auf der nächsten Seite

Probe	< 5 [%]	5–10 [%]	10–20 [%]	20–40 [%]	40–100 [%]	100–200 [%]	200–400 [%]	> 400 [%]	Tiefe [cm]
RL25	0,1	0,2	0,2	0,3	0,4	4,1	12,0	82,8	216
RL24	0,1	0,1	0,2	0,2	0,3	2,9	8,6	87,7	217
RL23	0,0	0,1	0,1	0,2	0,2	3,7	10,8	84,9	218
RL22	0,0	0,1	0,1	0,1	0,2	2,9	8,1	88,5	219
RL21	0,1	0,2	0,2	0,3	0,3	4,3	11,7	83,0	220
RL20	0,1	0,1	0,1	0,2	0,1	3,6	10,5	85,3	221
RL19	0,0	0,0	0,1	0,1	0,1	1,6	4,0	94,1	222
RL18	0,1	0,1	0,2	0,3	0,5	2,9	6,6	89,3	223
RL17	0,1	0,2	0,2	0,4	0,9	3,9	6,3	88,0	224
RL16	0,1	0,1	0,2	0,3	0,5	2,8	4,7	91,4	225
RL15	0,1	0,2	0,2	0,4	0,7	5,1	8,0	85,5	226
RL14	0,1	0,2	0,2	0,4	0,6	5,2	8,3	85,1	227
RL13	0,0	0,0	0,1	0,1	0,2	1,9	3,2	94,6	228
RL12	0,0	0,0	0,1	0,2	0,4	3,8	7,1	88,4	229
RL11	0,0	0,1	0,1	0,1	0,3	2,4	4,5	92,5	230
RL10	0,0	0,1	0,2	0,3	0,6	4,3	7,9	86,7	231
RL9	0,0	0,1	0,1	0,2	0,4	2,8	5,3	91,1	232
RL8	0,1	0,1	0,2	0,2	0,4	2,2	5,1	91,8	233
RL7	0,0	0,1	0,1	0,2	0,4	2,1	6,6	90,6	234
RL6	0,0	0,0	0,1	0,1	0,2	0,8	1,9	97,0	235
RL5	0,1	0,1	0,2	0,2	0,3	2,2	6,9	90,0	236
RL4	0,1	0,1	0,1	0,2	0,6	4,0	9,2	85,8	237
RL3	0,0	0,0	0,1	0,0	0,1	1,0	3,0	95,8	238
RL2	0,0	0,0	0,2	0,1	0,3	2,5	8,3	88,6	239
RL1	0,0	0,0	0,0	0,0	0,1	0,7	2,2	97,0	240

Tabelle 8.6: Chemische Zusammensetzung der Sedimente des 3 m langen Rheinkerns 2006 sowie die Tiefe der Sedimentschichten. Messstelle: Elchesheim-Illingen.

Probe	K_2O [%]	CaO [%]	TiO_2 [%]	MnO [%]	Fe_2O_3 [%]	Ni [ppm]	Cu [ppm]	Zn [ppm]	As [ppm]
RL240	1,71	9,7	0,31	0,06	3,13	40	39	147	20
RL239	1,61	9,6	0,33	0,07	3,30	36	43	158	18
RL238	1,78	9,4	0,32	0,06	3,10	37	38	154	14
RL237	1,84	10,1	0,33	0,07	3,32	41	42	160	24
RL236	1,78	10,2	0,32	0,07	3,26	36	40	156	14
RL235	1,49	9,2	0,31	0,06	3,13	45	38	158	16
RL234	1,57	9,5	0,32	0,06	3,28	43	39	156	19
RL233	1,82	10,3	0,34	0,07	3,33	41	43	157	15
RL232	1,80	10,3	0,33	0,07	3,28	43	39	155	16
RL231	1,86	10,5	0,35	0,07	3,37	46	40	153	15
RL230	1,93	10,6	0,35	0,06	3,43	45	44	163	16
RL229	1,83	10,9	0,36	0,06	3,36	36	44	158	15
RL228	1,65	11,1	0,34	0,08	3,41	43	46	164	15
RL227	1,62	13,5	0,32	0,08	3,21	41	37	148	15
RL226	1,56	14,3	0,32	0,08	3,12	34	37	152	16
RL225	1,61	13,4	0,31	0,06	2,97	34	44	151	15
RL224	1,32	15,7	0,30	0,08	3,09	34	35	134	16
RL223	1,42	16,3	0,30	0,10	2,91	29	35	127	15
RL222	1,25	16,1	0,28	0,07	2,86	31	34	116	18
RL221	1,39	16,6	0,29	0,06	2,76	32	29	106	12
RL220	1,40	16,7	0,29	0,07	2,76	29	27	101	17
RL219	1,27	15,7	0,27	0,08	2,65	33	25	94	15
RL218	1,27	15,6	0,27	0,07	2,64	36	27	89	14
RL217	1,37	16,0	0,27	0,07	2,57	30	25	87	15
RL216	1,38	16,1	0,27	0,06	2,58	32	24	84	14
RL215	1,24	15,2	0,26	0,07	2,50	35	24	81	17
RL214	1,29	14,9	0,25	0,05	2,41	25	22	72	15
RL213	1,42	15,7	0,27	0,06	2,41	30	23	71	17
RL212	1,31	15,0	0,25	0,05	2,41	31	18	62	13
RL211	1,43	15,4	0,27	0,06	2,36	25	23	61	15
RL210	1,43	15,1	0,26	0,05	2,31	23	19	62	15
RL209	1,40	15,0	0,25	0,06	2,23	27	23	58	13
RL208	1,29	14,4	0,24	0,06	2,28	22	23	55	15
RL207	1,29	15,1	0,25	0,06	2,34	26	22	59	16

Fortsetzung auf der nächsten Seite

Probe	K_2O [%]	CaO [%]	TiO_2 [%]	MnO [%]	Fe_2O_3 [%]	Ni [ppm]	Cu [ppm]	Zn [ppm]	As [ppm]
RL206	1,25	15,6	0,25	0,06	2,23	26	16	52	15
RL205	1,23	15,3	0,24	0,06	2,27	26	21	47	16
RL204	1,40	16,4	0,26	0,06	2,31	27	18	50	16
RL203	1,16	17,3	0,25	0,06	2,34	31	22	51	14
RL202	1,16	16,8	0,25	0,06	2,32	30	15	48	13
RL201	1,29	17,5	0,25	0,06	2,30	30	16	48	16
RL200	1,19	16,9	0,25	0,05	2,23	24	18	45	15
RL199	1,19	17,6	0,27	0,06	2,34	27	18	43	14
RL198	1,19	18,0	0,26	0,05	2,27	23	16	41	13
RL197	1,12	16,3	0,23	0,06	2,11	27	17	40	14
RL196	1,14	16,0	0,22	0,05	2,05	31	17	39	22
RL195	1,18	16,3	0,22	0,05	2,06	30	16	38	12
RL194	1,16	8,8	0,12	0,02	1,11	15	10	20	9
RL193	1,09	5,2	0,08	0,01	0,81	13	11	20	6
RL192	0,99	5,1	0,08	0,01	0,79	13	1	16	4
RL191	1,16	5,2	0,10	0,01	0,82	12	10	16	6
RL190	1,09	6,7	0,10	0,02	0,95	11	7	17	7
RL189	1,14	10,9	0,15	0,03	1,34	17	14	26	9
RL188	1,11	14,7	0,21	0,04	1,80	22	17	29	13
RL187	1,22	16,7	0,24	0,05	2,12	27	16	39	14
RL186	1,22	14,0	0,22	0,05	1,99	27	18	36	13
RL185	1,19	15,5	0,25	0,04	2,18	28	21	41	18
RL184	1,16	15,2	0,22	0,05	1,99	28	15	35	15
RL183	1,21	16,1	0,26	0,05	2,26	31	19	43	15
RL182	1,08	15,1	0,19	0,04	1,70	23	14	33	15
RL181	0,99	14,1	0,19	0,04	1,78	26	17	33	20
RL180	1,14	16,5	0,24	0,05	2,13	30	16	39	25
RL179	1,11	14,5	0,19	0,05	1,80	24	12	30	20
RL178	1,27	14,7	0,23	0,05	2,11	21	15	36	23
RL177	1,20	15,6	0,21	0,04	1,86	20	12	32	20
RL176	1,05	12,8	0,17	0,03	1,50	23	13	26	16
RL175	1,06	9,2	0,13	0,02	1,13	11	11	22	9
RL174	1,04	12,3	0,14	0,03	1,30	15	12	25	12
RL173	1,10	12,4	0,15	0,03	1,25	18	8	22	8
RL172	1,10	11,4	0,14	0,03	1,30	15	12	23	11
RL171	0,97	5,8	0,09	0,02	0,79	18	10	17	6
RL170	0,97	5,5	0,08	0,01	0,68	10	7	13	4

Fortsetzung auf der nächsten Seite

Probe	K_2O [%]	CaO [%]	TiO_2 [%]	MnO [%]	Fe_2O_3 [%]	Ni [ppm]	Cu [ppm]	Zn [ppm]	As [ppm]
RL169	1,09	6,5	0,08	0,02	0,78	11	11	17	4
RL168	0,99	5,0	0,08	0,02	0,76	11	7	18	6
RL167	0,95	2,7	0,07	0,01	0,61	15	8	12	5
RL166	0,97	2,3	0,05	0,01	0,52	12	6	9	5
RL165	0,89	2,2	0,06	0,01	0,53	10	9	12	5
RL164	0,99	2,4	0,06	0,01	0,53	14	7	12	4
RL163	0,99	3,4	0,06	0,01	0,57	14	6	15	4
RL162	0,99	4,4	0,08	0,01	0,75	11	9	21	5
RL161	0,96	4,0	0,08	0,01	0,69	10	6	16	5
RL160	1,10	7,0	0,12	0,02	1,10	10	20	49	6
RL159	1,21	7,0	0,16	0,03	1,58	19	19	67	8
RL158	1,02	4,6	0,09	0,02	0,89	14	11	36	6
RL157	1,04	3,4	0,07	0,01	0,62	11	10	13	5
RL156	1,07	3,5	0,07	0,01	0,66	10	7	17	3
RL155	0,98	3,6	0,09	0,01	0,74	13	8	16	6
RL154	0,98	4,0	0,13	0,02	0,95	9	9	17	5
RL153	0,96	4,5	0,14	0,02	0,95	8	10	15	6
RL152	0,97	5,9	0,11	0,02	0,85	16	10	16	5
RL151	0,98	4,7	0,08	0,01	0,75	13	6	15	5
RL150	1,05	5,6	0,10	0,01	0,86	14	8	18	5
RL149	0,96	5,9	0,08	0,01	0,76	13	7	15	4
RL148	0,92	5,0	0,09	0,01	0,75	11	9	14	5
RL147	0,88	3,8	0,08	0,01	0,63	13	8	12	6
RL146	1,00	3,8	0,08	0,01	0,68	7	6	13	5
RL145	0,85	3,5	0,08	0,01	0,65	14	8	16	5
RL144	1,04	4,2	0,08	0,01	0,68	15	9	15	3
RL143	1,10	5,1	0,10	0,01	0,75	10	8	19	8
RL142	1,13	6,1	0,09	0,01	0,81	9	8	20	6
RL141	0,91	5,2	0,08	0,01	0,69	13	9	20	3
RL140	1,11	6,3	0,14	0,02	0,93	15	8	18	5
RL139	0,96	4,5	0,10	0,01	0,75	9	9	17	4
RL138	1,14	5,4	0,09	0,01	0,76	12	9	19	5
RL137	1,20	6,4	0,09	0,01	0,74	12	9	18	4
RL136	1,03	7,2	0,11	0,02	0,82	15	10	19	3
RL135	0,99	7,0	0,09	0,01	0,75	9	10	19	5
RL134	1,09	6,4	0,09	0,01	0,77	18	8	16	4
RL133	1,07	5,1	0,08	0,01	0,74	13	9	21	6

Fortsetzung auf der nächsten Seite

Probe	K_2O [%]	CaO [%]	TiO_2 [%]	MnO [%]	Fe_2O_3 [%]	Ni [ppm]	Cu [ppm]	Zn [ppm]	As [ppm]
RL132	1,00	5,6	0,09	0,01	0,69	8	9	15	4
RL131	1,16	5,1	0,09	0,01	0,69	12	10	14	4
RL130	1,11	4,3	0,08	0,01	0,66	13	7	16	2
RL129	1,04	5,0	0,09	0,01	0,69	11	11	14	2
RL128	1,09	5,6	0,12	0,01	0,81	15	10	16	5
RL127	1,08	6,2	0,10	0,01	0,77	15	9	12	4
RL126	1,02	5,8	0,10	0,02	0,81	12	11	15	3
RL125	1,01	6,0	0,14	0,02	0,91	13	6	18	3
RL124	1,06	5,6	0,11	0,02	0,84	15	9	17	2
RL123	1,13	6,2	0,11	0,01	0,84	8	6	15	4
RL122	1,13	5,9	0,09	0,01	0,78	14	9	14	6
RL121	1,12	5,4	0,09	0,01	0,76	12	6	15	4
RL120	1,02	5,9	0,10	0,01	0,82	10	8	14	4
RL119	1,19	4,9	0,08	0,01	0,71	15	8	13	2
RL118	1,22	5,2	0,08	0,01	0,74	16	8	16	4
RL117	1,07	4,9	0,09	0,01	0,73	11	9	18	3
RL116	1,20	4,7	0,08	0,01	0,72	13	7	13	7
RL115	0,93	4,1	0,07	0,01	0,64	15	9	14	5
RL114	1,02	4,3	0,07	0,01	0,69	11	5	15	4
RL113	0,88	3,9	0,06	0,01	0,60	15	6	14	4
RL112	1,02	4,9	0,08	0,01	0,75	15	7	14	5
RL111	0,94	4,7	0,09	0,01	0,74	10	8	14	6
RL110	1,02	5,2	0,09	0,01	0,74	12	9	15	5
RL109	1,02	5,7	0,11	0,02	0,85	12	9	15	4
RL108	1,09	6,5	0,11	0,02	0,88	13	10	19	5
RL107	1,19	7,8	0,10	0,01	0,84	14	6	18	4
RL106	1,09	7,4	0,10	0,02	0,96	6	8	17	7
RL105	1,11	13,6	0,28	0,05	2,23	19	15	29	13
RL104	1,06	15,0	0,19	0,03	1,56	23	17	30	7
RL103	1,05	14,8	0,18	0,03	1,51	22	14	30	6
RL102	1,08	15,8	0,22	0,03	1,81	22	15	32	6
RL101	1,18	17,1	0,26	0,04	2,11	29	18	40	8
RL100	1,16	16,5	0,28	0,04	2,31	34	20	42	12
RL99	1,18	12,4	0,21	0,04	2,13	24	15	32	13
RL98	0,92	6,8	0,13	0,02	1,17	19	8	18	6
RL97	0,86	3,0	0,07	0,01	0,68	13	10	16	6
RL96	0,76	2,0	0,05	0,01	0,55	8	9	11	4

Fortsetzung auf der nächsten Seite

Probe	K_2O [%]	CaO [%]	TiO_2 [%]	MnO [%]	Fe_2O_3 [%]	Ni [ppm]	Cu [ppm]	Zn [ppm]	As [ppm]
RL95	0,86	3,1	0,11	0,01	0,87	10	11	14	5
RL94	0,93	3,8	0,11	0,01	0,93	11	10	13	8
RL93	0,89	3,4	0,14	0,02	1,02	6	7	16	6
RL92	0,89	4,1	0,12	0,01	0,85	12	7	13	4
RL91	0,96	5,0	0,12	0,01	0,85	12	11	13	4
RL90	0,69	16,3	0,09	0,02	0,62	13	6	13	3
RL89	0,82	3,5	0,09	0,02	0,83	9	7	17	4
RL88	0,50	3,2	0,07	0,02	1,10	19	9	47	7
RL87	0,54	4,2	0,05	0,01	0,55	14	8	12	4
RL86	0,67	4,6	0,07	0,02	0,93	18	10	14	6
RL85	0,72	1,5	0,10	0,02	1,22	14	7	13	6
RL84	0,30	3,0	0,02	0,03	0,45	6	8	13	4
RL83	0,52	2,7	0,07	0,01	0,81	12	8	16	3
RL82	0,70	2,4	0,06	0,01	0,78	12	8	15	6
RL81	0,81	2,8	0,03	0,01	0,41	12	11	8	1
RL80	0,60	5,1	0,05	0,01	0,55	15	9	11	6
RL79	0,91	1,9	0,06	0,01	0,73	8	9	14	5
RL78	0,53	2,6	0,05	0,01	0,81	20	8	15	5
RL77	0,66	2,3	0,05	0,03	0,62	14	9	12	10
RL76	0,62	12,1	0,06	0,01	0,67	18	8	10	7
RL75	0,42	5,1	0,04	0,01	0,50	13	7	10	3
RL74	0,46	4,2	0,04	0,01	0,48	11	11	8	2
RL73	0,21	0,7	0,03	0,00	0,58	10	10	12	3
RL72	2,21	1,6	0,15	0,02	1,74	8	8	29	3
RL71	0,71	6,5	0,06	0,02	0,98	13	13	16	3
RL70	0,58	4,1	0,06	0,01	1,30	14	12	22	4
RL69	0,31	3,9	0,05	0,01	0,48	11	9	12	3
RL68	0,90	3,3	0,06	0,01	0,51	11	11	10	4
RL67	0,68	1,9	0,07	0,01	0,84	21	13	128	4
RL66	1,98	1,2	0,26	0,03	2,51	27	0	39	9
RL65	0,95	0,5	0,03	0,01	0,37	13	10	9	18
RL64	0,24	3,0	0,02	0,02	0,24	15	4	7	2
RL63	0,46	2,9	0,07	0,02	1,11	19	5	22	6
RL62	0,51	4,2	0,05	0,01	0,83	13	10	25	4
RL61	0,69	3,1	0,07	0,01	0,75	13	7	54	4
RL60	0,98	3,8	0,08	0,01	0,77	15	9	95	5
RL59	0,87	5,3	0,09	0,01	0,83	14	12	67	6

Fortsetzung auf der nächsten Seite

Probe	K_2O [%]	CaO [%]	TiO_2 [%]	MnO [%]	Fe_2O_3 [%]	Ni [ppm]	Cu [ppm]	Zn [ppm]	As [ppm]
RL58	0,77	2,8	0,09	0,01	0,60	16	7	31	7
RL57	0,43	3,2	0,05	0,01	0,75	11	10	32	3
RL56	0,59	5,5	0,10	0,01	0,65	13	5	21	4
RL55	0,43	2,8	0,04	0,01	0,62	11	11	21	3
RL54	0,57	3,9	0,07	0,03	0,86	8	11	23	4
RL53	0,52	2,4	0,05	0,01	0,79	10	9	15	5
RL52	0,66	2,1	0,05	0,01	0,55	19	7	13	6
RL51	0,71	1,5	0,05	0,01	0,52	6	7	13	5
RL50	0,62	2,9	0,06	0,01	0,66	12	9	10	4
RL49	0,59	0,9	0,08	0,01	1,00	8	13	19	8
RL48	0,63	3,8	0,05	0,01	0,63	14	8	14	5
RL47	0,70	0,6	0,04	0,01	0,44	10	7	8	6
RL46	0,61	1,5	0,04	0,01	0,45	11	6	9	4
RL45	0,33	0,8	0,04	0,01	0,56	11	8	11	5
RL44	0,55	3,6	0,07	0,01	0,72	9	9	11	5
RL43	0,52	0,9	0,05	0,01	0,61	11	9	12	5
RL42	1,33	0,3	0,06	0,01	0,63	11	12	13	9
RL41	0,84	1,5	0,11	0,01	1,02	15	7	31	6
RL40	0,59	1,7	0,06	0,01	0,76	9	10	13	8
RL39	0,53	1,2	0,05	0,01	0,64	9	7	10	5
RL38	0,45	3,0	0,03	0,01	0,45	11	7	10	3
RL37	0,47	5,2	0,05	0,01	0,97	15	7	15	4
RL36	0,72	0,7	0,04	0,01	0,67	11	13	15	4
RL35	0,58	10,5	0,04	0,01	0,62	17	8	11	4
RL34	0,83	6,9	0,04	0,01	0,62	12	9	12	4
RL33	2,15	5,4	0,13	0,01	1,49	16	12	14	9
RL32	1,22	1,1	0,03	0,01	0,43	14	6	8	4
RL31	0,48	1,6	0,03	0,01	0,43	14	6	30	3
RL30	0,67	2,2	0,05	0,01	0,57	13	9	12	3
RL29	0,30	16,4	0,01	0,01	0,26	13	9	10	5
RL28	0,61	4,0	0,05	0,01	0,51	11	8	11	4
RL27	0,68	5,5	0,08	0,02	0,79	10	10	15	5
RL26	0,61	2,9	0,10	0,02	1,25	14	21	15	5
RL25	2,07	1,9	0,08	0,01	0,62	9	8	14	6
RL24	0,44	6,5	0,05	0,02	0,64	12	5	12	3
RL23	0,59	10,1	0,06	0,02	0,82	12	10	12	5
RL22	0,56	5,7	0,11	0,01	0,64	12	6	12	5

Fortsetzung auf der nächsten Seite

Probe	K_2O [%]	CaO [%]	TiO_2 [%]	MnO [%]	Fe_2O_3 [%]	Ni [ppm]	Cu [ppm]	Zn [ppm]	As [ppm]
RL21	0,41	5,2	0,08	0,02	0,98	13	11	13	4
RL20	0,71	5,7	0,09	0,01	0,93	16	5	15	5
RL19	0,57	3,1	0,06	0,01	0,72	9	8	15	7
RL18	0,77	5,1	0,08	0,01	0,89	8	7	15	5
RL17	0,45	2,4	0,03	0,01	0,28	6	8	9	3
RL16	0,22	3,8	0,02	0,03	0,35	9	5	9	2
RL15	0,34	2,4	0,08	0,01	1,05	13	14	15	6
RL14	0,59	7,2	0,12	0,02	1,39	20	13	18	8
RL13	0,58	9,2	0,05	0,02	0,75	13	5	12	4
RL12	0,59	4,6	0,09	0,02	1,24	12	10	20	5
RL11	0,69	3,3	0,06	0,01	1,09	13	6	17	5
RL10	0,27	2,9	0,06	0,01	1,82	17	9	22	3
RL9	0,60	8,9	0,05	0,02	0,79	14	8	15	5
RL8	0,45	5,6	0,08	0,03	1,38	19	7	20	6
RL7	0,23	0,8	0,14	0,03	3,21	32	9	28	16
RL6	0,53	6,5	0,07	0,02	0,82	15	12	23	4
RL5	0,60	1,3	0,05	0,01	0,99	18	10	15	6
RL4	0,72	8,2	0,05	0,02	0,58	10	8	13	5
RL3	0,32	5,0	0,03	0,01	0,42	9	7	13	2
RL2	0,33	4,2	0,05	0,08	0,52	15	7	12	4
RL1	0,31	14,6	0,02	0,01	0,37	20	9	16	1

Fortsetzung von Tabelle 8.6:

Probe	Br [ppm]	Rb [ppm]	Sr [ppm]	Y [ppm]	Zr [ppm]	Nb [ppm]	Mo [ppm]	Ag [ppm]
RL240	11	93	181	19	88	6	2	2
RL239	14	101	192	21	103	8	3	2
RL238	13	98	176	18	91	6	3	1
RL237	13	103	191	19	98	7	2	1
RL236	13	100	187	20	97	7	3	1
RL235	13	100	185	19	94	6	2	1
RL234	15	104	189	20	101	8	3	1
RL233	16	107	192	20	100	8	3	1
RL232	15	104	190	20	102	8	3	2
RL231	15	102	192	20	108	10	2	1
RL230	14	110	199	21	102	8	2	1
RL229	14	103	200	21	105	7	2	1
RL228	13	105	212	22	113	7	3	1
RL227	8	95	231	19	110	7	3	1
RL226	8	88	239	20	111	8	2	1
RL225	9	94	233	21	109	7	3	2
RL224	6	83	269	21	117	7	2	1
RL223	5	82	263	19	112	7	2	1
RL222	5	83	272	18	112	6	2	0
RL221	5	78	265	18	112	7	2	1
RL220	4	80	268	18	116	7	2	1
RL219	4	78	262	17	109	6	2	1
RL218	5	78	268	18	115	7	2	1
RL217	4	76	259	19	113	6	2	1
RL216	5	78	256	18	115	6	2	1
RL215	5	78	261	18	122	6	2	1
RL214	4	80	260	17	120	6	3	1
RL213	4	79	256	18	121	5	2	1
RL212	5	80	261	18	119	7	2	1
RL211	5	79	255	19	125	6	2	1
RL210	4	79	252	17	126	6	2	1
RL209	4	76	248	18	121	7	2	0
RL208	5	84	257	18	135	4	3	0
RL207	5	78	266	18	129	5	2	0
RL206	4	73	252	17	124	6	2	1
RL205	5	76	269	17	133	6	2	1

Fortsetzung auf der nächsten Seite

Probe	Br [ppm]	Rb [ppm]	Sr [ppm]	Y [ppm]	Zr [ppm]	Nb [ppm]	Mo [ppm]	Ag [ppm]
RL204	5	75	269	17	133	5	2	1
RL203	5	67	299	18	128	7	2	1
RL202	4	63	291	18	127	6	2	1
RL201	5	64	281	16	122	7	2	0
RL200	4	63	277	17	120	6	2	1
RL199	5	63	298	18	125	6	2	1
RL198	5	62	295	17	123	6	2	1
RL197	4	60	282	16	124	6	2	0
RL196	4	56	279	16	127	5	2	1
RL195	4	62	277	15	120	5	2	1
RL194	1	63	190	10	76	3	2	1
RL193	1	63	153	8	51	0	2	1
RL192	2	63	153	9	52	3	1	1
RL191	1	62	150	8	67	0	2	1
RL190	2	65	176	9	74	2	2	0
RL189	2	65	224	12	87	5	2	1
RL188	4	60	251	14	115	5	2	1
RL187	4	58	268	16	122	5	2	1
RL186	3	67	256	17	129	6	2	1
RL185	2	65	261	17	137	6	2	1
RL184	3	60	276	17	135	6	2	1
RL183	5	66	293	18	138	6	2	1
RL182	3	54	267	16	127	5	3	1
RL181	3	55	265	16	135	4	2	1
RL180	3	62	275	17	127	5	2	1
RL179	3	63	267	14	115	5	2	1
RL178	4	75	265	17	125	7	2	1
RL177	3	58	264	15	120	5	2	0
RL176	2	56	247	14	82	5	1	0
RL175	1	62	208	12	88	3	2	1
RL174	1	55	240	12	80	5	2	1
RL173	2	58	237	11	78	3	1	1
RL172	2	56	222	13	115	4	2	1
RL171	1	57	151	9	49	1	1	1
RL170	1	55	140	8	52	1	2	1
RL169	1	60	158	7	55	0	1	0
RL168	1	62	153	8	54	2	2	1

Fortsetzung auf der nächsten Seite

Probe	Br [ppm]	Rb [ppm]	Sr [ppm]	Y [ppm]	Zr [ppm]	Nb [ppm]	Mo [ppm]	Ag [ppm]
RL167	2	61	110	7	57	1	2	1
RL166	1	63	102	7	37	1	2	0
RL165	1	60	104	6	37	1	1	1
RL164	1	63	100	7	40	1	2	0
RL163	1	63	101	7	33	0	1	1
RL162	1	58	130	8	58	1	1	5
RL161	1	60	136	8	56	2	2	1
RL160	2	63	163	10	66	1	2	1
RL159	5	76	163	12	66	3	1	1
RL158	2	67	134	9	53	2	2	1
RL157	2	65	122	6	36	1	2	1
RL156	1	66	126	7	42	1	2	1
RL155	1	60	126	9	51	0	1	0
RL154	2	56	129	12	89	4	2	0
RL153	1	53	139	12	148	3	2	1
RL152	1	54	154	9	82	1	2	1
RL151	1	59	144	9	55	3	1	1
RL150	2	62	171	10	71	2	1	1
RL149	1	57	168	9	71	3	2	1
RL148	1	56	149	8	57	1	2	1
RL147	2	58	124	8	47	2	1	0
RL146	0	57	127	8	47	1	1	0
RL145	2	55	129	7	47	2	2	0
RL144	2	59	135	7	37	1	2	0
RL143	0	60	148	10	87	2	2	1
RL142	2	61	170	9	57	2	1	1
RL141	5	59	161	9	57	3	2	0
RL140	3	60	174	12	140	2	2	0
RL139	3	61	155	12	136	2	2	0
RL138	0	64	157	8	66	3	2	0
RL137	2	63	170	8	55	2	1	1
RL136	2	59	188	9	97	2	2	1
RL135	2	62	187	8	61	1	1	1
RL134	4	64	181	9	64	2	2	1
RL133	1	63	160	7	64	3	1	1
RL132	5	60	159	8	60	1	1	1
RL131	5	62	151	8	61	1	2	1

Fortsetzung auf der nächsten Seite

Probe	Br [ppm]	Rb [ppm]	Sr [ppm]	Y [ppm]	Zr [ppm]	Nb [ppm]	Mo [ppm]	Ag [ppm]
RL130	3	64	148	8	59	0	1	1
RL129	5	60	149	9	58	2	1	0
RL128	1	59	158	11	103	0	2	1
RL127	1	58	160	10	85	3	2	1
RL126	1	60	164	10	74	2	2	0
RL125	2	57	166	13	131	4	2	1
RL124	2	59	159	10	69	2	1	0
RL123	1	59	162	10	80	1	1	1
RL122	1	62	162	8	65	2	1	1
RL121	1	64	162	8	56	1	2	1
RL120	2	61	168	11	110	2	2	1
RL119	1	64	148	8	55	2	2	1
RL118	1	66	147	7	46	0	1	1
RL117	1	61	151	7	48	1	2	0
RL116	2	64	140	7	40	0	2	1
RL115	0	59	134	8	45	2	1	1
RL114	1	62	138	7	40	0	1	1
RL113	0	58	125	6	44	2	2	1
RL112	1	61	148	8	52	1	2	0
RL111	1	56	141	8	61	1	1	1
RL110	1	56	147	8	53	1	2	0
RL109	1	60	164	10	87	1	2	0
RL108	2	61	174	10	95	2	2	1
RL107	1	59	191	9	60	1	1	1
RL106	1	63	185	10	73	3	2	1
RL105	3	60	265	29	787	6	7	1
RL104	1	54	270	16	170	4	3	1
RL103	2	54	268	15	134	5	3	1
RL102	2	58	275	16	140	5	2	1
RL101	2	64	298	19	155	6	2	1
RL100	3	63	281	19	119	6	2	1
RL99	2	63	222	13	84	5	2	1
RL98	1	57	152	11	156	1	3	1
RL97	1	56	108	7	63	1	2	1
RL96	1	52	85	6	40	1	2	1
RL95	1	56	117	11	185	3	2	0
RL94	0	56	126	10	145	1	2	1

Fortsetzung auf der nächsten Seite

Probe	Br [ppm]	Rb [ppm]	Sr [ppm]	Y [ppm]	Zr [ppm]	Nb [ppm]	Mo [ppm]	Ag [ppm]
RL93	2	59	116	15	273	3	3	1
RL92	1	57	126	12	169	1	3	0
RL91	2	57	143	11	150	2	2	1
RL90	2	32	430	8	70	2	2	1
RL89	1	49	156	8	104	1	3	0
RL88	2	41	101	9	107	1	2	1
RL87	2	29	168	5	52	1	2	1
RL86	1	46	165	8	73	1	2	1
RL85	2	48	85	12	72	2	2	1
RL84	1	17	88	6	14	1	1	1
RL83	1	39	115	7	63	0	1	1
RL82	2	63	96	10	69	2	2	1
RL81	2	70	102	8	35	0	1	1
RL80	1	41	141	7	48	3	1	1
RL79	2	69	101	9	41	2	2	1
RL78	2	38	79	7	52	0	1	1
RL77	2	45	64	11	65	1	2	0
RL76	1	34	168	10	44	2	2	1
RL75	2	27	149	5	55	1	2	1
RL74	2	42	117	7	72	1	2	1
RL73	2	14	46	4	39	0	1	1
RL72	2	81	150	14	84	4	2	1
RL71	2	55	152	7	61	2	2	1
RL70	1	37	110	8	59	3	1	1
RL69	7	20	93	5	60	2	1	1
RL68	2	40	103	9	64	1	1	0
RL67	2	40	95	11	72	1	2	0
RL66	1	162	112	22	157	6	2	1
RL65	2	90	101	9	20	1	1	0
RL64	2	16	40	4	13	1	1	1
RL63	2	33	86	7	91	2	2	1
RL62	1	33	74	7	50	1	1	1
RL61	1	47	107	8	58	0	2	0
RL60	2	63	132	9	66	2	2	0
RL59	2	56	166	7	56	1	2	1
RL58	2	59	106	7	40	1	2	1
RL57	2	27	145	6	39	1	1	1

Fortsetzung auf der nächsten Seite

Probe	Br [ppm]	Rb [ppm]	Sr [ppm]	Y [ppm]	Zr [ppm]	Nb [ppm]	Mo [ppm]	Ag [ppm]
RL56	2	40	116	9	198	2	3	0
RL55	2	31	114	5	42	1	1	1
RL54	1	38	131	8	49	1	2	1
RL53	2	45	93	6	44	1	2	1
RL52	1	47	102	6	55	1	2	1
RL51	1	54	71	7	44	1	2	0
RL50	1	41	106	7	40	2	1	1
RL49	1	43	64	8	79	2	2	1
RL48	1	49	125	8	50	0	1	1
RL47	1	57	51	5	34	1	1	1
RL46	2	54	101	5	40	1	1	1
RL45	1	27	65	5	27	1	2	0
RL44	1	41	124	5	36	1	1	0
RL43	1	39	61	8	60	1	1	0
RL42	2	195	43	14	51	4	2	1
RL41	0	64	83	13	128	2	2	0
RL40	1	46	84	6	59	0	2	1
RL39	1	35	60	5	45	1	2	1
RL38	1	30	60	5	25	1	1	1
RL37	1	27	250	6	36	0	1	1
RL36	1	71	50	13	48	3	2	1
RL35	1	31	277	9	26	1	1	1
RL34	2	48	223	7	46	0	1	1
RL33	3	89	149	11	68	3	2	1
RL32	1	113	57	9	32	0	1	1
RL31	2	33	53	4	20	1	1	0
RL30	2	48	99	7	44	0	2	1
RL29	1	5	160	3	9	1	1	0
RL28	1	37	166	7	63	1	2	1
RL27	1	43	185	9	54	0	2	1
RL26	1	33	174	10	71	1	2	1
RL25	1	65	95	9	53	3	2	0
RL24	1	25	154	5	51	1	2	1
RL23	2	26	235	7	57	2	2	1
RL22	1	37	250	10	100	2	1	1
RL21	0	25	151	7	94	1	2	0
RL20	1	47	152	10	109	2	3	0

Fortsetzung auf der nächsten Seite

Probe	Br [ppm]	Rb [ppm]	Sr [ppm]	Y [ppm]	Zr [ppm]	Nb [ppm]	Mo [ppm]	Ag [ppm]
RL19	1	42	92	9	76	1	3	1
RL18	1	42	147	9	61	1	1	1
RL17	1	28	65	6	19	0	1	1
RL16	1	14	82	3	12	1	1	1
RL15	1	23	72	13	147	1	2	0
RL14	1	41	214	9	63	1	2	1
RL13	1	33	262	7	59	1	1	1
RL12	2	38	133	10	69	1	2	1
RL11	1	41	83	9	74	2	1	1
RL10	1	17	87	6	36	1	2	0
RL9	2	36	287	6	40	2	2	0
RL8	1	27	193	7	77	1	2	1
RL7	0	16	32	9	229	4	4	1
RL6	2	34	233	10	106	2	2	1
RL5	1	58	74	11	35	2	1	1
RL4	0	39	126	9	38	1	2	0
RL3	1	20	148	6	32	1	2	1
RL2	1	20	91	9	24	1	1	1
RL1	2	9	367	3	29	2	1	1

Fortsetzung von Tabelle 8.6:

Probe	Cd [ppm]	Sn [ppm]	Sb [ppm]	Ba [ppm]	La [ppm]	Ce [ppm]	Pb [ppm]	Tiefe [cm]
RL240	1	10	2	357	29	60	368	1
RL239	1	10	1	368	34	59	284	2
RL238	0	11	3	354	33	58	214	3
RL237	1	10	2	361	26	53	249	4
RL236	1	10	1	358	29	54	277	5
RL235	0	8	2	354	31	71	197	6
RL234	2	12	3	357	30	58	224	7
RL233	0	12	2	358	28	59	88	8
RL232	1	11	1	378	32	61	97	9
RL231	1	10	2	379	40	54	75	10
RL230	0	11	2	387	32	60	61	11
RL229	1	11	4	383	32	48	59	12
RL228	1	14	2	392	22	56	91	13
RL227	0	21	2	409	28	52	73	14
RL226	0	22	3	364	32	60	67	15
RL225	0	20	2	372	31	52	73	16
RL224	1	28	3	326	20	36	72	17
RL223	1	29	2	340	26	38	63	18
RL222	1	29	1	328	28	46	58	19
RL221	0	30	1	323	27	49	51	20
RL220	1	30	3	338	22	48	52	21
RL219	1	29	3	331	21	37	43	22
RL218	0	28	3	327	17	54	39	23
RL217	0	28	3	339	19	43	42	24
RL216	1	27	4	338	30	49	43	25
RL215	1	25	0	350	30	62	37	26
RL214	1	21	2	360	28	41	44	27
RL213	1	22	2	372	27	48	35	28
RL212	1	21	2	370	19	50	37	29
RL211	1	18	1	385	15	47	31	30
RL210	0	17	3	387	33	61	30	31
RL209	1	15	2	374	15	53	28	32
RL208	0	15	1	391	19	43	30	33
RL207	1	14	1	379	31	48	27	34
RL206	1	12	2	363	25	55	24	35
RL205	1	9	1	345	13	38	32	36

Fortsetzung auf der nächsten Seite

Probe	Cd [ppm]	Sn [ppm]	Sb [ppm]	Ba [ppm]	La [ppm]	Ce [ppm]	Pb [ppm]	Tiefe [cm]
RL204	1	9	1	347	29	44	32	37
RL203	1	7	3	275	29	48	29	38
RL202	1	7	2	274	22	48	26	39
RL201	0	6	0	284	24	58	25	40
RL200	1	6	3	266	23	46	21	41
RL199	1	8	2	257	16	44	44	42
RL198	1	5	2	265	29	39	24	43
RL197	1	5	0	251	15	42	17	44
RL196	1	5	1	254	22	39	34	45
RL195	1	5	1	262	31	47	20	46
RL194	0	3	1	296	21	22	16	47
RL193	1	3	1	301	9	30	9	48
RL192	1	1	0	296	11	19	10	49
RL191	0	1	1	297	14	21	15	50
RL190	1	3	1	282	12	22	8	51
RL189	0	2	0	293	14	32	15	52
RL188	1	5	2	268	27	60	15	53
RL187	1	4	1	258	27	45	36	54
RL186	0	5	0	282	21	55	21	55
RL185	1	6	1	287	23	47	33	56
RL184	1	6	2	260	27	46	17	57
RL183	1	6	3	257	23	45	19	58
RL182	1	6	1	244	25	32	17	59
RL181	1	5	1	252	20	34	17	60
RL180	0	6	2	261	33	36	62	61
RL179	1	4	1	261	12	38	16	62
RL178	1	5	1	308	19	57	19	63
RL177	1	3	1	257	27	45	32	64
RL176	0	3	2	251	23	44	12	65
RL175	0	3	0	283	17	30	7	66
RL174	1	3	1	262	28	34	8	67
RL173	1	2	1	255	20	37	18	68
RL172	0	3	2	256	13	34	9	69
RL171	1	2	0	277	12	30	8	70
RL170	1	0	1	265	10	33	7	71
RL169	1	2	1	291	10	31	8	72
RL168	1	2	1	290	15	25	9	73

Fortsetzung auf der nächsten Seite

Probe	Cd [ppm]	Sn [ppm]	Sb [ppm]	Ba [ppm]	La [ppm]	Ce [ppm]	Pb [ppm]	Tiefe [cm]
RL167	1	2	1	290	4	19	8	74
RL166	1	2	1	300	16	19	7	75
RL165	1	1	1	298	10	28	7	76
RL164	1	1	0	314	11	13	10	77
RL163	1	1	1	316	7	21	7	78
RL162	1	3	1	289	15	21	12	79
RL161	0	2	2	288	11	8	9	80
RL160	0	5	0	296	8	29	13	81
RL159	1	5	2	325	18	31	19	82
RL158	1	5	2	324	15	29	11	83
RL157	0	2	1	304	9	28	8	84
RL156	0	1	1	317	3	24	10	85
RL155	1	2	1	292	12	30	7	86
RL154	1	2	0	266	18	39	7	87
RL153	1	2	1	261	30	52	6	88
RL152	0	2	1	267	15	31	6	89
RL151	1	2	1	290	12	26	6	90
RL150	1	2	2	290	12	35	8	91
RL149	0	2	1	270	12	25	18	92
RL148	1	2	0	280	8	28	9	93
RL147	1	2	1	283	16	24	30	94
RL146	1	1	1	297	8	30	101	95
RL145	0	1	1	278	16	22	58	96
RL144	1	2	1	287	12	33	39	97
RL143	1	2	0	302	13	21	262	98
RL142	1	2	0	287	15	31	46	99
RL141	1	2	1	275	9	25	126	100
RL140	1	2	0	277	18	48	100	101
RL139	0	2	0	302	20	36	10	102
RL138	1	2	1	312	8	17	177	103
RL137	1	1	1	301	23	28	15	104
RL136	0	3	1	286	23	30	7	105
RL135	0	2	1	300	20	26	5	106
RL134	0	2	1	303	6	28	10	107
RL133	1	2	1	322	13	28	20	108
RL132	1	2	1	298	10	31	7	109
RL131	1	1	1	306	19	25	7	110

Fortsetzung auf der nächsten Seite

Probe	Cd [ppm]	Sn [ppm]	Sb [ppm]	Ba [ppm]	La [ppm]	Ce [ppm]	Pb [ppm]	Tiefe [cm]
RL130	0	1	1	312	22	27	8	111
RL129	0	2	1	292	16	33	8	112
RL128	0	2	1	280	16	48	47	113
RL127	1	2	1	290	17	26	62	114
RL126	1	2	1	282	9	39	7	115
RL125	1	1	0	265	16	50	7	116
RL124	1	3	0	273	13	44	11	117
RL123	1	2	1	281	13	31	10	118
RL122	1	2	2	300	12	33	23	119
RL121	1	3	1	310	10	23	6	120
RL120	0	1	1	286	19	40	11	121
RL119	0	2	1	308	17	31	22	122
RL118	1	1	1	315	20	38	24	123
RL117	1	1	2	295	19	27	19	124
RL116	1	2	0	305	8	22	20	125
RL115	1	1	0	294	11	26	9	126
RL114	0	1	1	306	17	34	14	127
RL113	0	2	1	290	11	24	24	128
RL112	1	1	1	289	12	24	13	129
RL111	0	2	1	269	14	34	11	130
RL110	1	0	0	283	14	32	6	131
RL109	1	3	0	278	21	41	9	132
RL108	1	1	0	284	20	27	7	133
RL107	1	1	0	291	24	33	8	134
RL106	1	2	0	289	12	14	8	135
RL105	1	6	1	244	46	97	15	136
RL104	1	2	1	231	24	41	11	137
RL103	1	3	0	232	18	34	12	138
RL102	1	4	1	232	28	48	15	139
RL101	1	5	1	238	22	45	18	140
RL100	1	7	1	247	29	67	23	141
RL99	0	6	1	260	22	41	15	142
RL98	0	2	1	272	16	33	11	143
RL97	1	2	1	272	11	24	7	144
RL96	0	0	1	268	6	22	6	145
RL95	1	2	1	264	29	51	6	146
RL94	1	3	2	278	16	38	12	147

Fortsetzung auf der nächsten Seite

Probe	Cd [ppm]	Sn [ppm]	Sb [ppm]	Ba [ppm]	La [ppm]	Ce [ppm]	Pb [ppm]	Tiefe [cm]
RL93	1	3	1	277	23	48	11	148
RL92	1	2	1	291	19	32	10	149
RL91	0	2	2	285	25	30	9	150
RL90	1	1	0	829	5	25	2	151
RL89	1	2	0	167	19	28	5	152
RL88	0	1	2	102	13	22	5	153
RL87	1	0	1	237	7	19	9	154
RL86	1	1	2	171	19	21	8	155
RL85	1	1	1	238	3	22	4	156
RL84	0	1	1	106	8	13	6	157
RL83	1	2	2	175	11	34	6	158
RL82	1	1	1	282	16	24	6	159
RL81	1	1	2	181	15	25	7	160
RL80	0	1	1	177	11	27	5	161
RL79	1	3	0	304	9	18	10	162
RL78	1	1	1	174	5	21	5	163
RL77	0	1	1	321	10	28	7	164
RL76	1	1	1	137	16	23	3	165
RL75	1	2	0	87	5	17	5	166
RL74	1	1	1	70	5	14	4	167
RL73	0	1	0	91	2	9	1	168
RL72	1	3	1	430	17	44	5	169
RL71	0	1	1	165	5	37	4	170
RL70	1	2	2	155	5	15	8	171
RL69	1	1	0	109	13	18	3	172
RL68	0	0	0	265	12	22	4	173
RL67	0	2	0	246	11	28	5	174
RL66	1	6	1	549	24	76	2	175
RL65	1	3	0	246	13	36	11	176
RL64	1	1	1	96	3	3	2	177
RL63	1	1	1	170	13	23	3	178
RL62	1	1	1	186	11	18	29	179
RL61	1	1	3	256	17	33	6	180
RL60	1	2	2	316	20	40	9	181
RL59	1	1	1	268	12	30	7	182
RL58	1	1	0	286	14	28	5	183
RL57	1	2	0	150	6	14	7	184

Fortsetzung auf der nächsten Seite

Probe	Cd [ppm]	Sn [ppm]	Sb [ppm]	Ba [ppm]	La [ppm]	Ce [ppm]	Pb [ppm]	Tiefe [cm]
RL56	1	2	1	142	3	29	4	185
RL55	1	1	0	190	15	17	4	186
RL54	0	1	1	201	12	30	6	187
RL53	0	2	1	178	6	14	5	188
RL52	0	1	1	220	6	13	5	189
RL51	1	0	0	321	16	21	6	190
RL50	1	1	1	173	15	26	4	191
RL49	1	0	1	230	13	33	8	192
RL48	1	2	0	263	17	16	5	193
RL47	1	1	1	227	9	27	7	194
RL46	1	2	1	292	10	15	6	195
RL45	1	1	1	158	15	20	5	196
RL44	0	1	1	814	6	28	5	197
RL43	1	1	1	223	7	14	8	198
RL42	0	8	1	335	8	29	5	199
RL41	1	2	2	259	16	16	5	200
RL40	1	2	1	172	8	19	2	201
RL39	1	0	1	210	8	17	5	202
RL38	1	0	1	181	4	11	6	203
RL37	1	1	1	267	11	15	6	204
RL36	1	3	1	173	4	24	5	205
RL35	1	1	1	107	14	31	3	206
RL34	0	1	1	175	13	17	5	207
RL33	1	2	2	206	24	34	5	208
RL32	1	1	0	180	8	27	10	209
RL31	1	1	2	152	5	8	5	210
RL30	0	1	1	236	11	15	7	211
RL29	0	1	1	57	3	23	0	212
RL28	1	1	2	179	13	22	7	213
RL27	1	2	1	215	19	27	4	214
RL26	0	1	1	521	20	34	6	215
RL25	1	2	0	282	14	34	6	216
RL24	0	1	0	161	13	25	3	217
RL23	1	3	1	160	3	29	4	218
RL22	1	1	1	178	15	25	4	219
RL21	0	1	1	127	21	38	4	220
RL20	1	2	1	265	10	27	4	221

Fortsetzung auf der nächsten Seite

Probe	Cd [ppm]	Sn [ppm]	Sb [ppm]	Ba [ppm]	La [ppm]	Ce [ppm]	Pb [ppm]	Tiefe [cm]
RL19	1	2	0	207	2	22	6	222
RL18	1	2	2	168	1	29	4	223
RL17	1	1	1	113	9	5	4	224
RL16	1	0	1	54	10	24	8	225
RL15	0	1	1	138	12	25	4	226
RL14	1	2	1	154	13	12	6	227
RL13	1	2	1	144	10	23	3	228
RL12	0	2	1	187	17	28	4	229
RL11	1	1	1	133	15	19	4	230
RL10	0	2	1	85	9	29	3	231
RL9	1	1	0	156	13	20	5	232
RL8	1	1	1	163	11	35	4	233
RL7	1	1	1	106	22	41	4	234
RL6	0	2	1	164	6	33	7	235
RL5	1	3	0	179	13	29	6	236
RL4	1	1	1	182	20	27	8	237
RL3	1	2	1	98	5	15	5	238
RL2	1	2	1	56	3	19	8	239
RL1	1	1	0	54	15	5	2	240

Tabelle 8.7: Mineralogische Zusammensetzung der Sedimente des 3 m langen Rheinkerns 2006 sowie die Tiefe der Sedimentschichten. Qu = Quarz, P.klas = Plagioklas, K-Fsp = Kali-Feldspäte, Glim = Glimmer, Dolo = Dolomit, Kaol = Kaolinit, Calc = Calcit. Messstelle: Elchesheim-Illingen.

Probe	Tiefe [cm]	Qu [%]	P.klas [%]	K-Fsp [%]	Glim [%]	Dolo [%]	Kaol [%]	Calc [%]	Rest [%]
RL240	1	19	5	4	0	2	4	9	57
RL238	3	25	0	4	14	2	6	10	39
RL236	5	24	4	4	12	2	8	10	36
RL234	7	28	4	4	11	2	5	11	35
RL232	9	27	2	3	10	2	6	10	40
RL230	11	26	3	3	8	2	5	11	42
RL228	13	26	4	7	10	3	4	13	33
RL226	15	27	4	9	15	3	7	16	19
RL224	17	29	4	8	8	3	4	16	28
RL222	19	30	0	9	14	3	7	16	21
RL220	21	30	0	12	19	4	5	17	13
RL218	23	33	7	12	14	4	6	16	8
RL216	25	27	0	33	21	2	4	13	0
RL214	27	32	6	11	13	4	5	16	13
RL212	29	31	6	6	9	3	6	17	22
RL210	31	29	6	11	11	4	7	18	14
RL208	33	31	6	9	14	4	6	16	14
RL206	35	31	6	7	12	4	5	18	17
RL204	37	31	0	18	11	3	6	18	13
RL202	39	56	0	26	8	1	2	7	0
RL200	41	47	0	32	9	2	2	8	0
RL198	43	34	8	21	7	4	6	20	0
RL196	45	31	7	18	17	4	6	17	0
RL194	47	31	5	10	0	3	6	16	29
RL192	49	30	6	9	13	3	5	15	19
RL190	51	36	6	17	16	3	5	17	0
RL188	53	36	7	13	10	4	6	18	6
RL186	55	45	0	19	8	2	5	15	6
RL184	57	61	8	25	0	1	0	5	0
RL182	59	55	0	40	0	0	2	3	0
RL180	61	62	8	20	0	0	6	3	1
RL178	63	40	0	13	16	4	8	19	0
RL176	65	40	6	18	14	2	5	15	0

Fortsetzung auf der nächsten Seite

Probe	Tiefe [cm]	Qu [%]	P.klas [%]	K-Fsp [%]	Glim [%]	Dolo [%]	Kaol [%]	Calc [%]	Rest [%]
RL174	67	45	9	16	9	2	4	15	0
RL172	69	47	7	22	7	2	4	11	0
RL170	71	42	10	38	0	1	0	9	0
RL168	73	74	0	17	0	1	0	8	0
RL166	75	48	12	36	0	1	0	3	0
RL164	77	59	9	29	0	0	0	3	0
RL162	79	48	13	30	0	1	0	8	0
RL160	81	41	0	27	17	2	4	9	0
RL158	83	51	11	24	0	1	5	8	0
RL156	85	52	11	31	0	1	0	5	0
RL154	87	62	0	32	0	1	0	5	0
RL152	89	41	17	28	0	1	3	10	0
RL150	91	66	0	18	0	1	4	11	0
RL148	93	47	13	28	0	0	3	9	0
RL146	95	51	13	29	0	1	0	6	0
RL144	97	56	0	33	0	0	4	7	0
RL142	99	40	15	29	0	1	4	11	0
RL140	101	49	14	22	0	1	4	10	0
RL138	103	39	16	30	0	1	3	11	0
RL136	105	33	14	24	12	2	5	10	0
RL134	107	62	0	22	0	1	4	11	0
RL132	109	50	0	35	0	1	3	11	0
RL130	111	55	13	25	0	1	0	6	0
RL128	113	36	15	27	10	1	2	9	0
RL126	115	39	16	21	11	0	3	10	0
RL124	117	46	14	31	0	1	0	8	0
RL122	119	47	16	28	0	0	0	9	0
RL120	121	47	11	27	0	1	4	10	0
RL118	123	41	14	33	0	0	3	9	0
RL116	125	41	11	29	10	1	3	5	0
RL114	127	44	13	35	0	1	0	7	0
RL112	129	44	0	32	13	1	3	7	0
RL110	131	45	12	30	0	1	4	8	0
RL108	133	43	12	30	0	1	5	9	0
RL106	135	36	15	28	0	3	5	13	0
RL104	137	33	9	12	14	4	7	21	0
RL102	139	26	9	13	20	7	8	17	0

Fortsetzung auf der nächsten Seite

Probe	Tiefe [cm]	Qu [%]	P.klas [%]	K-Fsp [%]	Glim [%]	Dolo [%]	Kaol [%]	Calc [%]	Rest [%]
RL100	141	42	5	6	12	3	10	22	0
RL98	143	37	9	28	10	2	4	10	0
RL96	145	66	7	23	0	1	0	3	0
RL94	147	67	7	19	0	1	0	6	0
RL92	149	56	13	23	0	1	0	7	0
RL90	151	55	6	14	0	1	0	24	0
RL88	153	75	8	11	0	0	0	6	0
RL86	155	63	15	14	0	0	0	8	0
RL84	157	76	0	16	0	0	0	8	0
RL82	159	74	0	20	0	1	0	5	0
RL80	161	75	5	9	0	1	0	10	0
RL78	163	79	0	15	0	0	0	6	0
RL76	165	56	5	21	0	1	0	17	0
RL74	167	76	4	10	0	0	0	10	0
RL72	169	44	8	27	8	0	11	2	0
RL70	171	77	6	8	0	0	0	9	0
RL68	173	72	6	16	0	0	0	6	0
RL66	175	48	7	10	19	0	14	2	0
RL64	177	88	0	5	0	0	0	7	0
RL62	179	75	5	12	0	0	0	8	0
RL60	181	60	10	19	0	1	0	10	0
RL58	183	54	0	30	9	1	0	6	0
RL56	185	66	11	12	0	0	0	11	0
RL54	187	62	6	12	11	0	0	9	0
RL52	189	68	8	21	0	0	0	3	0
RL50	191	72	0	21	0	0	0	7	0
RL48	193	67	5	20	0	0	0	8	0
RL46	195	82	0	15	0	0	0	3	0
RL44	197	71	0	21	0	0	0	8	0
RL42	199	49	6	25	19	1	0	0	0
RL40	201	73	0	23	0	0	0	4	0
RL38	203	78	5	10	0	0	0	7	0
RL36	205	55	24	20	0	0	0	1	0
RL34	207	69	5	15	0	1	0	10	0
RL32	209	57	0	40	0	0	0	3	0
RL30	211	78	5	13	0	0	0	4	0
RL28	213	71	4	15	0	0	0	10	0

Fortsetzung auf der nächsten Seite

Probe	Tiefe [cm]	Qu [%]	P.klas [%]	K-Fsp [%]	Glim [%]	Dolo [%]	Kaol [%]	Calc [%]	Rest [%]
RL26	215	59	14	9	11	0	4	3	0
RL24	217	75	4	7	0	0	0	14	0
RL22	219	67	6	12	0	0	5	10	0
RL20	221	60	7	21	0	0	3	9	0
RL18	223	59	0	26	10	0	0	5	0
RL16	225	84	0	7	0	0	0	9	0
RL14	227	68	7	9	0	0	3	13	0
RL12	229	70	6	8	0	0	7	9	0
RL10	231	83	4	8	0	0	0	5	0
RL8	233	78	4	3	0	0	4	11	0
RL6	235	75	5	7	0	0	0	13	0
RL4	237	66	2	5	12	0	0	15	0
RL2	239	79	12	0	0	0	0	9	0

Tabelle 8.8: Faktorladungen nach Varimax-Rotation und erklärte Varianz für die Sedimentanalysen des 3 m langen Rheinkerns 2006 (n = 240). Markierte Faktorladungen > 0,5. KG = Korngrößenbereich [μm].

Variable	Faktor 1	Faktor 2	Faktor 3	Faktor 4	Kommunalität
K	**0,62**	**0,56**	0,23	0,23	**0,80**
Ca	0,19	0,19	**0,88**	0,22	**0,90**
Ti	**0,66**	0,23	**0,58**	0,39	**0,97**
Mn	**0,61**	0,07	**0,66**	0,26	**0,88**
Fe	**0,72**	0,06	**0,54**	0,36	**0,94**
Ni	**0,72**	0,02	**0,53**	0,24	**0,86**
Cu	**0,85**	0,04	0,39	0,16	**0,90**
Zn	**0,90**	0,04	0,29	0,13	**0,91**
As	**0,53**	0,09	**0,61**	0,31	**0,77**
Br	**0,86**	0,09	0,22	0,16	**0,82**
Rb	**0,67**	0,45	0,06	0,20	**0,69**
Sr	0,08	0,26	**0,80**	0,21	**0,75**
Y	**0,58**	0,17	**0,54**	**0,53**	**0,93**
Zr	0,02	0,07	0,26	**0,90**	**0,88**
Nb	**0,61**	0,15	**0,59**	0,37	**0,88**
Mo	0,21	-0,02	0,15	**0,86**	**0,80**
Sn	**0,60**	0,10	**0,52**	0,09	**0,65**
Sb	**0,55**	-0,03	0,33	0,00	0,42
Ba	0,40	**0,58**	0,08	0,08	**0,52**
La	0,46	0,24	0,40	**0,52**	**0,70**
Ce	0,48	0,27	0,36	**0,61**	**0,80**
Pb	**0,71**	0,20	-0,05	0,12	**0,57**
Tiefe	-0,49	**-0,63**	-0,47	-0,08	**0,87**
KG < 5	**0,58**	-0,04	**0,62**	0,01	**0,72**
KG 5–10	**0,61**	0,01	**0,69**	0,08	**0,85**
KG 10–20	**0,53**	0,05	**0,78**	0,16	**0,92**
KG 20–40	0,34	0,12	**0,86**	0,25	**0,92**
KG 40–100	0,16	0,13	**0,86**	0,29	**0,88**
KG 100–200	-0,08	**0,90**	0,23	0,11	**0,89**
KG 200–400	-0,11	**0,80**	-0,42	-0,14	**0,85**
KG > 400	-0,14	**-0,83**	-0,47	-0,14	**0,95**
Anteil Ges. Varianz [%]	**29,7**	**12,4**	**27,5**	**11,7**	**81,3**

1 m lange Kerne

Tabelle 8.9: Granulometrische Zusammensetzung der Sedimente der 1 m langen Rheinkerne A, B und C 2005 sowie die Tiefe der Sedimentschichten. Die Zahlenwerte in der Kopfzeile entsprechen Korngrößenbereichen in μm. Messstelle: Elchesheim-Illingen.

Kern A									
	Tiefe	**< 5**	**5–10**	**10–20**	**20–40**	**40–100**	**100–200**	**200–400**	**> 400**
Probe	[cm]	[%]	[%]	[%]	[%]	[%]	[%]	[%]	[%]
328	1	4,1	14,5	23,1	25,1	19,0	7,7	3,1	3,4
327	3	2,2	7,4	11,2	13,9	15,8	16,1	15,6	17,8
326	5	1,8	7,3	12,6	17,1	20,0	15,7	11,2	14,2
325	7	2,4	8,5	13,6	17,0	20,4	19,2	11,0	8,0
324	9	2,9	10,9	18,3	26,2	24,1	9,5	5,4	2,8
323	11	1,5	6,1	10,8	15,0	20,1	25,8	15,0	5,8
322	13	1,8	6,7	11,3	14,9	19,8	25,2	15,8	4,5
321	15	2,5	8,2	13,0	16,2	20,3	20,5	9,5	9,8
320	17	0,9	3,4	5,9	8,0	12,3	26,0	24,5	19,2
319	19	1,0	4,2	7,7	11,7	21,0	31,7	17,1	5,8
318	21	1,0	4,1	7,6	11,1	18,3	30,7	19,0	8,1
317	23	0,9	3,7	6,9	10,7	19,9	33,1	16,9	7,9
316	25	2,1	6,9	12,2	18,9	32,2	22,7	3,0	2,1
315	27	2,7	8,6	14,4	18,4	21,3	20,8	9,9	3,9
314	29	3,3	10,6	17,6	25,1	29,9	9,2	0,2	4,3
313	31	1,5	5,6	10,5	17,8	33,5	24,8	4,1	2,1
312	33	1,9	7,5	14,5	24,8	32,2	16,5	1,8	0,8
311	35	2,1	6,9	12,3	19,0	27,9	24,8	6,0	1,0
310	37	1,1	4,1	7,8	13,2	25,3	37,5	9,6	1,4
39	39	1,6	4,6	8,4	14,2	16,4	12,7	16,6	25,5
38	41	1,1	3,8	6,8	11,4	16,7	17,9	25,1	17,4
37	43	0,5	1,7	3,1	6,1	12,7	28,1	24,1	23,8
36	45	1,2	3,7	6,0	9,1	10,3	10,0	25,8	34,1
35	47	0,3	1,0	1,4	1,5	0,9	8,1	34,9	51,9
34	49	0,2	0,4	0,7	0,4	0,2	1,7	30,8	65,6
33	51	1,1	2,8	4,2	6,6	10,6	20,1	10,3	44,4
32	53	0,8	3,1	5,6	9,7	11,5	30,3	26,0	13,1
31	55	0,3	1,1	1,8	2,8	3,6	21,0	30,7	38,7

Kern B									
Probe	**Tiefe** [cm]	**< 5** [%]	**5–10** [%]	**10–20** [%]	**20–40** [%]	**40–100** [%]	**100–200** [%]	**200–400** [%]	**> 400** [%]
536	1	0,5	3,3	7,4	12,8	22,6	27,1	13,9	12,3
535	3	0,8	4,3	8,6	14,4	22,0	21,4	14,1	14,4
534	5	0,6	3,7	8,2	13,2	18,2	19,2	17,3	19,5
533	7	0,8	4,1	8,2	12,7	18,3	19,8	18,3	17,8
532	9	1,3	5,7	10,7	16,0	20,0	14,7	11,1	20,4
531	11	0,9	4,0	7,1	10,5	14,4	19,7	19,6	23,9
530	13	0,9	3,6	6,0	8,4	11,5	15,4	20,5	33,6
529	15	0,7	3,4	6,6	10,4	14,3	17,1	18,6	29,0
528	17	0,9	4,9	10,6	17,7	22,4	18,0	12,8	12,8
527	19	1,0	4,6	8,9	12,8	16,1	18,2	17,5	20,8
526	21	0,9	3,9	7,4	10,6	13,6	17,2	20,6	25,9
525	23	0,9	4,4	8,0	11,4	14,8	22,8	26,7	11,0
524	25	1,7	6,6	12,0	15,0	14,6	16,9	16,4	16,9
523	27	1,1	4,9	9,4	12,9	16,3	21,5	19,5	14,4
522	29	1,3	5,4	9,9	12,9	12,9	21,7	24,1	11,9
521	31	0,9	3,9	7,7	11,4	16,3	27,7	22,4	9,8
520	33	0,5	2,6	5,1	8,4	15,4	28,5	24,4	15,2
519	35	1,0	4,9	10,3	16,7	21,1	27,8	14,2	4,0
518	37	0,8	3,9	8,5	15,7	27,3	26,3	10,4	7,1
517	39	0,7	3,7	8,3	15,7	26,0	31,4	13,4	0,9
516	41	0,9	3,5	6,3	9,9	13,6	22,7	18,6	24,6
515	43	0,3	1,7	3,4	6,5	12,6	28,5	29,2	17,8
514	45	0,6	2,8	5,4	9,0	12,1	22,3	26,7	21,1
513	47	1,2	4,4	7,7	11,0	9,6	14,8	25,9	25,5
512	49	0,8	3,2	6,0	9,2	11,0	14,5	21,0	34,4
511	51	1,8	7,5	14,8	24,8	24,5	16,7	7,8	2,1
510	53	1,4	5,3	9,3	14,7	19,2	22,6	16,8	10,7
59	55	0,8	3,4	6,6	10,9	15,9	25,7	24,3	12,6
58	57	1,1	4,5	8,6	14,2	21,0	21,4	12,9	16,4
57	59	1,3	5,4	10,8	18,0	22,2	17,6	10,8	14,1
56	61	0,9	3,7	7,2	12,5	21,4	29,0	16,9	8,3
55	63	0,7	3,0	5,9	10,1	14,3	17,8	17,3	31,0
54	65	1,6	5,8	9,6	16,2	22,4	24,7	14,2	5,6
53	67	0,7	2,8	5,1	9,1	14,2	22,1	26,3	19,7
52	69	0,8	3,2	6,2	11,0	14,8	15,9	17,5	30,6
51	71	1,1	4,3	7,9	14,5	20,4	15,2	15,3	21,3

Kern C									
Probe	Tiefe [cm]	< 5 [%]	5–10 [%]	10–20 [%]	20–40 [%]	40–100 [%]	100–200 [%]	200–400 [%]	> 400 [%]
823	1	0,3	1,5	3,6	8,3	22,9	32,4	17,0	14,0
822	3	0,5	2,4	5,2	10,3	24,0	32,2	14,6	10,9
821	5	2,4	5,9	8,3	11,5	22,2	21,0	6,7	22,0
820	7	1,5	4,6	7,4	10,7	18,1	28,4	12,2	17,0
819	9	1,1	4,4	8,2	13,4	22,5	29,5	12,4	8,4
818	11	0,4	1,8	3,9	7,0	16,1	33,9	23,5	13,4
817	13	0,3	1,2	2,3	4,4	9,5	40,3	31,5	10,6
816	15	0,5	2,2	4,4	7,1	12,7	35,5	27,3	10,3
815	17	1,2	3,9	7,3	12,5	27,5	33,7	10,2	3,8
814	19	0,7	2,4	4,3	7,3	17,2	26,2	8,7	33,3
813	21	0,8	3,2	6,5	12,9	28,7	34,4	9,8	3,8
812	23	1,0	3,6	6,8	12,2	23,9	35,6	14,2	2,8
811	25	1,5	5,2	9,8	15,4	25,8	28,5	9,8	4,0
810	27	1,0	3,7	7,6	12,9	19,2	18,0	6,7	30,9
89	29	1,2	4,3	8,0	14,7	25,4	22,4	6,8	17,2
88	31	0,9	3,0	5,9	9,8	17,3	24,0	21,0	18,1
87	33	0,9	3,0	7,0	16,4	35,8	28,1	5,8	3,0
86	35	0,8	2,9	5,8	10,7	25,2	29,3	14,1	11,3
85	37	0,8	2,9	5,6	9,2	16,3	19,1	17,7	28,3
84	39	0,3	1,1	2,4	3,0	3,7	3,2	36,5	50,0
83	41	0,8	2,8	5,2	8,2	11,7	10,5	20,4	40,5
82	43	1,1	3,7	7,1	12,3	22,7	26,6	17,1	9,5
81	45	0,4	1,5	2,4	4,0	5,2	28,9	45,8	11,9

Tabelle 8.10: Chemische Zusammensetzung der Sedimente des 1 m langen Rheinkerns A 2005 sowie die Tiefe der Sedimentschichten. Messstelle: Elchesheim-Illingen.

Probe	K_2O [%]	CaO [%]	TiO_2 [%]	MnO [%]	Fe_2O_3 [%]	Ni [ppm]	Cu [ppm]	Zn [ppm]	As [ppm]
328	1,93	11,5	0,40	0,08	3,54	20	38	146	13
327	2,31	12,3	0,41	0,08	3,89	33	47	155	16
326	2,26	10,9	0,46	0,08	3,89	29	44	188	17
325	2,25	11,6	0,42	0,08	3,77	35	56	225	16
324	1,95	13,1	0,36	0,08	3,54	33	60	269	14
323	1,71	14,6	0,35	0,07	3,38	36	59	228	17
322	1,71	16,2	0,35	0,07	3,43	36	53	209	15
321	1,65	18,0	0,35	0,10	3,54	39	48	197	17
320	1,74	19,3	0,34	0,11	3,36	25	33	178	16
319	1,74	19,1	0,33	0,09	3,12	9	29	144	17
318	1,61	19,3	0,32	0,08	3,16	33	40	144	13
317	1,65	19,9	0,31	0,06	2,81	30	38	123	12
316	1,68	19,9	0,32	0,07	3,14	34	42	133	15
315	1,82	21,3	0,32	0,09	3,08	29	26	119	17
314	1,72	19,3	0,31	0,06	2,94	20	22	109	10
313	1,80	19,6	0,30	0,09	2,94	13	28	92	18
312	1,81	16,9	0,30	0,06	2,66	10	25	71	18
311	1,63	16,5	0,25	0,05	2,15	15	26	63	13
310	1,54	18,0	0,22	0,05	1,90	21	16	43	13
39	1,51	14,0	0,22	0,04	1,81	11	12	39	12
38	1,54	13,7	0,21	0,04	1,79	6	18	36	12
37	1,49	12,5	0,20	0,03	1,47	4	6	22	7
36	1,44	13,8	0,22	0,03	1,78	11	2	22	15
35	1,27	3,5	0,07	0,01	0,63	5	4	13	7
34	1,39	3,1	0,06	0,02	0,60	19	3	8	4
33	1,62	15,6	0,23	0,03	1,76	11	15	28	12
32	1,40	9,6	0,13	0,03	1,13	9	11	22	11
31	1,28	6,4	0,09	0,02	0,86	6	12	19	10

Fortsetzung von Tabelle 8.10:

Probe	Br [ppm]	Rb [ppm]	Sr [ppm]	Y [ppm]	Zr [ppm]	Nb [ppm]	Mo [ppm]	Ag [ppm]	Cd [ppm]
328	26	103	204	17	87	6	2	1	1
327	17	114	210	21	111	8	2	2	0
326	15	114	195	21	121	9	3	0	0
325	11	113	205	22	118	7	3	2	0
324	8	105	224	22	110	8	2	2	0
323	9	102	237	20	109	8	2	2	0
322	6	96	255	19	108	9	2	2	2
321	6	90	285	21	110	7	2	2	2
320	6	85	298	18	114	6	2	1	1
319	1	73	286	20	114	6	2	1	1
318	4	80	293	19	120	7	1	2	0
317	7	77	296	17	120	7	2	1	0
316	4	80	306	20	114	5	3	1	1
315	4	73	309	19	105	4	1	2	1
314	7	72	286	17	99	6	1	1	2
313	6	81	293	18	119	7	2	1	1
312	4	81	249	16	118	5	2	1	1
311	4	74	253	17	110	6	2	0	2
310	0	63	269	14	111	5	2	1	0
39	3	63	221	15	110	4	1	0	1
38	2	66	215	14	127	2	2	0	0
37	2	58	196	13	167	3	3	0	1
36	1	60	225	13	123	2	3	0	0
35	1	61	100	4	32	0	1	0	0
34	2	66	103	5	33	0	2	1	0
33	2	66	268	15	108	5	1	2	1
32	0	61	191	10	83	4	2	0	0
31	0	64	167	9	57	2	1	0	0

Fortsetzung von Tabelle 8.10:

Probe	**Sn** [ppm]	**Sb** [ppm]	**Cs** [ppm]	**Ba** [ppm]	**La** [ppm]	**Ce** [ppm]	**Pb** [ppm]	**Tiefe** [cm]
328	7	0	0	358	27	71	38	1
327	7	3	0	392	29	82	44	3
326	11	3	9	483	38	58	50	5
325	14	4	0	510	41	67	67	7
324	16	1	0	480	33	676	79	9
323	18	3	0	448	34	43	73	11
322	16	3	0	442	27	73	78	13
321	21	0	0	384	23	54	74	15
320	29	2	0	350	22	51	79	17
319	32	2	0	326	25	56	64	19
318	31	2	0	318	24	52	66	21
317	31	2	0	298	25	51	57	23
316	40	3	0	312	24	56	59	25
315	44	3	0	296	26	55	53	27
314	53	1	0	311	26	52	53	29
313	34	0	0	333	12	43	40	31
312	25	1	0	344	19	42	33	33
311	18	0	0	308	19	40	26	35
310	11	2	0	272	26	36	13	37
39	9	3	0	270	23	47	20	39
38	6	2	0	261	18	57	16	41
37	4	1	0	261	25	41	14	43
36	4	2	0	248	5	36	13	45
35	1	1	0	288	4	19	6	47
34	1	0	0	310	4	8	11	49
33	4	2	0	268	21	42	15	51
32	2	0	0	280	7	31	6	53
31	1	0	0	297	21	32	5	55

Tabelle 8.11: Chemische Zusammensetzung der Sedimente des 1 m langen Rheinkerns B 2005 sowie die Tiefe der Sedimentschichten. Messstelle: Elchesheim-Illingen.

Probe	K_2O [%]	CaO [%]	TiO_2 [%]	MnO [%]	Fe_2O_3 [%]	Ni [ppm]	Cu [ppm]	Zn [ppm]	As [ppm]
536	1,63	15,3	0,21	0,05	2,13	15	20	69	12
535	1,66	14,7	0,22	0,04	2,12	16	26	87	9
534	1,71	12,7	0,29	0,05	2,89	29	31	121	9
533	1,86	14,5	0,32	0,06	3,29	32	36	159	14
532	1,86	10,4	0,33	0,04	3,07	27	49	156	16
531	1,79	7,6	0,34	0,04	3,27	35	47	186	15
530	1,64	5,8	0,31	0,04	3,24	40	66	224	14
529	1,61	7,5	0,30	0,03	3,25	27	56	280	19
528	1,81	11,9	0,32	0,03	3,46	19	58	254	16
527	1,84	16,1	0,32	0,03	3,54	14	41	203	12
526	1,50	20,8	0,30	0,04	3,19	32	41	170	10
525	1,66	22,2	0,26	0,04	2,83	13	40	170	13
524	1,59	20,3	0,27	0,06	3,02	25	27	146	15
523	1,59	20,6	0,30	0,06	2,83	27	36	167	10
522	1,54	20,0	0,31	0,06	3,05	36	32	155	13
521	1,76	19,4	0,29	0,05	2,94	18	31	131	13
520	1,39	16,3	0,22	0,04	1,91	23	21	87	6
519	1,56	21,5	0,31	0,06	2,89	35	27	135	10
518	1,47	14,0	0,18	0,03	1,48	8	16	59	6
517	1,42	15,9	0,21	0,04	1,70	23	18	67	8
516	1,36	10,9	0,14	0,02	1,14	13	12	37	7
515	1,41	11,3	0,15	0,02	1,18	9	16	41	7
514	1,33	9,3	0,12	0,02	0,99	4	9	29	5
513	1,37	10,8	0,14	0,02	1,18	2	12	34	5
512	1,45	12,0	0,17	0,03	1,34	4	11	36	7
511	1,54	14,5	0,20	0,04	1,57	5	10	41	5
510	1,57	15,1	0,20	0,04	1,65	14	10	42	8
59	1,50	14,7	0,22	0,03	1,64	1	12	47	7
58	1,61	15,4	0,23	0,03	1,73	8	22	48	8
57	1,59	13,5	0,18	0,02	1,43	8	17	46	8
56	1,55	13,4	0,19	0,03	1,45	11	14	48	8
55	1,49	11,0	0,16	0,02	1,14	4	8	40	7
54	1,33	11,1	0,14	0,02	1,11	10	20	35	8
53	1,43	12,4	0,16	0,03	1,25	4	11	39	6
52	1,44	8,5	0,14	0,02	1,35	4	9	32	8
51	1,69	14,2	0,22	0,02	1,79	10	17	60	10

Fortsetzung von Tabelle 8.11:

Probe	Br [ppm]	Rb [ppm]	Sr [ppm]	Y [ppm]	Zr [ppm]	Nb [ppm]	Mo [ppm]	Ag [ppm]
536	12	72	259	14	101	5	2	0
535	13	73	252	15	113	4	2	1
534	14	92	227	19	105	6	1	2
533	22	98	234	19	95	7	2	0
532	15	100	185	21	99	7	2	0
531	20	107	154	21	94	5	1	2
530	26	93	155	19	94	5	2	0
529	22	95	150	17	88	6	3	2
528	10	101	183	17	95	6	2	2
527	8	96	240	18	103	6	3	2
526	9	73	273	15	88	6	1	0
525	7	69	286	15	75	6	2	3
524	1	66	291	14	83	6	2	1
523	3	80	311	19	98	7	1	2
522	4	82	309	18	104	7	2	1
521	0	73	298	17	97	6	2	0
520	3	65	246	14	99	4	2	0
519	5	80	312	16	109	6	1	1
518	2	63	221	13	102	4	2	1
517	0	63	246	13	115	3	2	0
516	0	60	181	8	78	0	2	1
515	0	63	189	11	80	3	1	2
514	2	60	162	8	77	1	1	1
513	3	61	179	10	82	4	2	1
512	0	62	198	12	92	4	2	1
511	3	64	226	12	98	5	2	1
510	1	66	234	13	103	3	2	0
59	1	65	228	13	107	5	3	1
58	0	67	234	15	109	3	1	0
57	0	70	213	14	105	5	3	0
56	1	72	208	12	97	4	1	1
55	0	65	184	10	77	2	2	0
54	0	62	179	9	86	3	2	0
53	1	65	189	10	100	4	2	0
52	1	66	152	9	71	1	3	2
51	1	73	227	14	114	6	2	1

Fortsetzung von Tabelle 8.11:

Probe	Cd [ppm]	Sn [ppm]	Sb [ppm]	Cs [ppm]	Ba [ppm]	La [ppm]	Ce [ppm]	Pb [ppm]	Tiefe [cm]
536	0	6	0	0	270	24	36	18	1
535	1	5	1	0	285	18	32	26	3
534	1	8	0	0	301	22	48	36	5
533	0	9	0	0	326	31	51	41	7
532	2	10	2	8	340	14	48	39	9
531	1	11	2	9	377	18	57	54	11
530	1	13	4	0	391	36	52	69	13
529	1	14	1	0	402	25	45	86	15
528	1	15	2	0	480	28	69	84	17
527	0	14	5	3	474	25	61	75	19
526	1	13	2	0	362	16	44	59	21
525	2	17	3	0	330	15	34	58	23
524	0	27	1	0	313	27	49	54	25
523	0	27	3	0	311	26	37	68	27
522	1	29	0	2	322	31	63	65	29
521	0	23	1	0	289	21	45	43	31
520	0	17	1	0	283	10	42	34	33
519	0	34	1	0	278	30	55	58	35
518	0	13	1	0	275	12	36	24	37
517	0	14	1	0	264	20	41	20	39
516	0	7	1	0	268	8	27	12	41
515	0	8	2	0	273	11	31	16	43
514	0	6	3	0	275	12	22	14	45
513	0	7	1	0	271	16	28	18	47
512	0	8	0	0	270	17	44	10	49
511	0	10	2	0	265	19	33	18	51
510	0	9	0	0	262	19	42	15	53
59	1	14	3	0	279	15	19	18	55
58	0	15	2	0	264	10	45	19	57
57	0	12	3	0	288	25	41	16	59
56	0	12	1	0	283	16	37	18	61
55	0	8	0	0	284	16	34	12	63
54	1	6	1	0	267	4	32	9	65
53	0	8	0	0	272	9	25	14	67
52	0	6	2	0	258	7	25	13	69
51	0	17	2	0	262	26	46	24	71

Tabelle 8.12: Chemische Zusammensetzung der Sedimente des 1 m langen Rheinkerns C 2005 sowie die Tiefe der Sedimentschichten. Messstelle: Elchesheim-Illingen.

Probe	K_2O [%]	CaO [%]	TiO_2 [%]	MnO [%]	Fe_2O_3 [%]	Ni [ppm]	Cu [ppm]	Zn [ppm]	As [ppm]
823	1,63	18,2	0,23	0,04	2,11	17	22	103	10
822	1,73	18,1	0,25	0,04	2,18	21	36	109	9
821	1,60	16,1	0,25	0,04	2,16	32	31	110	10
820	1,62	14,9	0,21	0,03	1,87	29	24	103	11
819	1,68	16,3	0,20	0,03	1,93	16	29	140	12
818	1,66	16,6	0,18	0,03	1,61	2	20	119	9
817	1,47	14,4	0,15	0,03	1,19	21	11	75	6
816	1,55	14,5	0,17	0,03	1,22	10	14	78	5
815	1,66	17,5	0,26	0,03	1,88	7	23	99	11
814	1,63	16,8	0,22	0,03	1,74	17	21	91	7
813	1,59	16,1	0,19	0,03	1,56	11	16	77	8
812	1,64	17,8	0,22	0,03	1,74	17	24	88	7
811	1,63	18,6	0,25	0,04	2,17	19	31	111	9
810	1,49	17,5	0,22	0,04	1,87	18	21	89	7
89	1,71	19,5	0,27	0,04	2,32	17	19	106	8
88	1,79	16,7	0,25	0,04	2,13	12	19	96	11
87	1,54	18,8	0,27	0,05	2,27	26	21	103	15
86	1,61	17,5	0,23	0,04	1,95	18	17	86	12
85	1,48	19,0	0,27	0,05	2,33	28	21	118	14
84	1,51	12,1	0,19	0,03	1,65	7	19	85	10
83	1,55	16,5	0,22	0,04	1,99	20	21	83	12
82	1,57	14,0	0,19	0,03	1,56	5	14	61	9
81	1,65	17,9	0,23	0,04	1,94	11	26	96	9

Fortsetzung von Tabelle 8.12:

Probe	Br [ppm]	Rb [ppm]	Sr [ppm]	Y [ppm]	Zr [ppm]	Nb [ppm]	Mo [ppm]	Ag [ppm]	Cd [ppm]
823	8	69	287	13	935	3	2	1	0
822	6	78	284	16	113	5	2	1	1
821	4	74	249	16	112	5	2	0	1
820	6	74	235	13	94	6	2	0	1
819	7	74	250	14	87	5	2	1	0
818	6	70	241	11	78	4	3	1	2
817	2	66	209	10	86	2	2	1	0
816	3	66	210	11	82	3	3	1	0
815	0	64	250	14	111	4	2	0	0
814	3	69	246	12	104	5	2	0	0
813	3	70	242	13	96	2	2	0	0
812	1	68	268	13	100	4	2	1	0
811	4	68	271	16	107	5	2	0	0
810	3	63	264	14	105	3	1	0	0
89	3	76	302	17	121	6	1	1	0
88	1	77	257	14	104	6	2	1	0
87	0	73	281	15	103	7	1	1	1
86	2	66	261	14	97	5	1	0	0
85	3	71	281	16	112	5	4	0	1
84	0	78	177	11	72	4	1	1	0
83	0	74	248	14	104	6	3	1	0
82	0	64	219	11	80	4	2	0	0
81	3	67	263	14	96	4	2	1	0

Fortsetzung von Tabelle 8.12:

Probe	Sn [ppm]	Sb [ppm]	Cs [ppm]	Ba [ppm]	La [ppm]	Ce [ppm]	Pb [ppm]	Tiefe [cm]
823	9	2	0	291	19	33	28	1
822	15	2	0	290	14	34	41	3
821	18	2	0	297	25	44	37	5
820	7	1	0	301	9	30	31	7
819	10	0	0	304	22	43	34	9
818	10	1	0	291	11	36	31	11
817	5	0	0	286	12	24	24	13
816	8	2	0	282	19	33	29	15
815	18	1	0	258	15	38	35	17
814	21	2	0	272	22	35	43	19
813	16	4	0	266	19	45	31	21
812	23	1	0	252	22	31	30	23
811	36	2	0	254	23	41	46	25
810	29	2	0	246	16	32	37	27
89	52	3	0	256	25	37	42	29
88	50	0	0	271	15	39	33	31
87	46	2	0	260	27	53	27	33
86	43	2	0	256	24	38	29	35
85	53	2	0	262	24	46	39	37
84	41	1	0	298	14	42	29	39
83	28	2	2	264	19	33	27	41
82	22	1	0	278	14	39	18	43
81	41	2	0	265	19	48	38	45

Tabelle 8.13: Mineralogische Zusammensetzung der 1 m langen Rheinkerne A, B und C 2005 sowie die Tiefe der Sedimentschichten. Qu = Quarz, P.klas = Plagioklas, K-Fsp = Kali-Feldspäte, Glim = Glimmer, Dolo = Dolomit, Kaol = Kaolinit, Calc = Calcit. Messstelle: Elchesheim-Illingen.

Kern A									
Probe	Tiefe [cm]	Qu [%]	P.klas [%]	K-Fsp [%]	Glim [%]	Dolo [%]	Kaol [%]	Calc [%]	Rest [%]
328	1	23	2	2	13	2	5	9	44
327	3	20	3	4	7	2	3	8	53
326	5	25	3	0	11	2	5	8	46
325	7	23	0	0	8	2	5	8	54
324	9	24	2	4	10	2	6	10	42
323	11	26	3	3	11	2	0	12	43
322	13	27	3	3	14	2	7	14	30
321	15	25	3	4	18	3	5	15	27
320	17	23	5	4	8	3	7	15	35
319	19	28	3	2	11	2	6	16	32
318	21	22	5	6	13	3	7	18	26
317	23	28	5	4	15	3	7	16	22
316	25	23	3	4	13	3	6	16	32
315	27	25	4	5	14	3	5	17	27
314	29	24	3	6	14	2	6	15	30
313	31	29	0	9	23	3	5	16	15
312	33	31	6	12	15	0	5	15	16
311	35	36	9	12	14	4	5	15	5
310	37	37	8	19	11	3	5	16	1
39	39	43	7	21	9	2	5	13	0
38	41	43	0	31	0	2	5	11	8
37	43	38	15	20	0	3	4	12	8
36	45	42	0	26	12	2	5	13	0
35	47	70	8	18	0	1	0	3	0
34	49	72	0	25	0	0	0	3	0
33	51	42	5	9	5	2	4	13	20
32	53	52	10	23	0	2	3	10	0
31	55	59	0	30	0	1	3	7	0

Kern B									
Probe	Tiefe [cm]	Qu [%]	P.klas [%]	K-Fsp [%]	Glim [%]	Dolo [%]	Kaol [%]	Calc [%]	Rest [%]
536	1	36	4	7	10	2	0	13	28
535	3	40	5	10	13	2	5	13	12
534	5	31	6	8	9	2	4	13	27
533	7	19	3	2	0	2	3	10	61
532	9	25	4	7	13	2	4	9	36
531	11	26	3	4	21	2	5	5	34
530	13	31	2	3	9	1	0	3	51
529	15	29	4	4	12	2	5	6	38
528	17	28	2	5	7	2	3	9	44
527	19	25	3	4	10	2	5	11	40
526	21	20	1	5	8	1	0	15	50
525	23	21	1	3	7	1	5	16	46
524	25	22	3	4	13	2	8	18	30
523	27	25	4	7	11	2	5	18	28
522	29	24	4	7	14	2	4	16	29
521	31	26	4	5	10	2	7	16	30
520	33	35	6	11	14	2	5	16	11
519	35	23	3	3	14	2	7	16	32
518	37	42	7	20	9	4	5	13	0
517	39	38	10	17	11	3	6	15	0
516	41	36	0	25	11	2	6	11	9
515	43	42	0	26	13	2	5	12	0
514	45	49	9	22	7	2	3	8	0
513	47	51	8	26	0	3	2	10	0
512	49	53	8	19	6	2	2	10	0
511	51	39	5	20	9	3	5	15	4
510	53	43	0	20	11	3	5	15	3
59	55	38	5	14	12	3	5	16	7
58	57	42	10	13	9	3	5	10	8
57	59	44	9	23	6	2	3	10	3
56	61	33	0	43	9	2	4	9	0
55	63	49	7	21	6	2	4	11	0
54	65	49	9	17	9	2	3	11	0
53	67	42	9	25	8	2	4	10	0
52	69	54	0	30	7	1	3	5	0
51	71	50	5	15	0	3	4	13	10

Kern C									
Probe	Tiefe [cm]	Qu [%]	P.klas [%]	K-Fsp [%]	Glim [%]	Dolo [%]	Kaol [%]	Calc [%]	Rest [%]
823	1	28	6	10	7	2	5	17	25
822	3	30	6	12	16	2	4	15	15
821	5	30	6	17	9	3	3	16	16
820	7	36	0	28	14	2	5	15	0
819	9	32	6	15	10	1	4	15	17
818	11	36	0	15	15	1	4	15	14
817	13	39	9	26	7	2	3	14	0
816	15	40	9	23	9	1	5	13	0
815	17	37	8	11	16	2	6	18	2
814	19	36	9	13	14	2	7	16	3
813	21	38	6	14	15	2	6	18	1
812	23	38	9	17	9	2	6	17	2
811	25	33	0	10	18	3	8	17	11
810	27	34	7	14	12	3	6	18	6
89	29	31	5	16	18	3	7	18	2
88	31	34	5	11	14	2	5	15	14
87	33	33	6	15	12	3	8	16	7
86	35	32	5	8	17	2	6	15	15
85	37	32	7	15	19	3	6	18	0
84	39	41	0	30	12	1	7	9	0
83	41	38	6	14	13	3	6	16	4
82	43	38	7	23	11	2	6	13	0
81	45	31	0	20	19	3	8	18	1

Altersbestimmung

Tabelle 8.14: Äquivalenzdosis D_E, Dosisleistung D und die daraus berechneten OSL-Alter der Proben aus der Rheinaue bei Elchesheim-Illingen sowie die Tiefe der Sedimentschichten. n. g.: Probe konnte nicht gemessen werden, da nach dem letzten Präparationsschritt zu wenig Material für die Messungen vorhanden war.

Probe	Teufe [cm]	D_E [Gy]	D [Gy/ka]	Alter [ka]
R1	47	n. g.	n. g.	n. g.
R2	72	1,00	1,603	0,62
R3	110	0,60	1,368	0,44
R4	135	0,50	1,378	0,58
R5	155	n. g.	n. g.	n. g.
R6	180	n. g.	n. g.	n. g.
R7	245	0,60	1,17	0,85
R8	255	0,80	0,983	1,02
R9	270	1,00	0,948	1,05
R10	285	1,00	1,212	0,83

Donau

Zusammensetzung der Schwebstoffe

Tabelle 8.15: Chemische Zusammensetzung der Schwebstoffe der Donau 2005 / 2006 sowie die Abflusswerte. Messstrecke: Berg bis Neuburg an der Donau.

Probe	K_2O [%]	CaO [%]	TiO_2 [%]	MnO [%]	Fe_2O_3 [%]	Ni [ppm]	Cu [ppm]	Zn [ppm]	As [ppm]
1105	1,66	15,0	0,32	0,13	3,18	111	31	78	10
1305	1,29	12,6	0,34	0,16	3,50	192	133	1350	10
1405	2,08	16,5	0,40	0,15	3,85	136	37	100	11
1605	2,28	14,2	0,39	0,14	3,90	79	37	125	9
1805	2,18	14,2	0,39	0,13	3,96	134	44	240	9
1905	2,28	13,9	0,43	0,15	4,36	88	36	110	11
2005	2,47	16,6	0,42	0,11	4,51	33	29	112	13
3105	1,33	11,0	0,37	0,12	2,60	69	60	269	13
3305	1,26	10,7	0,26	0,22	3,08	74	46	224	10
3405	1,54	10,4	0,27	0,22	3,24	68	54	357	11
3605	1,74	12,9	0,25	0,15	3,08	45	37	299	11
3805	1,65	9,3	0,24	0,16	2,66	22	27	244	11
3905	1,66	10,5	0,26	0,16	2,87	10	35	239	8
4005	1,65	12,6	0,32	0,14	3,03	10	41	220	10
0106	0,22	2,2	0,04	0,03	0,46	17	15	98	2
0306	0,13	1,3	0,02	0,04	0,33	32	16	266	2
0406	0,16	1,4	0,03	0,03	0,30	13	32	46	1
0606	0,19	2,0	0,04	0,06	0,62	14	9	57	2
0806	0,20	1,6	0,04	0,06	0,63	15	12	58	2
0906	0,24	1,7	0,06	0,08	0,81	10	10	110	2
1006	0,21	2,6	0,04	0,04	0,44	14	8	46	2

Fortsetzung von Tabelle 8.15:

Probe	**Br** [ppm]	**Rb** [ppm]	**Sr** [ppm]	**Y** [ppm]	**Zr** [ppm]	**Nb** [ppm]	**Mo** [ppm]	**Ag** [ppm]
1105	5	71	220	12	49	6	3	1
1305	35	43	138	9	32	6	6	3
1405	8	93	258	11	61	7	3	3
1605	8	100	235	13	57	7	3	1
1805	8	98	229	12	56	6	7	2
1905	8	112	236	14	62	9	2	2
2005	10	114	245	14	67	8	3	1
3105	17	23	63	4	39	7	3	1
3305	28	23	43	7	20	8	3	5
3405	20	29	67	3	15	6	3	8
3605	15	32	90	5	26	8	6	2
3805	13	22	60	2	12	7	7	1
3905	18	30	73	5	15	7	3	5
4005	19	32	86	3	16	7	6	1
0106	2	2	8	1	2	2	2	0
0306	3	1	5	1	1	1	1	1
0406	1	1	5	1	3	2	1	1
0606	3	3	10	1	3	1	1	1
0806	3	4	11	1	6	2	1	1
0906	3	4	10	1	3	2	1	2
1006	3	3	10	1	3	2	2	1

Fortsetzung von Tabelle 8.15:

Probe	Cd [ppm]	Sn [ppm]	Sb [ppm]	Cs [ppm]	Ba [ppm]	La [ppm]	Ce [ppm]	Pb [ppm]	Abfluss [m^3/s]
1105	1	2	1	3	201	33	95	8	425
1305	1	18	11	12	165	52	87	38	32
1405	2	4	19	3	266	48	102	11	334
1605	1	7	11	7	311	35	57	21	752
1805	1	10	3	3	255	11	34	18	1300
1905	0	10	14	3	248	5	87	18	1300
2005	1	9	13	37	236	51	37	18	1852
3105	1	4	6	37	108	35	5	25	111
3305	1	1	1	18	23	5	5	13	28
3405	1	4	10	23	130	12	78	23	114
3605	1	4	8	3	79	5	94	13	104
3805	1	9	16	13	86	21	5	3	110
3905	1	8	15	7	92	12	5	14	110
4005	2	8	6	3	144	5	5	12	258
0106	1	4	3	2	5	5	10	4	70
0306	1	3	4	6	5	5	5	0	18
0406	1	3	3	0	5	5	5	1	99
0606	1	2	3	3	30	6	5	2	106
0806	1	2	4	3	22	8	19	3	100
0906	1	4	4	3	23	11	7	2	102
1006	1	2	5	12	26	11	3	2	94

Tabelle 8.16: Faktorladungen nach Varimax-Rotation und erklärte Varianz für die Schwebstoffanalysen der Donau 2005 / 2006 (n = 21). Markierte Faktorladungen > 0,5.

Variable	Faktor 1	Faktor 2	Faktor 3	Kommunalität
K	**0,85**	0,13	0,48	**0,97**
Ca	**0,82**	0,27	0,46	**0,95**
Ti	**0,82**	0,30	0,44	**0,96**
Mn	0,32	0,27	**0,88**	**0,95**
Fe	**0,81**	0,28	**0,51**	**0,99**
Ni	0,49	**0,71**	0,08	**0,75**
Cu	0,11	**0,92**	0,32	**0,96**
Zn	-0,13	**0,95**	0,19	**0,96**
As	**0,63**	0,28	**0,64**	**0,89**
Br	-0,04	**0,65**	**0,71**	**0,93**
Rb	**0,98**	0,11	0,08	**0,98**
Sr	**0,97**	0,20	0,05	**0,98**
Y	**0,93**	0,22	0,08	**0,92**
Zr	**0,96**	0,19	0,08	**0,97**
Nb	**0,68**	0,15	**0,66**	**0,93**
Ag	-0,13	0,10	**0,78**	**0,64**
Sn	0,35	**0,69**	0,13	**0,62**
Sb	0,46	0,19	0,35	0,37
Ba	**0,93**	0,24	0,10	**0,93**
La	**0,55**	**0,56**	-0,07	**0,62**
Ce	**0,59**	0,38	0,13	**0,50**
Pb	0,40	**0,74**	0,39	**0,86**
Abfluss	**0,84**	-0,10	-0,11	**0,73**
Anteil Ges. Varianz [%]	**45,1**	**21,1**	**18,0**	**84,2**

Tabelle 8.17: Chemische Zusammensetzung der Schwebstoffe ausgewählter Nebenflüsse der Donau 2005 / 2006 sowie die Abflusswerte.

Probe	K_2O [%]	CaO [%]	TiO_2 [%]	MnO [%]	Fe_2O_3 [%]	Ni [ppm]	Cu [ppm]	Zn [ppm]	As [ppm]
Iller (Wiblingen und Deitenheim)									
1205	2,09	18,1	0,42	0,14	4,01	129	41	100	14
2305	2,28	16,3	0,38	0,13	3,65	67	30	78	15
4305	1,51	9,4	0,28	0,23	2,55	26	27	183	6
1306	0,04	0,3	0,01	0,01	0,08	13	3	32	1
Mindel (Offingen)									
1505	1,40	13,7	0,39	0,22	4,01	73	45	170	14
3505	1,48	8,4	0,36	0,51	5,09	10	62	603	20
0506	0,09	2,3	0,04	0,05	0,61	21	8	69	1
Wörnitz (Harburg)									
1705	2,04	6,8	0,48	0,20	5,66	202	128	1123	15
3705	1,13	4,3	0,23	0,35	2,22	49	23	129	6
0706	0,52	0,7	0,09	0,12	1,25	18	10	102	3
Lech (Rain und Gersthofen)									
2105	2,72	19,8	0,42	0,08	4,51	91	34	104	13
2205	2,51	16,1	0,34	0,07	4,01	73	31	85	8
4105	1,45	14,3	0,22	0,12	2,11	24	35	206	9
4205	0,77	7,8	0,08	0,04	0,53	34	20	81	3
4405	1,44	22,0	0,23	0,09	1,89	21	137	1640	23
1106	0,22	3,8	0,05	0,05	0,42	22	7	102	2
1206	0,05	1,0	0,03	0,01	0,17	31	6	114	1

Fortsetzung von Tabelle 8.17:

Probe	Br [ppm]	Rb [ppm]	Sr [ppm]	Y [ppm]	Zr [ppm]	Nb [ppm]	Mo [ppm]	Ag [ppm]
Iller (Wiblingen und Deitenheim)								
1205	6	94	289	13	59	7	3	1
2305	2	89	274	10	54	6	3	2
4305	7	12	43	2	8	7	6	4
1306	1	1	2	1	0	2	1	1
Mindel (Offingen)								
1505	31	46	78	10	49	9	6	1
3505	16	23	42	5	16	8	3	6
0506	1	1	3	0	0	1	1	1
Wörnitz (Harburg)								
1705	21	84	159	12	54	9	6	4
3705	2	1	25	3	7	8	3	4
0706	2	15	17	2	7	2	2	1
Lech (Rain und Gersthofen)								
2105	7	117	240	15	74	11	3	1
2205	7	110	201	11	59	9	3	4
4105	3	8	44	5	10	6	10	3
4205	2	1	16	2	3	6	5	5
4405	2	8	62	6	26	6	3	2
1106	5	6	27	2	8	2	2	1
1206	2	0	5	1	1	2	1	1

Fortsetzung von Tabelle 8.17:

Probe	Cd [ppm]	Sn [ppm]	Sb [ppm]	Cs [ppm]	Ba [ppm]	La [ppm]	Ce [ppm]	Pb [ppm]	Abfluss [m^3/s]
Iller (Wiblingen und Deitenheim)									
1205	3	8	4	6	212	17	104	7	300
2305	1	4	3	3	223	39	67	3	140
4305	1	9	16	6	30	19	5	9	25
1306	0	1	4	9	6	5	5	1	8
Mindel (Offingen)									
1505	1	11	3	3	226	18	49	14	28
3505	4	10	7	15	5	5	17	22	10
0506	0	1	3	3	21	5	5	1	8
Wörnitz (Harburg)									
1705	3	18	9	11	253	44	60	51	64
3705	1	11	14	23	27	5	5	3	7
0706	1	5	4	9	72	1	20	5	5
Lech (Rain und Gersthofen)									
2105	1	12	4	9	286	5	24	12	401
2205	1	7	5	7	281	29	50	20	478
4105	1	10	17	6	74	53	5	3	73
4205	1	1	16	3	5	12	5	3	90
4405	1	11	12	3	31	5	5	42	90
1106	1	4	5	3	26	5	11	5	56
1206	1	1	3	1	10	5	17	1	47

Zusammensetzung der Sedimente

Tabelle 8.18: Granulometrische Zusammensetzung der Sedimente des Donaukerns 2006 sowie die Tiefe der Sedimentschichten. Die Zahlenwerte in der Kopfzeile entsprechen Korngrößenbereichen in μm. Messstelle: Pfatter.

Probe	**< 5** [%]	**5–10** [%]	**10–20** [%]	**20–40** [%]	**40–100** [%]	**100–200** [%]	**200–400** [%]	**> 400** [%]	**Tiefe** [cm]
DL262	1,0	3,7	6,9	10,9	12,5	18,5	23,8	22,8	1
DL261	1,2	4,5	8,8	12,7	15,3	17,7	17,7	22,2	2
DL260	0,9	3,8	7,8	11,7	15,2	17,9	18,8	23,9	3
DL259	1,4	5,2	8,9	12,7	15,2	16,6	21,1	18,9	4
DL258	1,1	4,2	7,9	11,7	15,1	16,8	19,0	24,2	5
DL257	1,2	4,3	8,0	11,4	16,4	24,3	20,3	14,2	6
DL256	1,2	4,4	8,2	11,6	14,0	17,6	18,9	24,2	7
DL255	0,9	3,5	6,6	10,0	13,1	20,8	24,1	21,0	8
DL254	0,8	3,4	6,3	10,5	17,5	24,9	24,0	12,6	9
DL253	0,6	2,7	5,1	8,3	12,6	19,2	24,6	26,9	10
DL252	0,7	3,2	6,0	10,0	14,9	19,7	21,9	23,6	11
DL251	0,4	2,2	5,0	9,2	16,0	29,0	25,8	12,4	12
DL250	0,8	3,7	7,1	12,2	19,9	26,7	20,2	9,4	13
DL249	0,7	3,2	6,7	11,5	19,0	25,2	20,6	13,1	14
DL248	0,2	1,5	3,8	7,6	14,5	27,8	27,0	17,6	15
DL247	0,9	3,7	7,3	12,2	18,6	22,1	18,8	16,4	16
DL246	0,2	1,4	3,3	6,9	14,3	33,2	29,3	11,5	17
DL245	0,5	2,6	5,8	10,7	19,2	29,7	21,4	10,1	18
DL244	0,4	2,0	4,3	7,7	13,9	27,6	27,0	17,2	19
DL243	0,8	3,5	6,5	11,0	18,0	30,3	22,1	7,9	20
DL242	0,6	3,1	6,1	10,7	16,8	25,8	23,7	13,3	21
DL241	0,4	2,1	4,5	8,2	15,2	30,9	26,7	12,1	22
DL240	0,4	1,9	4,1	7,3	11,9	22,4	27,7	24,3	23
DL239	0,3	1,8	3,8	7,3	14,4	33,8	28,2	10,5	24
DL238	0,6	2,8	5,4	9,2	15,2	28,4	25,6	12,7	25
DL237	0,8	3,3	5,8	9,1	14,4	27,2	25,3	14,1	26
DL236	0,4	2,1	4,3	7,5	12,0	24,7	28,5	20,5	27
DL235	0,4	2,2	4,1	7,4	13,5	31,2	28,2	13,1	28
DL234	0,6	2,8	5,8	10,2	19,7	35,6	20,3	5,1	29
DL233	0,4	2,2	4,4	8,1	14,7	31,4	26,7	12,1	30
DL232	0,6	2,7	5,3	9,1	16,1	31,0	23,7	11,6	31
DL231	0,7	2,9	5,5	9,5	16,9	30,9	23,2	10,3	32

Fortsetzung auf der nächsten Seite

Probe	< 5 [%]	5–10 [%]	10–20 [%]	20–40 [%]	40–100 [%]	100–200 [%]	200–400 [%]	> 400 [%]	Tiefe [cm]
DL230	1,3	4,6	8,1	12,6	18,4	25,1	18,3	11,6	33
DL229	1,3	4,1	7,3	11,3	16,6	28,4	21,3	9,7	34
DL228	0,3	1,8	3,9	7,3	14,9	34,3	26,3	11,1	35
DL227	0,5	2,3	5,1	9,1	15,9	32,5	24,9	9,8	36
DL226	0,4	2,1	4,7	8,9	17,1	38,1	23,8	5,0	37
DL225	0,4	2,1	5,4	10,5	22,0	38,5	17,3	3,8	38
DL224	0,5	2,7	5,7	10,3	18,4	35,6	21,0	5,7	39
DL223	0,3	1,9	4,5	9,1	18,1	37,3	22,5	6,2	40
DL222	0,5	2,2	5,2	10,0	18,5	37,0	21,1	5,6	41
DL221	0,4	1,9	4,5	8,7	16,5	39,8	23,7	4,5	42
DL220	0,5	2,4	5,1	9,8	19,7	38,3	19,8	4,5	43
DL219	0,8	3,5	6,9	12,1	22,4	32,9	16,3	5,1	44
DL218	0,	2,8	5,8	10,3	18,9	34,3	20,6	6,6	45
DL217	0,9	3,5	6,5	11,1	20,0	33,4	18,5	6,2	46
DL216	0,6	2,5	5,6	10,5	20,6	36,4	18,9	4,9	47
DL215	0,4	2,0	5,3	10,8	25,0	38,5	14,0	4,0	48
DL214	0,4	2,2	4,9	9,2	19,7	37,5	19,8	6,4	49
DL213	0,5	2,3	5,5	10,3	21,9	38,7	16,4	4,5	50
DL212	0,8	3,0	5,8	10,0	18,5	33,9	21,7	6,4	51
DL211	0,7	2,9	6,4	11,3	23,4	37,1	14,3	3,9	52
DL210	0,7	3,2	6,6	12,6	25,9	33,2	12,8	5,0	53
DL209	0,8	3,0	6,4	11,8	21,4	29,6	18,2	8,8	54
DL208	0,9	3,5	7,2	13,5	25,2	33,2	13,7	2,8	55
DL207	0,4	1,9	4,9	10,6	24,1	36,9	16,8	4,4	56
DL206	0,6	2,7	6,1	12,1	26,2	36,4	12,8	3,2	57
DL205	0,6	2,8	6,5	13,1	26,2	35,1	12,3	3,5	58
DL204	0,5	2,6	5,6	10,9	20,8	35,6	19,0	5,0	59
DL203	0,6	2,6	5,9	11,7	24,9	35,7	14,0	4,7	60
DL202	0,6	2,8	6,1	11,2	22,5	34,5	16,5	5,8	61
DL201	0,6	2,5	5,0	9,0	15,6	30,1	25,9	11,5	62
DL200	0,5	2,6	5,4	10,3	21,4	34,5	18,4	6,9	63
DL199	0,7	3,2	7,3	13,3	26,2	31,4	12,8	5,2	64
DL198	0,8	3,6	8,4	16,2	28,9	28,8	9,6	3,7	65
DL197	0,7	3,3	7,4	14,3	28,1	31,1	11,3	3,8	66
DL196	0,8	3,6	8,2	16,6	32,9	28,0	7,2	3,2	67
DL195	1,5	5,1	10,0	17,0	27,2	24,9	9,5	4,8	68
DL194	1,0	3,8	9,2	18,0	32,0	23,1	6,5	6,4	69

Fortsetzung auf der nächsten Seite

Probe	< 5 [%]	5–10 [%]	10–20 [%]	20–40 [%]	40–100 [%]	100–200 [%]	200–400 [%]	> 400 [%]	Tiefe [cm]
DL193	1,1	4,2	8,6	15,4	31,4	29,1	7,4	2,9	70
DL192	0,7	3,2	6,5	11,7	26,0	33,1	13,8	5,0	71
DL191	1,0	3,8	7,0	11,6	21,1	30,3	17,8	7,3	72
DL190	1,4	5,2	10,2	16,2	28,8	27,2	8,0	3,0	73
DL189	1,5	5,5	11,0	18,5	30,3	23,3	6,4	3,4	74
DL188	0,9	3,5	7,6	13,2	25,8	31,9	13,5	3,6	75
DL187	0,9	3,9	7,8	14,7	31,6	31,1	8,0	2,2	76
DL186	1,0	3,9	7,9	12,2	20,3	29,5	17,7	7,5	77
DL185	1,1	4,3	8,6	14,4	25,6	29,3	12,0	4,7	78
DL184	1,2	4,1	7,4	12,0	20,8	29,1	16,6	8,8	79
DL183	1,5	5,2	9,9	16,2	25,8	28,8	9,3	3,4	80
DL182	1,0	4,2	8,8	15,1	25,2	26,5	12,2	6,9	81
DL181	0,9	3,6	7,0	11,2	15,4	23,4	21,3	17,2	82
DL180	1,3	5,5	10,1	15,0	17,8	19,9	18,0	12,4	83
DL179	0,9	4,1	8,0	13,3	18,9	25,6	19,1	10,2	84
DL178	1,3	4,8	9,0	13,8	17,6	20,9	16,2	16,4	85
DL177	1,7	6,2	11,0	16,1	23,4	24,9	11,4	5,5	86
DL176	1,1	4,2	7,9	12,2	22,8	31,0	15,3	5,5	87
DL175	1,5	5,7	10,7	16,3	26,4	25,9	8,4	5,3	88
DL174	2,0	6,0	9,9	12,9	16,8	24,9	17,8	9,6	89
DL173	1,6	5,1	9,0	13,0	19,9	30,9	16,1	4,3	90
DL172	1,4	5,1	9,9	17,7	31,4	24,5	7,1	2,9	91
DL171	1,5	5,4	9,7	14,0	17,9	27,1	19,0	5,6	92
DL170	1,9	6,1	11,0	15,1	19,4	28,6	14,8	3,0	93
DL169	1,6	5,4	10,0	15,9	28,0	28,6	8,1	2,5	94
DL168	1,3	4,5	8,5	14,3	26,5	27,9	11,0	6,0	95
DL167	1,9	6,5	11,8	18,5	24,6	22,0	10,8	4,0	96
DL166	1,2	4,5	8,6	14,1	25,7	27,9	11,8	6,2	97
DL165	1,5	5,6	10,6	16,0	27,0	28,1	8,5	2,7	98
DL164	1,2	4,4	8,6	13,3	25,2	31,0	11,7	4,7	99
DL163	1,4	5,3	10,0	16,7	28,9	25,6	7,9	4,3	100
DL162	1,5	4,8	8,9	13,7	21,4	30,5	14,9	4,4	101
DL161	1,3	4,9	9,4	15,6	26,8	28,7	10,5	2,8	102
DL160	1,6	5,9	11,1	17,1	29,6	25,3	6,1	3,2	103
DL159	1,4	5,3	9,8	14,1	19,2	26,0	15,9	8,2	104
DL158	1,2	4,9	10,3	16,8	28,2	26,3	8,3	4,1	105
DL157	1,5	6,2	12,8	22,0	31,6	18,6	4,0	3,0	106

Fortsetzung auf der nächsten Seite

Probe	< 5 [%]	5–10 [%]	10–20 [%]	20–40 [%]	40–100 [%]	100–200 [%]	200–400 [%]	> 400 [%]	Tiefe [cm]
DL156	1,7	5,7	10,2	13,0	15,3	25,1	20,4	8,7	107
DL155	1,4	5,2	10,0	14,3	22,4	28,0	13,6	5,1	108
DL154	1,6	5,5	9,7	12,7	19,1	24,4	15,4	11,7	109
DL153	1,6	5,5	9,8	14,6	24,9	27,8	11,5	4,4	110
DL152	1,1	4,6	8,5	14,9	30,8	28,6	8,7	2,9	111
DL151	1,6	5,9	10,8	17,2	30,4	25,1	6,1	2,8	112
DL150	1,0	3,7	8,6	18,4	33,5	26,1	6,4	2,4	113
DL149	1,2	4,9	9,3	16,2	31,4	26,5	7,5	2,9	114
DL148	1,1	4,3	8,4	14,1	30,6	29,8	8,1	3,6	115
DL147	1,9	6,0	10,8	15,4	23,7	25,1	11,1	6,0	116
DL146	1,7	5,9	11,4	16,2	21,7	22,9	11,7	8,6	117
DL145	1,8	6,1	10,3	13,7	17,3	21,7	16,8	12,4	118
DL144	0,9	3,9	7,2	12,0	26,6	35,5	11,8	2,2	119
DL143	1,0	3,7	6,4	9,9	19,7	30,5	18,0	10,8	120
DL142	1,0	3,8	6,4	8,9	16,7	34,1	22,2	6,8	121
DL141	0,9	3,9	7,3	11,3	20,8	31,6	17,6	6,6	122
DL140	2,2	7,0	12,6	18,4	24,1	20,4	10,1	5,4	123
DL139	1,9	6,4	11,6	17,5	27,6	23,3	7,8	4,0	124
DL138	1,6	5,8	10,7	16,7	24,9	24,2	11,4	4,8	125
DL137	1,5	5,4	9,5	14,0	23,6	28,6	13,5	3,8	126
DL136	2,0	6,1	9,2	11,5	18,9	28,4	16,9	7,0	127
DL135	1,1	4,1	6,9	10,1	15,9	28,9	23,1	10,0	128
DL134	2,8	8,9	15,4	19,9	24,8	17,3	7,0	4,0	129
DL133	1,1	4,4	8,4	17,1	35,1	24,5	6,0	3,4	130
DL132	1,7	5,4	8,7	12,6	20,0	27,2	16,4	8,0	131
DL131	1,3	4,4	7,7	14,3	27,4	27,3	12,1	5,5	132
DL130	0,9	3,6	6,4	11,0	20,1	29,4	19,2	9,3	133
DL129	1,2	4,1	7,6	12,5	22,7	31,0	14,3	6,8	134
DL128	1,1	4,3	8,3	14,6	25,6	29,0	12,7	4,4	135
DL127	0,8	3,3	6,4	10,8	14,5	26,0	24,8	13,4	136
DL126	1,1	4,0	7,2	11,6	16,7	24,2	21,8	13,4	137
DL125	1,0	3,7	7,0	11,9	22,7	32,5	16,9	4,4	138
DL124	2,1	6,3	10,5	14,5	18,0	23,9	16,4	8,4	139
DL123	1,1	3,9	6,9	11,1	20,1	30,8	18,5	7,7	140
DL122	1,1	4,1	7,1	11,7	24,9	32,3	14,3	4,4	141
DL121	1,9	6,0	10,2	15,0	22,8	25,1	12,5	6,6	142
DL120	1,4	4,5	7,7	11,7	20,8	30,3	17,0	6,6	143

Fortsetzung auf der nächsten Seite

Probe	< 5 [%]	5–10 [%]	10–20 [%]	20–40 [%]	40–100 [%]	100–200 [%]	200–400 [%]	> 400 [%]	Tiefe [cm]
DL119	2,1	6,2	10,0	15,0	26,4	25,2	10,6	4,7	144
DL118	1,5	4,4	7,3	10,1	14,4	24,2	23,0	15,2	145
DL117	0,9	3,5	6,4	12,1	26,6	29,7	14,3	6,5	146
DL116	1,2	4,0	6,4	9,2	15,3	28,0	24,3	11,7	147
DL115	1,2	4,2	6,9	9,9	18,7	30,4	19,8	8,9	148
DL114	1,9	5,3	7,7	8,9	13,4	25,0	21,6	16,2	149
DL113	1,6	5,4	8,4	11,7	18,0	25,2	18,9	10,9	150
DL112	1,1	3,9	6,7	8,6	11,9	27,9	26,9	13,2	151
DL111	0,9	3,9	7,5	10,9	18,3	30,3	19,3	8,8	152
DL110	0,8	3,3	6,5	10,2	18,3	32,1	20,4	8,4	153
DL109	1,0	3,8	7,3	12,2	24,9	30,6	13,8	6,3	154
DL108	1,1	4,1	8,3	13,6	25,6	31,0	12,8	3,6	155
DL107	1,7	5,5	9,7	12,9	17,7	26,5	17,6	8,4	156
DL106	0,9	3,5	6,9	12,1	26,2	30,9	13,7	5,8	157
DL105	1,1	3,8	7,0	10,6	19,4	33,0	19,7	5,6	158
DL104	1,2	4,3	8,4	16,1	32,0	27,6	7,7	2,7	159
DL103	1,1	3,9	8,1	15,2	30,2	27,4	10,2	3,9	160
DL102	2,2	5,7	10,3	16,2	28,4	25,3	8,3	3,6	161
DL101	1,5	4,4	8,5	16,4	31,3	26,0	8,0	4,0	162
DL100	1,0	3,4	7,0	12,5	23,9	31,8	14,9	5,6	163
DL099	0,7	3,0	6,2	12,2	28,5	34,0	12,1	3,1	164
DL098	1,4	4,7	8,0	11,9	17,4	25,1	20,1	11,6	165
DL097	0,8	3,1	6,1	10,6	21,8	34,5	17,7	5,5	166
DL096	0,8	3,2	6,2	10,2	15,6	28,6	24,7	10,6	167
DL095	2,0	5,9	10,7	14,1	18,7	24,2	14,7	9,7	168
DL094	1,5	4,9	8,8	13,2	22,5	28,6	14,3	6,2	169
DL093	1,2	4,6	8,7	12,7	23,5	29,3	13,0	7,0	170
DL092	1,1	4,1	7,8	11,2	19,1	31,9	17,3	7,6	171
DL091	1,3	4,5	8,7	12,4	18,0	31,3	18,2	5,6	172
DL090	1,2	4,3	7,8	10,8	13,3	26,8	25,4	10,4	173
DL089	1,3	4,2	8,0	12,9	27,5	31,9	10,6	3,6	174
DL088	1,1	3,8	6,9	11,2	21,8	32,9	17,0	5,3	175
DL087	1,4	4,6	8,2	12,4	21,3	32,5	15,6	4,0	176
DL086	0,9	3,2	6,3	10,8	19,4	36,0	19,8	3,7	177
DL085	2,2	5,6	9,7	13,5	20,2	27,2	15,3	6,4	178
DL084	2,2	6,6	11,2	15,6	22,5	26,9	12,0	3,0	179
DL083	2,3	6,1	11,0	16,1	26,8	27,1	7,7	2,9	180

Fortsetzung auf der nächsten Seite

Probe	< 5 [%]	5–10 [%]	10–20 [%]	20–40 [%]	40–100 [%]	100–200 [%]	200–400 [%]	> 400 [%]	Tiefe [cm]
DL082	1,7	4,8	8,5	12,9	25,0	32,2	11,2	3,8	181
DL081	0,8	3,2	6,2	10,3	23,7	35,9	14,6	5,3	182
DL080	2,4	6,7	11,3	15,7	24,9	27,9	9,2	2,1	183
DL079	1,3	4,1	7,3	11,3	22,0	33,5	15,4	5,1	184
DL078	2,0	5,4	9,0	13,9	27,6	30,3	9,0	2,9	185
DL077	1,9	5,2	9,0	13,3	24,8	30,2	11,4	4,2	186
DL076	2,3	6,1	10,0	15,7	31,2	27,1	5,9	1,7	187
DL075	2,5	6,5	10,6	15,1	27,3	26,7	7,8	3,5	188
DL074	3,0	6,8	11,2	15,7	26,0	26,4	8,7	2,2	189
DL073	1,0	3,3	6,6	11,7	29,8	34,3	9,7	3,7	190
DL072	1,1	3,7	6,8	10,8	22,0	34,4	16,5	4,8	191
DL071	2,6	6,4	10,8	15,9	27,0	25,0	8,7	3,5	192
DL070	1,3	4,6	8,1	12,6	22,2	31,2	15,7	4,3	193
DL069	1,2	3,9	7,4	11,9	24,5	32,0	13,3	5,8	194
DL068	1,4	4,4	7,4	9,9	16,6	29,1	20,4	10,9	195
DL067	2,2	5,8	10,0	14,1	23,9	28,8	11,4	3,8	196
DL066	2,9	7,5	12,5	16,8	24,3	24,8	8,8	2,6	197
DL065	1,2	4,1	7,8	13,0	25,2	33,2	12,4	3,2	198
DL064	1,9	5,5	9,9	14,3	22,7	26,8	12,7	6,2	199
DL063	1,4	4,0	7,7	12,0	23,9	34,0	14,0	3,2	200
DL062	0,6	2,8	5,9	10,8	27,4	36,2	12,6	3,7	201
DL061	1,9	5,5	9,7	14,1	24,1	30,3	11,3	3,1	202
DL060	1,7	5,2	9,0	12,7	22,1	29,3	13,5	6,5	203
DL059	1,3	4,2	7,9	11,8	22,8	33,5	13,6	5,0	204
DL058	1,0	3,4	6,7	10,9	23,1	34,7	15,6	4,6	205
DL057	0,8	3,0	6,2	11,4	26,2	34,9	13,9	3,5	206
DL056	1,9	5,1	9,8	14,9	21,6	25,5	13,9	7,4	207
DL055	2,0	5,9	9,7	13,6	21,1	26,9	14,3	6,5	208
DL054	1,5	4,4	8,5	13,5	25,2	31,1	12,4	3,3	209
DL053	1,6	5,0	8,8	12,5	17,4	24,7	18,6	11,5	210
DL052	1,5	5,0	8,4	10,5	11,9	22,3	24,3	16,1	211
DL051	0,5	2,5	6,1	11,8	27,9	34,9	12,1	4,2	212
DL050	1,5	5,5	10,2	15,1	26,4	23,6	10,7	6,9	213
DL049	2,2	6,3	10,7	13,9	23,0	25,2	11,3	7,3	214
DL048	1,9	5,9	10,9	14,8	22,6	27,4	12,2	4,2	215
DL047	0,9	3,7	7,7	12,2	26,0	32,9	12,5	4,1	216
DL046	0,9	3,5	7,5	14,1	31,9	31,7	8,6	1,8	217

Fortsetzung auf der nächsten Seite

Probe	< 5 [%]	5–10 [%]	10–20 [%]	20–40 [%]	40–100 [%]	100–200 [%]	200–400 [%]	> 400 [%]	Tiefe [cm]
DL045	1,3	4,0	7,7	13,9	31,1	27,6	8,8	5,6	218
DL044	1,5	4,4	7,9	14,8	29,2	27,3	9,9	5,0	219
DL043	1,1	3,7	7,9	17,6	34,8	21,9	7,2	5,8	220
DL042	0,8	3,0	6,5	13,8	31,0	30,6	10,4	3,9	221
DL041	0,9	3,2	7,3	14,4	29,3	31,0	10,4	3,5	222
DL040	0,9	3,6	7,7	14,0	21,7	28,5	17,6	6,0	223
DL039	1,4	4,8	9,2	14,3	15,1	19,2	21,5	14,6	224
DL038	1,6	4,9	10,3	16,1	21,9	26,1	13,1	6,0	225
DL037	1,5	4,7	9,1	15,5	26,8	28,2	10,7	3,5	226
DL036	1,7	4,8	8,4	12,5	20,3	26,5	15,6	10,3	227
DL035	1,3	4,2	8,3	13,2	24,9	32,5	12,1	3,6	228
DL034	1,2	4,3	9,4	16,0	22,3	26,6	14,1	6,2	229
DL033	1,0	3,9	8,8	15,3	20,3	27,7	16,5	6,4	230
DL032	1,1	4,2	8,8	14,7	17,8	25,0	19,3	9,1	231
DL031	1,3	4,6	10,1	17,7	22,7	25,9	13,2	4,6	232
DL030	1,3	4,2	8,6	16,4	27,6	28,9	11,2	2,0	233
DL029	1,1	3,8	9,4	19,8	26,9	23,8	10,7	4,6	234
DL028	0,5	2,4	6,1	13,3	22,4	30,1	17,7	7,6	235
DL027	0,8	3,6	7,2	14,2	20,4	27,5	19,5	6,9	236
DL026	0,8	3,3	7,6	14,7	19,6	26,4	19,6	7,9	237
DL025	0,9	3,4	7,0	13,5	18,2	24,5	22,3	10,3	238
DL024	0,9	3,8	7,7	14,0	16,5	23,0	22,8	11,3	239
DL023	0,8	3,4	7,6	15,0	21,5	27,6	17,9	6,2	240
DL022	0,9	3,7	8,3	16,1	21,8	26,5	16,6	6,1	241
DL021	0,7	3,0	7,3	15,8	22,8	26,6	16,9	6,8	242
DL020	0,4	2,1	5,7	13,1	25,0	34,0	15,5	4,1	243
DL019	1,1	3,8	7,8	15,1	20,1	25,7	19,0	7,5	244
DL018	1,0	3,6	7,3	13,3	18,7	25,9	20,3	9,8	245
DL017	1,5	4,8	8,2	13,0	17,9	26,6	20,0	8,0	246
DL016	1,2	3,6	6,3	10,9	18,2	27,9	21,5	10,5	247
DL015	0,8	3,2	5,8	10,9	23,9	33,9	16,7	4,9	248
DL014	1,5	4,8	8,6	14,2	22,9	26,4	14,7	7,1	249
DL013	0,7	2,8	5,7	10,7	22,7	33,8	17,6	6,1	250
DL012	0,7	2,7	5,7	11,1	24,7	36,0	15,0	4,1	251
DL011	0,6	2,5	6,1	12,5	31,1	33,3	10,8	3,1	252
DL010	0,9	3,3	6,2	12,0	27,3	30,4	14,2	5,8	253
DL009	1,1	3,6	6,4	11,7	20,5	24,6	18,2	13,9	254

Fortsetzung auf der nächsten Seite

Probe	< 5 [%]	5–10 [%]	10–20 [%]	20–40 [%]	40–100 [%]	100–200 [%]	200–400 [%]	> 400 [%]	Tiefe [cm]
DL008	0,8	3,1	6,5	12,1	24,6	30,0	14,6	8,3	255
DL007	1,2	3,7	6,6	11,8	20,7	28,4	18,6	9,0	256
DL006	0,8	2,8	6,4	12,7	28,2	33,6	11,2	4,4	257
DL005	0,6	2,4	5,3	10,3	24,1	34,0	15,4	7,9	258
DL004	1,4	4,4	7,6	12,3	18,4	25,8	19,9	10,3	259
DL003	1,3	3,7	6,7	11,5	21,8	31,9	16,8	6,3	260
DL002	0,6	2,3	4,7	8,3	18,8	37,4	17,1	10,9	261
DL001	0,5	2,0	5,4	9,9	25,1	40,3	12,4	4,4	262

Tabelle 8.19: Chemische Zusammensetzung der Sedimente des Donaukerns 2006 sowie die Tiefe der Sedimentschichten. Messstelle: Pfatter.

Probe	K_2O [%]	CaO [%]	TiO_2 [%]	MnO [%]	Fe_2O_3 [%]	Ni [ppm]	Cu [ppm]	Zn [ppm]	As [ppm]
DL262	1,66	16,9	0,37	0,11	3,69	40	44	144	12
DL261	1,51	16,2	0,31	0,10	3,30	45	37	140	11
DL260	1,49	15,0	0,32	0,11	3,36	30	38	161	9
DL259	1,51	15,1	0,34	0,11	3,54	36	40	171	10
DL258	1,60	16,3	0,37	0,11	3,52	37	42	161	13
DL257	1,63	16,7	0,39	0,12	3,87	44	43	176	16
DL256	1,54	15,7	0,36	0,11	3,65	32	44	189	11
DL255	1,20	13,4	0,33	0,10	3,61	36	51	207	10
DL254	1,46	15,0	0,36	0,10	3,59	35	37	227	11
DL253	1,54	16,4	0,38	0,10	3,62	40	51	245	11
DL252	1,50	15,1	0,34	0,09	3,44	35	45	209	12
DL251	1,40	15,6	0,36	0,09	3,42	34	47	225	9
DL250	1,08	12,3	0,30	0,09	3,04	37	39	198	9
DL249	1,47	16,0	0,38	0,11	3,35	39	38	204	11
DL248	1,51	16,6	0,38	0,10	3,37	39	41	208	11
DL247	1,45	16,0	0,37	0,10	3,42	37	43	214	11
DL246	1,45	16,7	0,36	0,12	3,39	37	43	212	9
DL245	1,47	16,5	0,35	0,11	3,33	39	40	209	11
DL244	1,38	16,6	0,34	0,11	3,29	42	43	218	12
DL243	1,43	17,2	0,34	0,11	3,31	41	44	224	10
DL242	1,42	16,8	0,36	0,10	3,31	32	43	222	13
DL241	1,39	16,1	0,33	0,10	3,20	35	44	224	12
DL240	1,42	17,8	0,33	0,10	3,35	41	59	247	12
DL239	1,36	16,7	0,32	0,10	3,15	40	58	234	11
DL238	1,45	17,0	0,35	0,09	3,32	10	70	258	12
DL237	1,46	16,5	0,32	0,10	3,28	37	59	251	11
DL236	1,40	16,5	0,32	0,10	3,19	33	62	251	11
DL235	1,41	18,2	0,33	0,11	3,27	41	69	267	10
DL234	1,38	17,9	0,31	0,09	3,04	39	61	260	11
DL233	1,33	16,9	0,30	0,09	2,96	32	60	267	12
DL232	1,35	18,6	0,30	0,09	2,90	34	57	241	12
DL231	1,29	17,9	0,28	0,09	2,85	35	50	243	13
DL230	1,24	19,2	0,28	0,09	2,86	36	62	264	13
DL229	1,29	17,9	0,29	0,11	2,87	39	61	266	12
DL228	1,00	14,3	0,23	0,07	2,47	31	59	252	14

Fortsetzung auf der nächsten Seite

Probe	K_2O [%]	CaO [%]	TiO_2 [%]	MnO [%]	Fe_2O_3 [%]	Ni [ppm]	Cu [ppm]	Zn [ppm]	As [ppm]
DL227	1,11	16,9	0,26	0,06	2,48	35	57	222	13
DL226	1,16	17,7	0,27	0,07	2,56	33	51	218	16
DL225	1,20	16,7	0,25	0,06	2,45	30	37	203	16
DL224	1,13	17,9	0,26	0,06	2,42	35	44	186	17
DL223	1,07	15,6	0,22	0,04	1,93	22	32	138	12
DL222	1,08	17,5	0,22	0,06	2,06	27	34	138	12
DL221	0,98	15,3	0,18	0,04	1,72	20	25	104	11
DL220	1,18	16,1	0,20	0,05	1,94	20	21	114	12
DL219	1,10	18,1	0,24	0,06	2,27	33	27	140	16
DL218	1,12	18,3	0,24	0,07	2,30	31	28	135	15
DL217	1,13	19,4	0,24	0,06	2,38	26	28	139	13
DL216	1,17	19,6	0,24	0,07	2,28	37	27	128	13
DL215	1,11	19,4	0,22	0,06	2,12	28	25	119	11
DL214	1,14	18,5	0,22	0,05	2,06	28	24	121	14
DL213	1,12	20,0	0,24	0,05	2,19	30	28	138	9
DL212	1,09	20,2	0,23	0,06	2,31	35	30	143	11
DL211	0,89	15,8	0,21	0,05	2,19	27	29	153	12
DL210	1,14	21,9	0,24	0,07	2,37	34	30	150	9
DL209	1,12	22,3	0,22	0,08	2,37	37	27	125	9
DL208	1,25	20,3	0,21	0,08	2,29	35	26	113	10
DL207	1,15	21,5	0,23	0,07	2,35	34	30	115	10
DL206	1,06	20,4	0,22	0,04	2,09	39	26	105	10
DL205	1,09	20,8	0,23	0,05	2,02	31	25	102	6
DL204	1,07	19,3	0,20	0,04	1,83	28	22	99	6
DL203	1,18	22,5	0,24	0,06	2,16	31	28	122	8
DL202	1,09	21,5	0,22	0,05	2,09	33	29	112	6
DL201	1,09	21,8	0,23	0,05	2,32	28	28	132	9
DL200	1,20	22,0	0,23	0,08	2,16	34	28	125	7
DL199	1,23	20,9	0,22	0,06	2,07	32	23	114	9
DL198	1,14	22,7	0,23	0,07	2,25	38	31	115	9
DL197	1,28	20,0	0,23	0,07	2,26	33	20	116	9
DL196	0,99	18,0	0,23	0,05	2,32	34	26	126	8
DL195	1,25	23,0	0,24	0,06	2,44	42	27	118	8
DL194	1,27	22,0	0,23	0,06	2,41	34	26	99	8
DL193	1,17	22,7	0,23	0,10	2,57	45	24	109	10
DL192	1,16	22,8	0,22	0,07	2,33	42	28	103	9
DL191	1,14	22,9	0,23	0,07	2,40	47	24	114	9

Fortsetzung auf der nächsten Seite

Probe	K_2O [%]	CaO [%]	TiO_2 [%]	MnO [%]	Fe_2O_3 [%]	Ni [ppm]	Cu [ppm]	Zn [ppm]	As [ppm]
DL190	1,03	19,4	0,22	0,08	2,36	39	25	111	9
DL189	1,20	23,0	0,24	0,05	2,46	40	29	121	3
DL188	1,26	23,6	0,25	0,06	2,49	41	25	124	8
DL187	1,07	19,7	0,23	0,06	2,41	32	30	123	9
DL186	1,00	18,3	0,21	0,05	2,18	34	27	118	9
DL185	1,27	24,4	0,24	0,07	2,45	40	31	121	6
DL184	1,04	20,3	0,22	0,07	2,26	34	30	112	9
DL183	1,37	19,9	0,29	0,09	3,16	43	38	140	9
DL182	1,06	14,7	0,23	0,08	2,60	34	32	124	9
DL181	1,33	18,3	0,28	0,09	2,89	40	29	131	9
DL180	1,38	18,0	0,29	0,09	3,07	33	36	151	11
DL179	1,43	17,1	0,31	0,10	3,24	38	33	141	10
DL178	1,45	17,5	0,31	0,10	3,31	46	40	136	12
DL177	1,30	21,1	0,26	0,08	2,68	43	32	122	9
DL176	1,34	20,4	0,27	0,08	2,90	44	38	136	9
DL175	1,23	22,9	0,24	0,06	2,48	39	38	119	7
DL174	1,17	23,8	0,22	0,07	2,35	45	32	115	6
DL173	1,16	23,2	0,23	0,06	2,30	38	32	116	6
DL172	1,21	23,9	0,23	0,07	2,33	38	26	110	7
DL171	1,21	23,8	0,24	0,07	2,47	38	32	114	8
DL170	1,20	22,6	0,23	0,07	2,29	42	30	107	8
DL169	1,26	23,5	0,25	0,08	2,54	41	36	114	6
DL168	1,28	22,5	0,23	0,07	2,41	39	33	110	9
DL167	1,38	22,1	0,25	0,06	2,40	39	21	115	7
DL166	1,32	22,3	0,25	0,07	2,36	34	27	119	7
DL165	1,24	24,1	0,24	0,07	2,47	45	29	121	10
DL164	1,28	24,3	0,23	0,07	2,49	39	35	113	9
DL163	1,16	23,3	0,21	0,07	2,35	38	26	107	9
DL162	1,31	23,3	0,23	0,08	2,50	32	25	113	10
DL161	1,18	23,4	0,22	0,07	2,38	39	31	115	7
DL160	0,99	19,0	0,21	0,06	2,23	34	26	109	7
DL159	1,29	22,7	0,24	0,07	2,52	34	27	119	8
DL158	1,21	23,8	0,23	0,07	2,48	36	25	106	11
DL157	1,31	22,6	0,23	0,08	2,50	37	17	114	10
DL156	1,21	24,4	0,24	0,08	2,60	40	28	114	10
DL155	1,19	23,4	0,24	0,07	2,46	37	27	110	9
DL154	1,21	24,2	0,24	0,07	2,43	40	29	105	9

Fortsetzung auf der nächsten Seite

Probe	K_2O [%]	CaO [%]	TiO_2 [%]	MnO [%]	Fe_2O_3 [%]	Ni [ppm]	Cu [ppm]	Zn [ppm]	As [ppm]
DL153	1,17	23,2	0,23	0,07	2,30	37	24	104	7
DL152	1,01	18,8	0,20	0,06	2,05	36	25	97	8
DL151	1,30	22,4	0,23	0,07	2,39	37	22	117	9
DL150	1,22	23,6	0,23	0,07	2,35	41	29	117	8
DL149	1,23	23,3	0,24	0,07	2,41	43	30	120	6
DL148	1,25	23,2	0,24	0,07	2,60	39	30	121	11
DL147	1,22	23,6	0,24	0,07	2,68	40	27	117	9
DL146	1,19	22,8	0,22	0,06	2,35	40	29	120	7
DL145	1,24	24,6	0,24	0,06	2,40	44	35	131	10
DL144	1,21	24,9	0,24	0,06	2,40	41	30	123	7
DL143	1,15	22,9	0,23	0,06	2,30	40	31	127	7
DL142	1,17	24,4	0,22	0,06	2,30	43	29	115	7
DL141	1,12	24,4	0,22	0,08	2,56	37	24	115	10
DL140	1,17	25,8	0,22	0,09	2,88	38	27	111	15
DL139	1,35	24,0	0,23	0,09	2,93	38	19	113	11
DL138	1,00	19,1	0,20	0,06	2,04	32	25	102	7
DL137	1,30	23,3	0,23	0,07	2,43	48	20	110	7
DL136	1,20	23,3	0,23	0,07	2,42	38	29	108	8
DL135	1,39	22,3	0,25	0,06	2,29	40	34	104	9
DL134	1,25	24,7	0,24	0,07	2,41	44	31	106	8
DL133	1,25	25,0	0,25	0,09	2,97	43	25	103	15
DL132	1,37	22,7	0,25	0,11	3,09	42	23	108	13
DL131	1,38	23,2	0,27	0,11	3,33	10	29	117	14
DL130	1,39	22,0	0,26	0,08	2,72	41	25	120	9
DL129	1,27	22,3	0,26	0,07	2,75	41	25	122	11
DL128	1,23	22,3	0,26	0,06	2,76	41	34	127	9
DL127	1,23	22,2	0,26	0,07	2,88	36	32	131	12
DL126	1,25	19,5	0,27	0,05	2,47	37	27	135	7
DL125	1,28	18,7	0,31	0,06	2,75	38	34	152	12
DL124	1,28	22,7	0,26	0,07	2,96	44	27	146	15
DL123	1,21	21,6	0,26	0,06	2,69	35	26	147	9
DL122	1,22	24,4	0,24	0,07	2,88	40	31	144	15
DL121	1,17	23,5	0,22	0,08	2,78	34	23	122	15
DL120	1,21	24,5	0,23	0,07	2,46	38	27	121	10
DL119	1,23	25,0	0,24	0,09	2,58	42	27	129	11
DL118	1,21	24,3	0,23	0,08	2,54	44	26	128	9
DL117	1,31	23,9	0,25	0,07	2,38	47	31	134	7

Fortsetzung auf der nächsten Seite

Probe	K_2O [%]	CaO [%]	TiO_2 [%]	MnO [%]	Fe_2O_3 [%]	Ni [ppm]	Cu [ppm]	Zn [ppm]	As [ppm]
DL116	1,28	22,9	0,25	0,07	2,65	40	28	139	8
DL115	1,28	23,6	0,24	0,07	2,80	44	27	127	11
DL114	1,32	22,7	0,26	0,07	2,86	42	27	125	10
DL113	1,39	24,2	0,27	0,07	2,90	42	33	131	10
DL112	1,27	24,7	0,25	0,07	2,57	45	28	120	9
DL111	1,14	24,8	0,22	0,07	2,76	43	28	111	13
DL110	1,15	24,7	0,23	0,07	2,62	43	25	117	9
DL109	1,14	24,7	0,22	0,08	2,63	42	23	108	12
DL108	1,20	25,4	0,23	0,09	2,61	41	18	103	10
DL107	1,19	25,8	0,22	0,10	2,64	39	27	98	11
DL106	1,14	25,7	0,22	0,08	2,56	38	26	100	11
DL105	1,13	25,1	0,21	0,08	2,44	40	26	94	11
DL104	1,15	25,0	0,21	0,07	2,23	46	24	85	7
DL103	1,12	25,1	0,21	0,08	2,51	42	22	87	13
DL102	1,14	25,1	0,22	0,08	2,41	44	23	82	11
DL101	1,20	27,3	0,22	0,12	2,69	47	28	96	12
DL100	1,10	24,5	0,22	0,07	2,49	43	27	95	12
DL099	1,16	23,8	0,24	0,07	2,56	44	28	105	9
DL098	1,24	24,5	0,25	0,06	2,49	42	27	107	9
DL097	1,21	24,9	0,24	0,06	2,35	43	30	104	8
DL096	1,26	25,6	0,26	0,07	2,60	46	26	112	8
DL095	1,27	23,1	0,25	0,06	2,51	35	19	101	10
DL094	1,13	23,2	0,22	0,06	2,39	35	28	99	11
DL093	1,33	24,0	0,22	0,06	2,10	30	21	89	7
DL092	1,18	25,4	0,21	0,07	2,37	41	25	98	10
DL091	1,20	25,3	0,23	0,06	2,24	40	29	93	7
DL090	1,26	23,8	0,23	0,06	2,13	36	22	87	7
DL089	1,23	23,7	0,24	0,07	2,55	36	26	119	9
DL088	1,18	22,0	0,24	0,08	2,55	42	29	135	10
DL087	1,18	21,6	0,23	0,07	2,40	35	32	127	9
DL086	1,15	21,2	0,24	0,07	2,52	36	33	146	12
DL085	1,18	20,8	0,23	0,07	2,40	36	35	134	10
DL084	1,20	23,0	0,24	0,08	2,54	41	35	127	10
DL083	1,30	22,6	0,23	0,08	2,49	38	20	101	11
DL082	1,17	23,3	0,22	0,07	2,57	42	27	105	11
DL081	1,18	23,2	0,23	0,07	2,62	36	25	111	11
DL080	1,22	24,8	0,23	0,08	2,61	45	30	106	13

Fortsetzung auf der nächsten Seite

Probe	K_2O [%]	CaO [%]	TiO_2 [%]	MnO [%]	Fe_2O_3 [%]	Ni [ppm]	Cu [ppm]	Zn [ppm]	As [ppm]
DL079	1,19	24,3	0,23	0,07	2,44	40	26	97	10
DL078	1,11	23,3	0,21	0,07	2,33	41	23	89	9
DL077	1,14	24,3	0,22	0,07	2,37	36	24	90	9
DL076	1,17	24,9	0,22	0,07	2,50	38	23	92	10
DL075	1,18	24,9	0,22	0,07	2,41	37	27	88	7
DL074	1,13	25,3	0,22	0,07	2,41	41	23	81	10
DL073	1,17	25,4	0,22	0,07	2,45	47	28	88	7
DL072	1,19	25,4	0,24	0,07	2,41	36	27	89	9
DL071	1,18	25,6	0,22	0,07	2,35	44	25	89	7
DL070	1,17	24,8	0,22	0,06	2,26	42	28	91	8
DL069	1,19	25,3	0,22	0,07	2,39	40	24	89	8
DL068	1,12	25,0	0,21	0,07	2,33	41	27	82	10
DL067	1,12	24,4	0,22	0,07	2,35	40	25	76	10
DL066	1,14	24,3	0,22	0,06	2,33	40	27	77	10
DL065	1,14	24,2	0,21	0,06	2,32	38	23	75	8
DL064	1,18	25,8	0,23	0,07	2,47	42	30	79	7
DL063	1,09	24,4	0,21	0,06	2,33	39	23	78	10
DL062	1,13	24,6	0,21	0,07	2,22	41	23	71	8
DL061	1,12	24,6	0,22	0,07	2,33	43	25	74	3
DL060	1,10	24,0	0,21	0,06	2,28	42	20	74	8
DL059	1,14	24,6	0,21	0,07	2,44	42	24	69	8
DL058	1,11	24,2	0,22	0,06	2,31	44	17	75	8
DL057	1,18	25,6	0,23	0,07	2,43	45	22	75	8
DL056	1,13	24,8	0,21	0,07	2,44	39	19	74	10
DL055	1,22	25,6	0,23	0,07	2,50	45	26	78	12
DL054	1,16	24,9	0,23	0,07	2,44	42	22	70	17
DL053	1,14	24,0	0,21	0,07	2,44	40	23	66	9
DL052	1,14	24,0	0,22	0,06	2,45	35	21	68	8
DL051	1,18	24,0	0,23	0,07	2,55	41	19	72	8
DL050	1,20	24,1	0,24	0,07	2,62	41	20	65	7
DL049	1,24	25,3	0,23	0,07	3,18	43	20	65	12
DL048	1,23	24,8	0,26	0,07	2,98	47	24	63	10
DL047	1,18	25,1	0,23	0,07	2,91	35	23	59	9
DL046	1,18	25,2	0,22	0,08	2,81	42	20	52	9
DL045	1,18	25,2	0,21	0,09	2,87	44	27	56	8
DL044	1,23	25,3	0,21	0,09	3,34	39	22	57	15
DL043	1,18	24,8	0,23	0,09	3,07	46	25	60	10

Fortsetzung auf der nächsten Seite

Probe	K_2O [%]	CaO [%]	TiO_2 [%]	MnO [%]	Fe_2O_3 [%]	Ni [ppm]	Cu [ppm]	Zn [ppm]	As [ppm]
DL042	1,22	24,7	0,24	0,08	2,80	37	28	63	7
DL041	1,24	23,2	0,26	0,07	2,63	40	25	68	6
DL040	1,29	21,5	0,28	0,06	2,52	31	24	76	7
DL039	1,22	21,2	0,28	0,06	2,56	37	26	79	8
DL038	1,10	22,5	0,22	0,07	2,30	40	21	60	11
DL037	1,14	23,4	0,21	0,08	2,70	36	20	52	6
DL036	1,24	25,3	0,24	0,09	2,58	43	24	64	7
DL035	1,26	24,7	0,24	0,08	2,21	42	22	61	6
DL034	1,15	23,0	0,24	0,07	2,05	39	28	68	7
DL033	1,17	23,0	0,24	0,07	2,06	43	23	70	3
DL032	1,19	23,4	0,23	0,06	2,11	10	25	67	7
DL031	1,22	22,6	0,25	0,08	2,21	39	22	72	7
DL030	1,27	22,7	0,26	0,08	2,33	46	26	69	3
DL029	1,27	22,1	0,28	0,07	2,24	45	20	69	8
DL028	1,20	20,5	0,28	0,06	2,28	39	20	73	9
DL027	1,30	17,2	0,34	0,06	2,66	40	24	89	11
DL026	0,53	6,9	0,10	0,01	0,77	10	9	12	3
DL025	1,27	20,9	0,27	0,06	2,17	33	21	58	6
DL024	1,26	21,4	0,25	0,06	2,11	32	23	54	8
DL023	1,07	23,5	0,22	0,07	2,00	42	20	56	7
DL022	1,11	24,7	0,21	0,07	1,99	36	21	53	7
DL021	1,09	24,1	0,21	0,07	2,04	40	19	56	8
DL020	1,24	23,6	0,22	0,06	2,04	32	18	50	5
DL019	1,11	24,9	0,22	0,07	2,07	38	20	51	7
DL018	1,18	24,4	0,23	0,07	2,29	40	21	61	3
DL017	1,19	25,7	0,22	0,08	2,28	43	22	53	8
DL016	1,26	23,9	0,21	0,07	2,18	37	16	51	6
DL015	0,98	20,1	0,19	0,07	2,03	38	20	47	7
DL014	1,14	25,4	0,22	0,08	2,28	39	21	50	7
DL013	1,14	24,7	0,21	0,07	2,16	45	21	53	7
DL012	1,14	24,9	0,21	0,07	2,18	42	20	51	5
DL011	1,03	23,9	0,20	0,07	1,91	41	21	46	7
DL010	1,07	24,2	0,21	0,06	1,91	39	20	43	8
DL009	1,10	23,3	0,21	0,06	2,11	34	22	52	10
DL008	1,11	24,4	0,22	0,07	2,13	38	21	50	5
DL007	1,17	23,8	0,23	0,07	2,22	38	17	48	7
DL006	1,17	24,2	0,22	0,07	2,16	41	22	47	7

Fortsetzung auf der nächsten Seite

Probe	K_2O [%]	CaO [%]	TiO_2 [%]	MnO [%]	Fe_2O_3 [%]	Ni [ppm]	Cu [ppm]	Zn [ppm]	As [ppm]
DL005	1,14	22,8	0,23	0,07	2,33	35	26	52	6
DL004	1,23	23,0	0,24	0,08	2,37	39	25	53	10
DL003	1,22	20,9	0,22	0,06	2,07	34	22	51	6
DL002	0,79	15,3	0,17	0,03	1,36	20	10	33	6
DL001	0,83	18,3	0,15	0,03	1,12	25	4	26	3

Fortsetzung von Tabelle 8.19:

Probe	Br [ppm]	Rb [ppm]	Sr [ppm]	Y [ppm]	Zr [ppm]	Nb [ppm]	Mo [ppm]	Ag [ppm]
DL262	18	88	214	20	97	8	3	1
DL261	19	78	191	18	85	7	3	1
DL260	22	79	191	19	91	6	3	2
DL259	20	83	191	21	107	7	3	1
DL258	16	80	184	21	106	7	3	1
DL257	15	89	199	22	104	8	3	1
DL256	16	82	190	22	110	8	3	1
DL255	17	86	190	24	117	7	3	2
DL254	14	82	178	22	123	9	3	2
DL253	14	80	180	22	122	6	3	2
DL252	12	77	181	20	121	8	3	1
DL251	13	79	177	20	119	8	3	1
DL250	11	70	164	21	116	8	3	2
DL249	11	75	168	20	122	8	3	2
DL248	11	78	174	21	126	8	3	1
DL247	9	79	181	21	121	7	3	2
DL246	9	77	178	21	119	8	3	1
DL245	9	74	182	21	115	6	3	2
DL244	9	75	180	20	114	8	3	2
DL243	9	74	182	21	115	7	3	2
DL242	9	75	186	20	114	7	3	2
DL241	9	71	182	21	114	6	3	2
DL240	8	77	190	21	111	8	3	3
DL239	8	72	180	20	102	7	3	2
DL238	8	76	191	20	107	7	3	2
DL237	10	76	198	20	107	6	3	3

Fortsetzung auf der nächsten Seite

Probe	Br [ppm]	Rb [ppm]	Sr [ppm]	Y [ppm]	Zr [ppm]	Nb [ppm]	Mo [ppm]	Ag [ppm]
DL236	9	71	196	19	102	6	3	2
DL235	9	74	201	20	102	6	3	2
DL234	8	69	191	18	103	8	3	2
DL233	9	66	201	18	103	7	3	1
DL232	8	64	201	18	100	7	3	2
DL231	7	61	206	18	94	6	3	2
DL230	7	63	207	17	100	6	3	2
DL229	8	64	206	16	93	4	3	2
DL228	6	58	190	15	89	4	3	2
DL227	6	56	177	15	89	6	3	2
DL226	6	56	186	15	94	4	3	1
DL225	5	55	189	16	90	5	3	2
DL224	5	55	186	15	88	5	3	1
DL223	4	48	176	13	79	4	3	1
DL222	2	49	173	14	77	4	3	1
DL221	2	42	160	11	63	3	3	1
DL220	4	48	176	11	76	4	3	1
DL219	4	54	186	16	90	6	3	1
DL218	4	51	184	15	90	5	3	1
DL217	4	55	194	16	89	5	3	1
DL216	4	52	191	14	85	5	3	1
DL215	3	48	182	12	86	4	3	1
DL214	5	49	187	14	81	5	3	1
DL213	4	51	189	14	85	4	3	1
DL212	4	54	196	15	83	6	3	1
DL211	4	51	188	15	88	6	3	1
DL210	3	51	208	14	82	4	3	1
DL209	3	52	217	13	84	5	3	1
DL208	5	53	206	13	71	5	3	1
DL207	3	54	211	14	79	6	3	1
DL206	4	51	199	13	79	4	3	1
DL205	3	48	196	14	81	5	3	1
DL204	3	46	197	12	79	4	3	1
DL203	2	50	211	13	80	5	3	1
DL202	2	49	196	13	73	6	3	1
DL201	3	51	212	14	86	5	3	1
DL200	4	51	222	13	80	5	3	1

Fortsetzung auf der nächsten Seite

Probe	Br [ppm]	Rb [ppm]	Sr [ppm]	Y [ppm]	Zr [ppm]	Nb [ppm]	Mo [ppm]	Ag [ppm]
DL199	2	50	210	14	79	3	3	1
DL198	2	53	226	14	83	5	3	1
DL197	3	54	224	14	75	3	3	1
DL196	3	56	217	15	85	6	3	1
DL195	3	56	223	14	75	5	3	1
DL194	4	54	228	13	71	5	3	1
DL193	2	56	230	14	70	6	3	1
DL192	2	52	217	13	68	5	3	1
DL191	2	55	228	14	74	5	3	1
DL190	2	57	236	15	76	5	3	1
DL189	4	58	232	14	76	6	3	1
DL188	3	59	229	15	73	6	3	1
DL187	3	60	238	15	76	6	3	1
DL186	3	56	222	14	69	4	3	1
DL185	3	61	244	16	72	5	3	1
DL184	3	54	240	14	68	4	3	1
DL183	11	70	221	17	89	7	3	1
DL182	10	62	196	16	82	6	3	1
DL181	12	68	203	17	89	6	3	1
DL180	12	73	206	18	95	8	3	1
DL179	15	78	201	18	92	6	3	1
DL178	15	78	208	18	92	8	3	1
DL177	8	62	215	16	79	6	3	1
DL176	10	69	218	16	85	7	3	1
DL175	5	62	234	15	74	5	3	1
DL174	3	57	235	14	69	5	3	1
DL173	4	57	232	14	71	5	3	1
DL172	3	56	235	15	73	5	3	1
DL171	3	57	234	14	74	5	3	1
DL170	2	56	219	14	69	3	3	1
DL169	3	62	237	15	72	6	3	1
DL168	4	58	221	14	67	5	3	1
DL167	3	62	239	16	73	5	3	1
DL166	2	61	237	15	70	4	3	1
DL165	3	59	237	15	70	5	3	1
DL164	2	57	237	14	70	5	3	1
DL163	2	52	218	14	65	6	3	1

Fortsetzung auf der nächsten Seite

Probe	Br [ppm]	Rb [ppm]	Sr [ppm]	Y [ppm]	Zr [ppm]	Nb [ppm]	Mo [ppm]	Ag [ppm]
DL162	2	55	238	13	67	5	3	1
DL161	2	55	234	15	69	5	3	1
DL160	3	55	225	14	69	5	3	1
DL159	4	57	238	14	72	5	3	1
DL158	2	55	234	14	73	5	3	1
DL157	2	56	238	15	71	5	3	1
DL156	3	57	239	14	75	6	3	1
DL155	2	54	234	14	67	5	3	1
DL154	3	56	236	14	71	5	3	1
DL153	2	55	232	15	71	5	3	1
DL152	2	54	224	14	67	4	5	1
DL151	2	54	235	15	68	4	2	1
DL150	2	59	232	15	70	4	3	1
DL149	2	60	236	15	75	6	3	1
DL148	2	58	229	14	67	6	3	1
DL147	2	60	242	15	69	5	3	1
DL146	3	56	224	15	68	5	3	1
DL145	3	60	239	14	74	5	3	1
DL144	2	58	244	15	79	6	3	1
DL143	2	58	227	15	79	5	3	1
DL142	2	53	243	15	66	6	3	1
DL141	2	52	251	13	65	6	3	1
DL140	2	55	265	14	61	4	3	1
DL139	4	58	266	14	62	6	3	1
DL138	2	51	228	14	68	5	3	1
DL137	2	55	247	13	66	4	3	1
DL136	3	56	240	14	69	5	3	1
DL135	2	60	241	16	77	4	4	1
DL134	2	58	250	15	69	6	3	1
DL133	2	58	255	15	66	6	3	1
DL132	3	61	247	15	63	5	3	1
DL131	2	66	251	15	64	5	3	1
DL130	3	64	245	17	77	5	3	1
DL129	3	63	240	16	79	6	3	1
DL128	2	62	236	16	81	7	3	1
DL127	2	59	232	16	82	6	3	1
DL126	2	66	203	18	100	5	3	1

Fortsetzung auf der nächsten Seite

Probe	Br [ppm]	Rb [ppm]	Sr [ppm]	Y [ppm]	Zr [ppm]	Nb [ppm]	Mo [ppm]	Ag [ppm]
DL125	2	71	198	22	125	8	3	1
DL124	2	62	236	17	85	5	3	1
DL123	2	61	229	15	85	7	3	1
DL122	2	60	251	15	70	5	3	1
DL121	2	54	245	14	60	5	3	1
DL120	2	58	252	14	61	5	3	1
DL119	2	57	257	14	59	4	3	1
DL118	2	61	257	15	63	6	3	1
DL117	3	63	239	16	70	6	3	1
DL116	2	66	239	16	74	5	3	1
DL115	2	65	247	15	67	6	3	1
DL114	2	67	247	15	64	6	3	1
DL113	2	67	240	17	70	6	3	1
DL112	2	60	239	14	74	4	3	1
DL111	2	54	245	14	65	5	3	1
DL110	2	57	251	15	70	6	3	1
DL109	2	55	258	14	65	5	3	1
DL108	2	55	250	14	64	5	3	1
DL107	2	55	252	14	64	5	3	1
DL106	2	53	254	14	67	6	3	1
DL105	2	52	253	14	64	5	3	1
DL104	2	53	254	14	62	5	3	1
DL103	2	54	256	13	64	6	3	1
DL102	2	55	261	14	61	5	3	1
DL101	2	53	280	13	59	4	3	1
DL100	2	55	247	15	69	5	3	1
DL099	2	60	240	16	80	7	3	1
DL098	2	60	234	15	78	6	3	1
DL097	2	58	234	14	74	6	3	1
DL096	3	61	250	16	81	5	3	1
DL095	2	59	237	15	75	5	3	1
DL094	2	54	227	15	70	6	3	1
DL093	2	55	250	15	68	5	3	1
DL092	2	55	245	13	67	3	3	1
DL091	2	57	257	15	71	6	3	1
DL090	2	52	249	14	67	5	3	1
DL089	2	56	234	15	75	6	3	1

Fortsetzung auf der nächsten Seite

Probe	Br [ppm]	Rb [ppm]	Sr [ppm]	Y [ppm]	Zr [ppm]	Nb [ppm]	Mo [ppm]	Ag [ppm]
DL088	2	57	232	16	82	5	3	1
DL087	3	53	210	14	77	4	3	1
DL086	3	56	222	15	83	6	3	1
DL085	4	52	204	14	82	5	3	1
DL084	4	58	228	15	79	5	3	1
DL083	3	56	241	14	73	5	4	1
DL082	2	57	238	15	74	5	3	1
DL081	2	58	238	15	76	5	3	1
DL080	2	58	243	14	73	4	3	1
DL079	2	56	239	15	72	5	3	1
DL078	3	54	229	13	67	5	3	1
DL077	2	53	233	14	67	5	3	1
DL076	2	56	249	15	69	6	3	1
DL075	2	55	252	15	68	7	3	1
DL074	2	55	252	14	67	6	3	1
DL073	2	54	247	14	69	5	3	1
DL072	2	57	258	14	71	5	3	1
DL071	2	57	257	16	73	5	3	1
DL070	2	55	249	14	69	6	3	1
DL069	2	56	247	14	72	5	3	1
DL068	2	53	239	14	66	5	3	1
DL067	2	55	239	14	70	4	3	1
DL066	2	53	236	13	69	5	3	1
DL065	2	54	225	13	68	6	3	1
DL064	3	55	253	13	75	5	3	1
DL063	2	52	238	14	69	5	3	1
DL062	2	51	231	13	68	4	3	1
DL061	2	53	241	14	73	6	3	1
DL060	2	51	235	13	72	5	3	1
DL059	2	53	244	15	74	4	3	1
DL058	2	51	238	13	71	3	3	1
DL057	2	54	244	14	76	4	3	1
DL056	2	53	247	14	75	5	3	1
DL055	2	53	242	14	75	5	3	1
DL054	2	52	237	13	75	5	3	1
DL053	2	55	235	14	76	5	3	1
DL052	2	53	222	14	75	6	3	1

Fortsetzung auf der nächsten Seite

Probe	Br [ppm]	Rb [ppm]	Sr [ppm]	Y [ppm]	Zr [ppm]	Nb [ppm]	Mo [ppm]	Ag [ppm]
DL051	2	58	236	14	76	5	3	1
DL050	2	57	239	15	76	5	3	1
DL049	2	56	248	13	64	4	3	1
DL048	2	58	241	16	75	4	3	1
DL047	2	55	245	14	69	6	3	1
DL046	2	51	242	14	55	4	3	1
DL045	2	53	258	14	56	5	3	1
DL044	2	54	261	14	56	4	3	1
DL043	2	55	256	14	62	5	3	1
DL042	2	58	245	16	75	5	3	1
DL041	2	60	227	16	83	5	3	1
DL040	3	66	211	18	94	8	3	1
DL039	2	66	215	17	95	8	3	1
DL038	2	53	216	14	75	5	3	1
DL037	2	53	236	14	65	6	3	1
DL036	2	58	251	15	68	6	3	1
DL035	2	57	236	14	76	6	3	1
DL034	2	57	217	15	93	6	3	1
DL033	2	56	216	15	96	6	3	1
DL032	2	58	218	15	90	5	3	1
DL031	2	61	219	16	93	7	3	1
DL030	2	64	226	15	92	6	3	1
DL029	2	61	199	18	114	8	3	1
DL028	2	62	193	19	123	7	3	1
DL027	2	74	171	21	135	6	3	1
DL026	2	58	160	10	85	3	3	1
DL025	4	59	198	17	105	5	3	1
DL024	4	57	203	16	101	6	4	1
DL023	2	53	212	15	92	7	3	1
DL022	2	50	217	13	86	6	3	1
DL021	2	50	219	14	80	5	3	1
DL020	2	51	221	14	84	4	3	1
DL019	2	50	215	13	81	4	3	1
DL018	2	55	238	15	80	5	3	1
DL017	2	52	240	14	70	6	3	1
DL016	2	52	243	14	68	3	5	1
DL015	2	50	230	12	65	3	3	1

Fortsetzung auf der nächsten Seite

Probe	Br [ppm]	Rb [ppm]	Sr [ppm]	Y [ppm]	Zr [ppm]	Nb [ppm]	Mo [ppm]	Ag [ppm]
DL014	2	53	243	13	72	6	3	1
DL013	2	50	223	14	70	6	3	1
DL012	2	52	233	14	72	5	3	1
DL011	2	45	217	12	80	4	3	1
DL010	2	46	211	12	85	5	3	1
DL009	2	49	216	13	81	5	3	1
DL008	3	50	220	13	79	5	3	1
DL007	2	53	218	14	84	6	3	1
DL006	2	51	221	14	82	5	3	1
DL005	2	56	221	15	88	6	3	1
DL004	2	58	220	14	82	6	3	1
DL003	2	55	211	13	82	5	3	1
DL002	2	39	163	13	89	4	3	1
DL001	2	35	165	10	80	3	3	1

Fortsetzung von Tabelle 8.19:

Probe	Cd [ppm]	Sn [ppm]	Sb [ppm]	Ba [ppm]	La [ppm]	Ce [ppm]	Pb [ppm]	Tiefe [cm]
DL262	1	5	1	328	37	57	77	1
DL261	1	5	1	307	23	60	32	2
DL260	1	6	3	318	32	65	32	3
DL259	1	6	1	318	21	64	29	4
DL258	1	6	1	332	34	57	41	5
DL257	1	7	1	363	28	50	101	6
DL256	1	6	1	353	24	63	30	7
DL255	1	7	3	365	36	69	36	8
DL254	1	6	1	334	25	61	38	9
DL253	1	8	2	342	28	57	38	10
DL252	1	5	1	335	28	52	33	11
DL251	1	5	1	337	35	50	40	12
DL250	1	7	1	325	30	56	37	13
DL249	1	7	1	329	26	52	44	14
DL248	1	6	2	326	29	62	45	15
DL247	1	5	1	332	27	63	59	16
DL246	1	5	2	334	26	52	50	17
DL245	1	5	1	337	29	67	48	18
DL244	2	7	3	337	25	51	44	19

Fortsetzung auf der nächsten Seite

Probe	Cd [ppm]	Sn [ppm]	Sb [ppm]	Ba [ppm]	La [ppm]	Ce [ppm]	Pb [ppm]	Tiefe [cm]
DL243	1	8	3	340	34	59	49	20
DL242	1	7	1	341	35	57	47	21
DL241	2	8	3	341	34	46	46	22
DL240	2	8	1	362	32	62	71	23
DL239	2	8	1	377	24	50	55	24
DL238	2	8	1	386	19	51	52	25
DL237	2	6	1	364	34	51	54	26
DL236	3	8	1	389	27	54	55	27
DL235	3	7	1	392	28	55	54	28
DL234	3	8	1	378	27	58	51	29
DL233	3	7	1	375	19	54	52	30
DL232	3	8	1	357	26	55	42	31
DL231	1	1	3	313	5	19	43	32
DL230	2	7	3	362	28	48	45	33
DL229	2	7	1	372	25	41	50	34
DL228	2	8	1	382	24	38	47	35
DL227	2	6	1	381	21	41	44	36
DL226	1	6	1	377	29	47	50	37
DL225	1	5	1	360	25	51	45	38
DL224	1	7	1	349	26	32	60	39
DL223	1	5	1	290	19	36	37	40
DL222	1	6	1	318	27	32	36	41
DL221	1	4	1	254	11	31	51	42
DL220	1	4	1	258	14	34	34	43
DL219	1	5	1	286	10	50	36	44
DL218	1	6	2	293	24	42	52	45
DL217	1	5	1	276	21	46	44	46
DL216	1	4	1	273	16	37	36	47
DL215	1	5	1	270	22	47	35	48
DL214	1	5	1	256	31	53	37	49
DL213	1	4	3	266	22	44	64	50
DL212	1	4	1	274	32	55	52	51
DL211	1	5	1	277	32	57	41	52
DL210	1	5	3	263	27	40	62	53
DL209	1	3	1	236	20	34	49	54
DL208	1	4	1	246	23	35	23	55
DL207	1	6	2	244	24	44	30	56

Fortsetzung auf der nächsten Seite

Probe	Cd [ppm]	Sn [ppm]	Sb [ppm]	Ba [ppm]	La [ppm]	Ce [ppm]	Pb [ppm]	Tiefe [cm]
DL206	1	3	1	232	20	45	26	57
DL205	1	5	1	217	18	44	53	58
DL204	1	4	1	208	22	36	22	59
DL203	1	5	1	225	23	45	34	60
DL202	1	4	1	224	26	33	44	61
DL201	1	6	2	232	27	42	29	62
DL200	1	4	1	217	23	27	28	63
DL199	1	5	1	215	29	40	24	64
DL198	1	4	1	213	15	49	42	65
DL197	1	39	1	217	22	43	27	66
DL196	1	6	1	230	28	45	33	67
DL195	1	4	3	219	25	45	27	68
DL194	1	3	1	203	19	26	23	69
DL193	1	4	1	226	30	43	81	70
DL192	1	5	1	212	15	35	27	71
DL191	1	4	1	218	21	39	26	72
DL190	1	4	1	208	27	36	28	73
DL189	1	6	3	214	21	43	85	74
DL188	1	4	1	214	19	52	29	75
DL187	1	4	1	215	21	47	29	76
DL186	1	4	1	214	31	48	26	77
DL185	1	4	1	207	25	35	55	78
DL184	1	4	3	215	24	45	20	79
DL183	1	5	1	277	38	62	69	80
DL182	1	5	1	270	33	51	25	81
DL181	1	5	1	280	24	61	28	82
DL180	1	7	1	291	24	58	65	83
DL179	1	4	1	311	24	58	27	84
DL178	1	5	1	304	33	47	83	85
DL177	1	5	3	246	31	67	26	86
DL176	1	4	1	263	22	52	29	87
DL175	1	4	3	221	25	47	30	88
DL174	1	4	1	201	23	44	23	89
DL173	1	4	1	217	27	43	25	90
DL172	1	4	2	217	28	50	35	91
DL171	1	5	1	213	33	44	24	92
DL170	1	4	1	221	19	53	25	93

Fortsetzung auf der nächsten Seite

Probe	Cd [ppm]	Sn [ppm]	Sb [ppm]	Ba [ppm]	La [ppm]	Ce [ppm]	Pb [ppm]	Tiefe [cm]
DL169	1	4	1	223	31	67	27	94
DL168	1	4	1	216	36	55	22	95
DL167	1	1	1	286	29	35	26	96
DL166	1	4	3	214	33	44	24	97
DL165	1	3	1	215	19	43	23	98
DL164	1	5	1	217	29	44	24	99
DL163	1	3	1	200	27	47	19	100
DL162	1	4	1	204	26	29	21	101
DL161	1	4	1	203	26	41	21	102
DL160	1	5	1	213	26	38	23	103
DL159	1	5	2	202	20	48	25	104
DL158	1	3	2	200	28	58	65	105
DL157	1	4	2	212	23	48	22	106
DL156	1	4	3	213	29	52	22	107
DL155	1	4	3	205	27	46	18	108
DL154	1	3	1	205	13	44	19	109
DL153	1	3	2	214	29	52	37	110
DL152	1	3	1	202	18	53	17	111
DL151	1	4	1	210	29	53	22	112
DL150	1	6	1	202	21	38	24	113
DL149	1	4	1	211	24	56	49	114
DL148	1	4	3	209	18	40	21	115
DL147	1	4	1	215	22	45	25	116
DL146	1	5	2	202	19	46	32	117
DL145	1	5	2	207	15	46	26	118
DL144	1	6	1	216	25	37	43	119
DL143	1	5	1	217	31	43	33	120
DL142	1	5	1	206	24	48	29	121
DL141	1	5	3	192	25	55	46	122
DL140	1	4	3	189	22	37	23	123
DL139	1	1	1	267	29	50	27	124
DL138	1	5	1	201	33	43	21	125
DL137	1	4	1	192	14	39	24	126
DL136	1	5	1	202	30	41	25	127
DL135	1	4	4	295	39	67	28	128
DL134	1	5	1	202	23	48	23	129
DL133	1	4	1	199	18	40	22	130

Fortsetzung auf der nächsten Seite

Probe	Cd [ppm]	Sn [ppm]	Sb [ppm]	Ba [ppm]	La [ppm]	Ce [ppm]	Pb [ppm]	Tiefe [cm]
DL132	1	5	3	210	20	45	24	131
DL131	1	4	2	229	33	46	72	132
DL130	1	5	1	218	26	56	28	133
DL129	1	6	1	223	24	52	31	134
DL128	1	6	1	214	20	44	96	135
DL127	1	6	1	225	24	37	57	136
DL126	1	8	1	260	32	61	80	137
DL125	1	10	3	273	24	62	60	138
DL124	1	6	3	220	18	35	32	139
DL123	1	7	3	224	28	48	86	140
DL122	1	6	1	208	25	50	26	141
DL121	1	6	2	206	25	45	56	142
DL120	1	6	1	193	25	54	22	143
DL119	1	4	1	192	15	48	24	144
DL118	1	7	1	198	26	47	82	145
DL117	1	7	3	217	24	52	32	146
DL116	1	8	2	219	22	38	81	147
DL115	1	7	1	212	28	54	81	148
DL114	1	6	3	208	16	54	58	149
DL113	1	8	4	216	21	30	34	150
DL112	1	9	4	214	33	45	31	151
DL111	1	7	5	188	25	53	86	152
DL110	1	8	5	194	19	30	28	153
DL109	1	6	4	188	22	40	23	154
DL108	1	5	3	188	22	25	22	155
DL107	1	8	3	198	14	39	21	156
DL106	1	7	3	185	21	39	22	157
DL105	1	7	4	175	17	31	18	158
DL104	1	5	3	175	28	42	39	159
DL103	1	7	1	186	28	47	37	160
DL102	1	5	4	183	24	39	37	161
DL101	1	5	3	184	24	54	23	162
DL100	1	7	5	189	21	41	45	163
DL099	1	10	7	196	20	48	38	164
DL098	1	9	3	207	30	52	30	165
DL097	1	10	3	192	21	48	29	166
DL096	1	10	4	192	26	34	41	167

Fortsetzung auf der nächsten Seite

Probe	Cd [ppm]	Sn [ppm]	Sb [ppm]	Ba [ppm]	La [ppm]	Ce [ppm]	Pb [ppm]	Tiefe [cm]
DL095	1	9	2	195	25	44	29	168
DL094	1	9	4	205	19	33	51	169
DL093	1	8	2	187	17	52	26	170
DL092	1	8	1	189	21	34	24	171
DL091	1	8	3	181	20	46	55	172
DL090	1	6	1	181	31	42	22	173
DL089	1	6	1	211	28	41	59	174
DL088	1	5	1	227	16	39	65	175
DL087	1	5	1	244	19	48	52	176
DL086	1	6	1	241	15	40	62	177
DL085	1	6	1	258	19	25	47	178
DL084	1	7	2	233	26	48	38	179
DL083	1	1	3	319	31	74	28	180
DL082	1	7	1	202	12	37	48	181
DL081	1	7	1	213	21	40	44	182
DL080	1	7	1	196	18	54	79	183
DL079	1	7	3	203	21	33	26	184
DL078	1	7	1	196	20	25	24	185
DL077	1	7	2	190	16	29	22	186
DL076	1	15	3	186	24	42	22	187
DL075	1	7	1	188	19	37	22	188
DL074	1	7	3	176	29	57	27	189
DL073	1	8	3	177	28	38	43	190
DL072	1	8	1	172	21	36	55	191
DL071	1	8	1	190	25	44	31	192
DL070	1	7	1	183	22	43	21	193
DL069	1	7	1	180	35	51	23	194
DL068	1	8	4	182	27	48	32	195
DL067	1	7	1	184	17	48	49	196
DL066	1	6	1	183	35	41	61	197
DL065	1	7	1	185	23	47	28	198
DL064	1	6	1	181	24	32	39	199
DL063	1	6	1	183	32	52	64	200
DL062	1	6	3	172	13	40	57	201
DL061	1	4	1	168	26	41	73	202
DL060	1	5	1	176	29	44	51	203
DL059	1	5	1	178	14	34	72	204

Fortsetzung auf der nächsten Seite

Probe	Cd [ppm]	Sn [ppm]	Sb [ppm]	Ba [ppm]	La [ppm]	Ce [ppm]	Pb [ppm]	Tiefe [cm]
DL058	1	4	1	177	26	59	72	205
DL057	1	6	1	180	28	45	43	206
DL056	1	6	1	172	29	46	40	207
DL055	1	5	1	176	19	50	22	208
DL054	1	5	1	170	20	33	151	209
DL053	1	5	2	173	12	32	52	210
DL052	1	4	1	178	20	37	35	211
DL051	1	4	3	168	22	30	28	212
DL050	1	4	2	175	21	48	56	213
DL049	1	3	1	173	21	52	72	214
DL048	1	4	1	186	22	44	34	215
DL047	1	4	1	175	27	50	31	216
DL046	1	4	1	172	26	32	22	217
DL045	1	4	1	159	24	46	41	218
DL044	1	3	1	175	19	37	33	219
DL043	1	4	1	171	18	58	42	220
DL042	1	4	1	196	29	36	34	221
DL041	1	5	1	202	28	58	25	222
DL040	1	5	1	217	20	38	65	223
DL039	1	3	1	219	21	52	143	224
DL038	1	4	1	177	20	39	136	225
DL037	1	3	1	176	27	51	79	226
DL036	1	5	2	178	17	37	30	227
DL035	1	3	1	177	28	51	39	228
DL034	1	4	1	187	31	50	35	229
DL033	1	4	1	194	25	41	84	230
DL032	1	4	1	196	27	45	38	231
DL031	1	6	1	203	24	35	33	232
DL030	1	3	1	195	28	53	55	233
DL029	1	5	1	220	24	38	35	234
DL028	1	3	1	226	36	58	43	235
DL027	1	5	1	275	34	50	100	236
DL026	1	1	4	294	23	39	62	237
DL025	1	4	3	191	22	57	18	238
DL024	1	1	1	252	15	46	22	239
DL023	1	3	1	175	21	57	36	240
DL022	1	3	2	167	24	30	27	241

Fortsetzung auf der nächsten Seite

Probe	Cd [ppm]	Sn [ppm]	Sb [ppm]	Ba [ppm]	La [ppm]	Ce [ppm]	Pb [ppm]	Tiefe [cm]
DL021	1	4	1	167	18	32	13	242
DL020	1	4	3	171	22	38	16	243
DL019	1	4	1	162	27	36	15	244
DL018	1	4	1	185	28	41	35	245
DL017	1	4	1	170	5	29	25	246
DL016	1	1	6	273	53	57	14	247
DL015	1	3	1	165	18	38	14	248
DL014	1	3	1	164	22	32	12	249
DL013	1	3	1	174	17	54	13	250
DL012	1	4	1	165	19	40	16	251
DL011	1	3	2	157	22	40	11	252
DL010	1	3	3	157	20	39	22	253
DL009	1	3	1	174	27	38	10	254
DL008	1	3	1	169	21	50	13	255
DL007	1	4	1	175	14	47	12	256
DL006	1	4	1	174	30	50	14	257
DL005	1	4	1	173	24	36	51	258
DL004	1	4	1	185	25	57	45	259
DL003	1	1	2	175	26	36	15	260
DL002	1	4	1	163	15	39	11	261
DL001	1	2	1	153	15	27	9	262

Tabelle 8.20: Mineralogische Zusammensetzung der Sedimente des Donaukerns 2006 sowie die Tiefe der Sedimentschichten. Qu = Quarz, P.klas = Plagioklas, K-Fsp = Kali-Feldspäte, Glim = Glimmer, Dolo = Dolomit, Kaol = Kaolinit, Calc = Calcit. Messstelle: Pfatter.

Probe	Tiefe [cm]	Quz [%]	P.klas [%]	K-Fsp [%]	Glim [%]	Dolo [%]	Kaol [%]	Calc [%]	Rest [%]
DL261	1	24	2	2	35	11	11	14	1
DL259	3	30	9	4	18	15	9	15	0
DL257	5	25	1	2	42	8	11	11	0
DL255	7	30	2	2	29	13	11	13	0
DL253	9	28	2	3	31	15	8	13	0
DL251	11	28	4	6	33	11	8	10	0
DL249	13	26	2	5	37	16	7	7	0
DL247	15	26	2	4	35	15	10	8	0
DL245	17	23	3	7	32	17	9	9	0
DL243	19	24	9	2	28	17	9	11	0
DL241	21	24	2	3	30	18	10	13	0
DL239	23	23	0	3	34	20	9	11	0
DL237	25	27	2	3	32	17	8	11	0
DL235	27	34	2	3	23	17	9	12	0
DL233	29	24	2	4	36	17	7	10	0
DL231	31	29	3	5	29	17	7	10	0
DL229	33	29	2	6	30	17	5	11	0
DL227	35	35	3	6	25	14	6	11	0
DL225	37	31	5	5	29	17	4	9	0
DL223	39	36	2	13	17	17	3	12	0
DL221	41	37	6	7	21	14	6	9	0
DL219	43	31	7	5	25	16	7	9	0
DL217	45	28	4	6	31	18	5	8	0
DL215	47	35	2	10	19	19	6	9	0
DL213	49	34	6	3	19	26	5	7	0
DL211	51	32	2	6	15	28	6	11	0
DL209	53	25	1	1	27	30	6	10	0
DL207	55	32	3	3	12	31	4	15	0
DL205	57	29	2	4	25	28	5	7	0
DL203	59	22	2	4	25	33	6	8	0
DL201	61	28	1	2	19	31	8	11	0
DL199	63	30	1	2	18	28	7	14	0
DL197	65	23	2	2	27	27	7	12	0

Fortsetzung auf der nächsten Seite

Probe	Tiefe [cm]	Quz [%]	P.klas [%]	K-Fsp [%]	Glim [%]	Dolo [%]	Kaol [%]	Calc [%]	Rest [%]
DL195	67	25	1	1	25	27	7	14	0
DL193	69	20	2	1	29	31	9	7	1
DL191	71	22	2	3	21	31	7	14	0
DL189	73	20	2	1	28	32	5	12	0
DL187	75	23	2	2	29	23	8	13	0
DL185	77	20	1	2	30	28	8	11	0
DL183	79	23	2	3	33	21	7	11	0
DL181	81	30	2	4	27	18	7	12	0
DL179	83	30	2	3	25	17	9	14	0
DL177	85	26	2	3	22	27	6	14	0
DL175	87	29	1	2	23	22	10	13	0
DL173	89	23	1	2	18	29	7	16	4
DL171	91	17	1	1	31	31	7	12	0
DL169	93	18	4	0	30	28	7	13	0
DL167	95	22	2	1	28	25	7	15	0
DL165	97	16	1	1	35	29	7	11	0
DL163	99	21	0	1	29	32	6	11	0
DL161	101	20	1	1	32	28	6	12	0
DL159	103	19	1	2	31	33	3	11	0
DL157	105	18	3	1	31	31	5	11	0
DL155	107	14	2	1	38	29	7	9	0
DL153	109	22	1	1	34	23	7	12	0
DL151	111	15	2	1	36	30	6	10	0
DL149	113	24	2	0	26	27	6	15	0
DL147	115	19	2	0	34	23	8	14	0
DL145	117	17	2	2	29	29	7	14	0
DL143	119	24	2	2	24	26	8	14	0
DL141	121	22	1	3	24	26	7	16	1
DL139	123	20	3	0	29	23	8	16	1
DL137	125	21	0	3	21	29	9	16	1
DL135	127	23	2	1	25	22	9	16	2
DL133	129	18	1	2	33	24	7	15	0
DL131	131	20	3	0	27	24	8	16	2
DL129	133	23	2	2	26	22	10	15	0
DL127	135	22	3	0	33	24	7	11	0
DL125	137	35	0	4	24	18	5	14	0
DL123	139	28	2	2	24	19	9	16	0

Fortsetzung auf der nächsten Seite

Probe	Tiefe [cm]	Quz [%]	P.klas [%]	K-Fsp [%]	Glim [%]	Dolo [%]	Kaol [%]	Calc [%]	Rest [%]
DL121	141	20	2	0	30	21	9	16	2
DL119	143	21	2	1	29	23	8	16	0
DL117	145	22	1	2	29	21	8	17	0
DL115	147	21	1	1	12	16	5	17	27
DL113	149	17	2	0	36	22	8	15	0
DL111	151	21	1	2	21	28	8	18	1
DL109	153	19	2	1	17	29	7	18	7
DL107	155	19	2	2	31	22	7	17	0
DL105	157	22	1	1	24	27	8	17	0
DL103	159	21	1	1	20	27	7	17	6
DL101	161	21	1	2	17	24	5	17	13
DL099	163	22	1	1	31	24	6	15	0
DL097	165	23	0	3	24	28	8	14	0
DL095	167	23	0	2	26	25	8	16	0
DL093	169	23	1	1	23	28	6	18	0
DL091	171	26	1	0	15	22	5	18	13
DL089	173	25	1	3	25	25	6	15	0
DL087	175	33	2	2	21	22	4	13	3
DL085	177	33	3	4	17	22	6	15	0
DL083	179	25	1	2	13	20	6	16	17
DL081	181	25	1	2	20	20	5	16	11
DL079	183	23	1	0	19	28	7	16	6
DL077	185	20	1	2	22	32	6	17	0
DL075	187	17	1	2	29	29	6	16	0
DL073	189	25	1	2	26	22	5	17	2
DL071	191	23	1	2	17	26	4	17	10
DL069	193	26	2	2	18	25	9	17	1
DL067	195	24	2	0	19	28	7	17	3
DL065	197	21	1	3	17	30	6	17	5
DL063	199	20	2	2	19	34	7	16	0
DL061	201	21	1	2	18	36	6	16	0
DL059	203	20	2	3	24	30	7	14	0
DL057	205	25	0	2	25	24	8	16	0
DL055	207	20	2	3	23	34	5	13	0
DL053	209	21	1	1	29	25	9	14	0
DL051	211	23	2	1	24	28	7	15	0
DL049	213	21	1	0	24	23	8	16	7

Fortsetzung auf der nächsten Seite

Probe	Tiefe [cm]	Quz [%]	P.klas [%]	K-Fsp [%]	Glim [%]	Dolo [%]	Kaol [%]	Calc [%]	Rest [%]
DL047	215	23	1	0	18	25	8	16	9
DL045	217	20	1	0	19	23	7	17	13
DL043	219	19	2	0	22	26	10	17	4
DL041	221	25	2	2	17	32	7	15	0
DL039	223	28	1	2	22	26	7	14	0
DL037	225	20	2	2	18	29	5	16	8
DL035	227	23	1	0	23	31	6	16	0
DL033	229	21	6	3	18	33	6	13	0
DL031	231	24	2	4	23	28	4	15	0
DL029	233	25	0	2	29	25	7	12	0
DL027	235	29	3	6	16	29	8	9	0
DL025	237	28	1	2	21	27	8	13	0
DL023	239	26	3	2	19	33	5	12	0
DL021	241	19	1	3	23	34	5	15	0
DL019	243	14	2	4	22	39	6	13	0
DL017	245	22	2	0	27	28	6	15	0
DL015	247	22	2	3	25	28	5	15	0
DL013	249	22	2	3	18	33	5	16	1
DL011	251	22	4	3	19	35	6	11	0
DL009	253	19	0	3	23	35	6	14	0
DL007	255	18	2	3	22	36	7	12	0
DL005	257	26	2	3	12	31	9	17	0
DL003	259	27	2	6	25	26	5	9	0
DL001	261	45	3	9	7	25	3	8	0

Tabelle 8.21: Faktorladungen nach Varimax-Rotation und erklärte Varianz für die Sedimentanalysen der Donau 2006 / 2007 (n = 262). Markierte Faktorladungen > 0,5. KG = Korngrößenbereich [μm].

Variable	Faktor 1	Faktor 2	Faktor 3	Faktor 4	Kommunalität
K	**0,75**	0,00	0,13	0,39	**0,73**
Ca	-0,38	-0,37	**0,66**	-0,22	**0,77**
Ti	**0,81**	0,23	-0,11	0,44	**0,91**
Mn	**0,62**	-0,04	0,13	0,49	**0,64**
Fe	**0,72**	-0,01	0,11	**0,57**	**0,85**
Ni	0,15	-0,28	**0,55**	0,07	0,41
Cu	0,45	0,25	-0,24	**0,66**	**0,76**
Zn	0,44	0,25	-0,32	**0,69**	**0,83**
As	0,07	-0,02	-0,15	**0,70**	**0,52**
Br	**0,71**	0,18	-0,30	0,35	**0,75**
Rb	**0,86**	0,11	-0,02	0,38	**0,90**
Sr	-0,26	**-0,50**	**0,68**	-0,08	**0,78**
Y	**0,80**	0,21	-0,11	0,38	**0,85**
Zr	**0,60**	0,44	-0,39	0,16	**0,73**
Nb	**0,69**	0,10	-0,05	0,21	**0,54**
Cd	0,18	0,26	-0,17	**0,52**	0,40
Sn	-0,02	0,11	0,16	0,45	0,24
Sb	-0,02	0,13	0,36	-0,01	0,15
Ba	0,49	0,31	-0,49	**0,55**	**0,87**
La	0,42	0,01	-0,09	-0,04	0,18
Ce	**0,61**	-0,04	-0,15	0,06	0,40
Pb	0,13	0,07	0,03	0,30	0,11
Tiefe	-0,36	-0,10	0,47	**-0,50**	**0,62**
KG < 5	-0,01	**-0,77**	0,38	0,01	**0,74**
KG 5–10	0,07	**-0,85**	0,31	-0,01	**0,82**
KG 10–20	0,06	**-0,91**	0,22	-0,12	**0,89**
KG 20–40	-0,02	**-0,87**	0,05	-0,30	**0,85**
KG 40–100	-0,37	**-0,59**	0,00	-0,28	**0,57**
KG 100–200	**-0,67**	0,46	-0,18	0,02	**0,69**
KG 200–400	0,30	**0,80**	-0,06	0,26	**0,80**
KG > 400	**0,68**	0,43	0,01	0,19	**0,69**
Quarz	-0,14	0,24	**-0,55**	0,31	0,47
Plagioklas	0,03	0,10	-0,43	0,10	0,21
Kalifeldspat	-0,12	0,22	**-0,63**	0,17	0,49

Fortsetzung auf der nächsten Seite

Variable	Faktor 1	Faktor 2	Faktor 3	Faktor 4	Kommunalität
Glimmer	0,48	-0,13	-0,15	-0,06	0,27
Dolomit	-0,27	-0,10	0,26	**-0,53**	0,43
Kaolinit	**0,51**	0,07	0,17	-0,03	0,29
Calcit	-0,12	-0,11	**0,76**	0,09	**0,61**
restl. Phasen	-0,25	-0,06	0,43	0,35	0,37
Anteil Ges. Varianz [%]	**21,2**	**14,4**	**11,5**	**12,3**	**59,4**

Alles Wissen und alles Vermehren unseres Wissens
endet nicht mit einem Schlusspunkt,
sondern mit einem Fragezeichen.

Herrmann Hesse
(1877 – 1962)

In der Reihe "Karlsruher Geochemische Hefte" (ISSN 0943-8599) sind erschienen:

Band 1: U. Kramar (1993)
Methoden zur Interpretation von Daten der geochemischen Bachsedimentprospektion am Beispiel der Sierra de San Carlos/ Tamaulipas Mexiko

Band 2: Z. Berner (1993)
S-Isotopengeochemie in der KTB - Vorbohrung und Beziehungen zu den Spurenelementmustern der Pyrite

Band 3: J.-D. Eckhardt (1993)
Geochemische Untersuchungen an jungen Sedimenten von der Galapagos-Mikroplatte:
Hydrothermale und stratigraphisch signifikante Signale

Band 4: B. Bergfeldt (1994)
Lösungs- und Austauschprozesse in der ungesättigten Bodenwasserzone und Auswirkungen auf das Grundwasser

Band 5: M. Hodel (1994)
Untersuchungen zur Festlegung und Mobilisierung der Elemente As, Cd, Ni und Pb an ausgewählten Festphasen unter besonderer Berücksichtigung des Einflusses von Huminstoffen.

Band 6: T. Bergfeldt (1995)
Untersuchungen der Arsen- und Schwermetallmobilität in Bergbauhalden und kontaminierten Böden im Gebiet des Mittleren Schwarzwaldes.

Band 7: M. Manz (1995)
Umweltbelastungen durch Arsen und Schwermetalle in Böden, Halden, Pflanzen und Schlacken ehemaliger Bergbaugebiete des Mittleren und Südlichen Schwarzwaldes.

Band 8: J. Ritter (1995)
Genese der Mineralisation Herrmanngang im Albtalgranit (SE-Schwarzwald) und Wechselwirkungen mit dem Nebengestein.

Band 9: J. Castro (1995)
Umweltauswirkungen des Bergbaus im semiariden Gebiet von Santa Maria de la Paz, Mexiko.

Band 10: T. Rüde (1996)
Beiträge zur Geochemie des Arsens.

Band 11: J. Schäfer (1998)
Einträge und Kontaminationspfade Kfz-emittierter Platin-Gruppen-Elemente (PGE) in verschiedenen Umweltkompartimenten.

Band 12: M. A. Leosson (1999)
A Contribution to the Sulphur Isotope Geochemistry of the Upper Continental Crust: The KTB Main Hole - A Case Study

Band 13: B. A. Kappes (2000)
Mobilisierbarkeit von Schwermetallen und Arsen durch saure Grubenabwässer in Bergbaualtlasten der Ag-Pb-Zn-Lagerstätte in Wiesloch

Band 14: H. Philipp (2000)
The behaviour of platinum-group elements in petrogenetic processes:
A case study from the seaward-dipping reflector sequence (SDRS), Southeast Greenland volcanic rifted margin

Band 15: E. Walpersdorf (2000)
Nähr- und Spurenelementdynamik im Sediment/Wasser-Kontaktbereich nach einer Seekreideaufspülung - Pilotstudie Arendsee -

Band 16: R. H. Kölbl (2000)
Models of hydrothermal plumes by submarine diffuse venting in a coastal area: A case study for Milos, South Aegean Volcanic Arc, Greece

Band 17: U. Heiser (2000)
Calcium-rich Rhodochrosite layers in Sediments of the Gotland Deep, Baltic Sea, as Indicators for Seawater Inflow

In der Fortsetzungsreihe "Karlsruher Mineralogische und Geochemische Hefte" (ISSN 1618-2677) sind bisher erschienen:

Band 18: S. Norra (2001)
Umweltgeochemische Signale urbaner Systeme am Beispiel von Böden, Pflanzen, und Stäuben in Karlsruhe

Band 19: M. von Wagner, Alexander Salichow, Doris Stüben (2001)
Geochemische Reinigung kleiner Fließgewässer mit Mangankiesen, einem Abfallsprodukt aus Wasserwerken (GReiFMan)

Band 20: U. Berg (2002)
Die Kalzitapplikation als Restaurierungsmaßnahme für eutrophe Seen – ihre Optimierung und Bewertung

Band 21: Ch. Menzel (2002)
Bestimmung und Verteilung aquatischer PGE-Spezies in urbanen Systemen

Band 22: P. Graf (2002)
Meta-Kaolinit als latent-hydraulische Komponente in Kalkmörtel

Band 23: D. Buqezi-Ahmeti (2003)
Die Fluidgehalte der Mantel-Xenolithe des Alkaligesteins-Komplexes der Persani-Berge, Ostkarpaten, Rumänien: Untersuchungen an Fluid-Einschlüssen

Band 24: B. Scheibner (2003)
Das geochemische Verhalten der Platingruppenelemente bei der Entstehung und Differenzierung der Magmen der Kerguelen-Flutbasaltprovinz (Indischer Ozean)

Ab Band 25 erscheinen die Karlsruher Mineralogischen und Geochemischen Hefte im Karlsruher Universitätsverlag online unter der Internetadresse

http://www.uvka.de/univerlag/institut.php?fakultaet=1

Auf Wunsch sind beim Karlsruher Universitätsverlag gedruckte Exemplare erhältlich („print on demand").

Band 25: A. Stögbauer (2005)
Schwefelisotopenfraktionierung in abwasserbelasteten Sedimenten - Biogeochemische Umsetzungen und deren Auswirkung auf den Schwermetallhaushalt

Band 26: X. Xie (2005)
Assessment of an ultramicroelectrode array (UMEA) sensor for the determination of trace concentrations of heavy metals in water

Band 27: F. Friedrich (2005)
Spectroscopic investigations of delaminated and intercalated phyllosilicates

Band 28: L. Niemann (2005)
Die Reaktionskinetik des Gipsabbindens: Makroskopische Reaktionsraten und Mechanismen in molekularem Maßstab

Band 29: F. Wagner (2005)
Prozessverständnis einer Naturkatastrophe: eine geo- und hydrochemische Untersuchung der regionalen Arsen-Anreicherung im Grundwasser West-Bengalens (Indien)

Band 30: F. Pujol (2005)
Chemostratigraphy of some key European Frasnian-Famennian boundary sections (Germany, Poland, France)

Band 31: Y. Dikikh (2006)
Adsorption und Mobilisierung wasserlöslicher Kfz-emittierter Platingruppenelemente (Pt, Pd, Rh) an verschiedenen bodentypischen Mineralen

Band 32: F. I. Müller (2007)
Influence of cellulose ethers on the kinetics of early Portland cement hydration

Band 33: H. Haile Tolera (2007)
Suitability of local materials to purify Akaki Sub-Basin water

Band 34: M. Memon (2008)
Role of Fe-oxides for predicting phosphorus sorption in calcareous soils